世界国别
与
区域地理
研究丛书

国家出版基金项目
NATIONAL PUBLICATION FOUNDATION

秦大河　杜德斌　主编

亚洲水塔流域地理

杜德斌　刘承良　等著

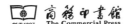

商务印书馆
创于1897　The Commercial Press

图书在版编目（CIP）数据

亚洲水塔流域地理 / 杜德斌等著. — 北京：商务印书馆，2024. —（世界国别与区域地理研究丛书）.
ISBN 978－7－100－24378－0

Ⅰ. P343.73

中国国家版本馆 CIP 数据核字第 20245ZK444 号

世界国别与区域地理研究丛书

亚洲水塔流域地理

杜德斌　刘承良 等著

商　务　印　书　馆　出　版
（北京王府井大街36号　邮政编码100710）
商　务　印　书　馆　发　行
北京启航东方印刷有限公司印刷
ISBN 978－7－100－24378－0
审　图　号：GS京（2024）1004 号

2024 年 10 月第 1 版　　　　开本 787×1092　1/16
2024 年 10 月北京第 1 次印刷　印张 21 1/2

定价：178.00 元

"世界国别与区域地理研究丛书"总序

地理学作为一门古老的学科，是伴随着人类文明的滥觞一并出现，并随着生产力的进步、社会需求的提高和人类对不同尺度人地系统认识的深化而逐步发展起来的。15—17世纪，欧洲封建社会走向衰落，资本主义生产方式开始兴起，经济发展对原料地和销售市场提出了新的要求，驱动着哥伦布等一批航海家开始向外冒险，从而在人类历史上开启了一段可歌可泣的伟大历程——地理大发现。地理大发现极大地拓展了人类的认知空间，第一次凸显了地理知识的强大威力。有了日益丰富的地理知识的武装，欧洲一些规模较大的大学开始开设专业地理学课程并开展相关的研究，包括地图绘制、航海术和制图学，地理学逐渐走出推测与假说，逐步摆脱对其他学科的依附而成为一门显学。

到了19世纪末，欧洲殖民主义的扩张达到了高潮，地理学被称为"所有宗主国科学中无可争议的皇后"，成为西方国家知识领域中不可或缺的部分。在西方殖民扩张过程中，涌现出大批杰出的地理学家，其中包括德国地理学家亚历山大·冯·洪堡（Alexander von Humboldt，1769—1859）。洪堡是19世纪最杰出的科学家之一，他的科学考察足迹遍及西欧、北亚、中亚、南美洲和北美洲，所到之处，高山大川无不登临，奇花异草无不采集。正是源于对世界各地的深入考察，他科学揭示了自然界各种事物间的因果关系，把包括人在内的自然界视为一个统一的、充满内在联系的、永恒运动的整体。洪堡的科学考察活动和学术思想，推动了千百年来纯经验性的地理现象和事实描述向科学规律探索的转变，使得地理学成为一门真正的科学，洪堡也因此被誉为近代地理学的奠基人。

20世纪初，随着各领域科学技术的进步，特别是横贯大陆铁路的出现，以俄国和德国为代表的陆地力量迅速崛起，给以英国为代表的海洋霸权带来巨大冲击和挑战。为警示英国政府，英国地理学家哈尔福德·麦金德（Halford Mackinder，1861—1947）于 1904 年在英国皇家地理学会宣读了题为"历史的地理枢纽"的论文。在该文中，麦金德首次将世界视为一个整体，从全球海陆结构的视角来考察人类数千年的发展历史，发现亚欧大陆内陆的大片区域构成了人类战争和经济史上最重要的"枢纽地区"（后称"心脏地带"）。麦金德认为：谁统治了东欧，谁就能控制"心脏地带"；谁统治了"心脏地带"，谁就能控制"世界岛"；谁统治了"世界岛"，谁就能控制全世界。

麦金德的"历史的地理枢纽"一文发表 10 年后，第一次世界大战爆发。大战中，所有参战国较大的地理机构均被各国情报部门利用起来，为军队提供最新的地理信息和地图。大战结束后的巴黎凡尔赛和平会议上，美国地理学家艾赛亚·鲍曼（Isaiah Bowman，1878—1950）、威廉·莫里斯·戴维斯（William Morris Davis，1850—1934）和埃伦·丘吉尔·森普尔（Ellen Churchill Semple，1863—1932），法国地理学家埃马纽埃尔·德·马东（Emmanual de Martonne，1873—1955）及其他主要国家一些地理学家都被邀请作为和谈代表团顾问，参与重绘战后世界政治地图的工作。20 年后，第二次世界大战爆发，再次验证了麦金德的预言，也进一步凸显了地理学理论和思想的强大威力。

进入 21 世纪，新一轮科技革命深入发展，新的全球问题不断涌现，国际力量格局深刻调整，大国博弈持续加剧，世界又一次站在历史的十字路口。面对世界之变、时代之变、历史之变，中国政府提出构建"人类命运共同体"理念和共建"一带一路"倡议，为促进世界和平发展和完善全球治理体系积极贡献中国智慧、提供中国方案。这对新时代中国地理学的发展提出了新的要求，也带来了前所未有的历史机遇，尤其赋予区域国别地理（世界地理）学科新的重大使命。

中国地理学家对于区域国别地理的研究具有悠久的历史。早在 20 世纪 30—40 年代，中国人文地理学的奠基人之一胡焕庸先生就曾编写出版了中国第一套区域国别地理（志）著作，包括《法国地志》《俄国地志》《英国地志》《德国地志》《南欧地志》《日本地志》《美国经济地理》等。50—60 年代，百废待兴的中华人民共和国，出于了解外部世界的迫切需求，区域国别地理受到高度重视。

1956 年，中国科学院外国地理研究组（后更名为世界地理研究室）作为我国第一个区域国别地理研究机构的成立，对推动学科发展具有重要意义。1963 年中国地理学会世界地理专业委员会的成立，标志着中国的区域国别地理研究的发展由自发阶段进入有组织化阶段。此后，一批世界区域国别地理研究机构在各高校相继成立，并在研究区域上形成明确的分工，如华东师范大学的西欧北美地理研究室、南京大学的非洲经济地理研究室、暨南大学的东南亚经济地理研究室等。70 年代，又陆续成立了北京师范大学的北美地理研究室、东北师范大学的日本和苏联经济地理研究室、华中师范学院的拉丁美洲地理研究室、福建师范大学的东南亚地理研究室等，全国 14 家出版社还联合翻译、出版了 72 部（套）区域国别地理著作。80 年代，在中国地理学会世界地理专业委员会的组织和协调下，中国地理学家先后完成大型工具书《中国大百科全书·世界地理卷》和《辞海·世界地理分册》、大型专业丛书"世界农业地理丛书"、《世界钢铁工业地理》《世界石油地理》等重大科研项目，为深入了解世界发展、普及世界地理知识做出了重要贡献。但令人遗憾的是，由于种种原因，中国的区域国别地理研究工作并没有随着改革开放的深入发展而持续繁荣，相反自 90 年代起就日渐衰落，相关研究机构几乎全部关闭或处于名存实亡的状态。直至今天，区域国别地理研究依然面临研究力量薄弱、研究经费不足、研究质量亟待提高的问题。

在此百年未有之大变局下，中国地理学人肩负新的历史使命，应树立更加宽广的世界眼光，赶上时代，引领时代，充分发挥学科优势，在世界文明发展中阐释人与自然生命系统和谐演进的科学机理，为人类命运共同体建设贡献专业智慧、提供专业方案。特别是，要加强对世界区域国别地理研究，让国人读懂世界，同时对外讲好中国故事，让世界读懂中国。

从学科发展的角度看，区域国别地理是地理学的基础性学科。区域是地理要素的集合体，地理学的任何理论成果和规律，只有通过世界性的综合研究和区域性的比较分析才能得以证实；普遍规律和特殊规律，只有放在全球的尺度上，方能理清脉络，分清层次。忽视区域国别地理研究，就会有"只见树木、不见森林"之虞。正如胡焕庸先生所说，地理学研究既要用"显微镜"，横察中国现世；更须用"望远镜"，纵观世界大势。

　　一直以来，我就倡导中国学者要牢固树立"世界眼光、家国情怀、战略思维、服务社会"的治学价值观。2020 年 2 月，我受邀担任华东师范大学世界地理与地缘战略研究中心主任。四年来，我和杜德斌教授等同人一同发起举办了世界地理大会，启动了"世界国别与区域地理研究丛书"，还分别主编了《中国大百科全书》（第三版）冰冻圈科学卷和世界地理学科卷，围绕共建"一带一路"倡议共同完成了多项研究课题。我们力图通过这些学术活动和项目研究来推动自然地理学与人文地理学的深度融合，促进中国区域国别地理研究的繁荣，使中国地理学更好地服务国家战略，造福世界人民。

　　"世界国别与区域地理研究丛书"是推进区域国别地理研究发展的一项实质性重大举措，符合时代之需、民族之需和学术之需。此套丛书由华东师范大学世界地理与地缘战略研究中心和商务印书馆共同策划，初步规划对世界主要国家和区域开展地理研究，分期分批出版。丛书以国家为主，区域为辅，力求向读者呈现一个真实立体的世界地理全貌。愿此套丛书的出版能吸引更多有志青年投身到世界区域国别地理的学习和研究中，与国家同频共振！

中国科学院院士

华东师范大学世界地理与地缘战略研究中心主任

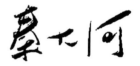

2024 年 5 月 30 日

前　　言

　　作为亚洲水塔的青藏高原，是对全球气候变化最敏感的地区之一。全球气候变暖导致青藏高原冰川消融，进而引起周边河流长期径流的下降和季节分配的紊乱。这一自然变化叠加在流域内国家社会经济快速发展等人文变迁过程之上，造成水资源的供给和需求时空匹配上的失衡与错位，从而在该地区诱发更多水冲突、水危机等水政治问题。该地区涉及中南半岛、南亚次大陆、中亚大湖区、伊朗高原等多元地理单元，包括印度、阿富汗、泰国、哈萨克斯坦等在内的众多社会、经济与文化迥异的国家，覆盖了大部分中国周边地区。周边地区是中国安身立命之所，发展繁荣之基。无论从地理方位、自然环境，还是相互关系看，周边地区对中国都具有极为重要的战略意义。周边地区的安宁关乎中国和平崛起与中华民族的伟大复兴。因气候暖化引致的冰川消融及流域水文过程的不确定性，将加剧周边地区国际水政治的复杂性，从而威胁中国周边地缘环境的稳定。

　　有鉴于此，本书以水变化和水政治为切入点，以中南半岛澜沧江-湄公河流域、南亚印度河流域、中亚咸海流域等发源于亚洲水塔的国际河流流域为研究区域，以印度、越南、泰国、阿富汗等流域国家为研究对象，通过建立自然环境-社会经济-水文生态-地缘政治耦合的动态分析框架和综合集成方法，在解析亚洲水塔流域地理环境及其变化趋势的基础上，多维度刻画流域国家社会经济发展水平时空分异特征；多尺度揭示流域国家水资源供给量和需求量的时空演化规律；解析不同流域水资源供需变化的主要影响因素；基于长时序水政治事件数据；厘清主要流域国家水资源分配和利用的冲突与合作的时空格局及驱动机制；旨在揭示全球气候变化下亚洲水塔流域自然-人文地理变化过程、水资源供给-需求变化需求，以及水冲突-合作演化规律，为促进亚洲水塔流域国际水资源合作与域内国家和平发展提供科学依据，为共建亚洲水塔流域国家命运共同体提供决策参考。

概括而言，本书试图达成以下三大目标：

第一，系统性分析亚洲水塔流域的地理面貌及其变化态势。 基于亚洲水塔流域的全球战略地位与加强区域国别研究的时代呼吁，首次将亚洲水塔流域视为一个整体区域。一是从地形地貌、气候气象、水文、冰川冻土以及植被土壤等重要自然地理要素入手，清晰刻画亚洲水塔流域的自然地理环境。二是从资源禀赋与利用、人口与人力资源、社会与文化结构、经济发展与经贸联系等关键人文地理要素出发，全面阐释亚洲水塔流域的社会经济地理特征。三是基于全球变化与冰冻圈耦合机制，系统梳理全球气候和环境变化态势及其对亚洲水塔流域水文过程的影响，研判亚洲水塔各大圈层变化过程、作用机制及其对全球变化的影响。

第二，深入挖掘亚洲水塔流域国家水资源供给量和需求量的时空演化规律，测度不同流域水资源供需的变化及影响。 一方面，从水资源供给入手，基于极端气候指标数据集和水资源集成评估模型，从可再生淡水资源、陆地水储量等角度分析亚洲水塔流域的水资源禀赋与水储量变化特征，在此基础上预测未来水资源供给水平，并揭示影响流域水资源供给的自然地理因素。另一方面，从水资源需求出发，通过构建降尺度水需求估算模型，预测亚洲水塔流域国家不同经济部门的取水量，据此挖掘亚洲水塔流域国家取水量和用水量的统计异质性与空间非均衡性。

第三，全面揭示亚洲水塔流域跨境水冲突和水合作的时空演化规律及其相互耦合机制。 通过更新全球跨界淡水争端数据库（Transboundary Freshwater Dispute Database，TFDD），融合事件整理、关系分解、GIS 空间分析等手段，利用突变点识别、核密度估计、事件-关系分析和空间计量模型等方法，多尺度全面刻画亚洲水塔流域跨境水冲突和水合作强度及网络的时空演化规律。据此进一步总结亚洲水塔流域跨境水冲突的地缘政治效应、生成机制和风险预警机制，提炼亚洲水塔流域跨境水冲突和水合作的动态耦合关系，以及流域国家间的交互作用及空间配置特征。

　　根据上述研究目标，本书共设有八章内容，包括基础分析和实证解析两大部分。第一部分为亚洲水塔流域地理环境及其要素变化的基础探索，主要包括第二、三、四章。第二部分针对亚洲水塔流域水变化与水政治展开实证分析，主要包括第五、六、七、八章。第一章类似于总论，第二章和第三章论及亚洲水塔流域自然地理环境和经济社会发展特征，第四章着重梳理亚洲水塔各大圈层的环境变化及其趋势。在此基础上，第五章和第六章分别分析了亚洲水塔流域的水供给和水需求的时空演化特征，第七章揭示了亚洲水塔流域跨境水冲突的时空格局、形成机制及风险预警机制，第八章解析了亚洲水塔流域跨境水合作的时空动态、驱动机制及空间配置特征。各章主要内容如下：

　　第一章为亚洲水塔流域的地理范围及全球地位。在对亚洲水塔空间认知的基础上，界定了本研究衍生出的重要地理概念和范畴，揭示了亚洲水塔流域独特的全球战略地位。研究发现，亚洲水塔流域研究涵盖三个嵌套的地理尺度：包括咸海流域、澜沧江-湄公河流域、印度河流域等 13 个跨境流域构成的亚洲水塔流域，中南半岛、南亚次大陆、中亚大湖区和伊朗高原等 4 个重要的亚洲水塔地理区域，以及相关流域所流经的印度、阿富汗、哈萨克斯坦、泰国等 18 个亚洲水塔流域国家。亚洲水塔流域在全球气候环境变化、国际水资源争端和国际地缘政治中具有独特的战略地位。它是全球气候与环境变化的调控区和放大区，全球水争端的密集爆发区和重大隐患区，也是全球资源政治和地缘政治的典型交汇区。

　　第二章为亚洲水塔流域自然地理环境。从地形地貌、气候气象、水文、冰川冻土以及植被土壤等自然地理要素入手，刻画了亚洲水塔流域典型的自然地理环境特征。研究发现：亚洲水塔流域地势高峻、起伏极端，地形以山地高原为主，西北部高、四周低，山脉组合多成群成带，地貌类型复杂，大陆外侧多岛弧。域内河湖众多，气候多样，以高原山地气候、亚热带季风气候为主。流域多年平均气温一般在 −10℃—29℃，从高海拔向低海拔递减，呈扇形分布特征。降水量呈现西北部少而东南部多的基本特征，冰川冻土主要分布在青藏高原及其周边地区。流域山地垂直自然带类型复杂、交错分布，是土地资源地域分布特征明显、数量构成极不平衡的典型区域。

　　第三章为亚洲水塔流域社会经济地理。从资源禀赋与利用、人口与人力资源、社会与文化结构、经济发展与经贸联系等人文地理要素出发，揭示亚洲水塔流域的社会经济地理特征。研究发现：亚洲水塔流域整体自然资源丰富，但分布高度不均。人口规模整体庞大，人口增速相对迟缓，但高度集中于下游流域。流域为多民族混居、多宗教并存、多语言交织之地。城镇化率整体偏低，尤以南亚、东南亚地区城镇化率最低。除中国外，流域整体经济基础薄弱、发展水平较低，经济规模差异明显，人均收入参差不齐，南亚经济区规模领先，中西亚经济区相对富裕。域内是传统的农业密集区域，但农业产值占比显著下降，服务业发展迅速，工业发展则相对迟缓。域内总体吸收外资规模远高于对外投资规模，多数国家尚不具备对外投资的实力。流域商品贸易网络等级层次涌现，核心——边缘结构不断夯实，社团划分具有较强的地理邻近性。贸易体系逐步形成以中国为绝对核心、东南亚国家及印度为重要节点的"一超多强"格局。

第四章为亚洲水塔变化及趋势。 通过综述亚洲水塔各圈层要素的基本概况和变化特征，以揭示亚洲水塔环境变化过程、影响机制及其对全球变化的影响。研究发现：在大气圈层，亚洲水塔正在经历超常的气候变暖。这一变化能够通过大气圈扩展到全球，植被生长则能够对亚洲水塔产生蒸发降温效果。水文变化上，亚洲水塔呈现冰川退缩、湖泊扩张、洪水频发等水循环变换形式。水循环变化对下游大湖区沙漠绿洲产生严重威胁。水体对未来气候变暖和变湿的响应加剧。在冰冻圈，随着气候变暖，亚洲水塔冻土退化、沙漠化加剧，冰川也呈现显著性退缩特征。生物变化上，气候变暖使得亚洲水塔寒带、亚寒带东界西移，南界北移，温带区扩大，从而导致生态系统总体趋向变好，局部变差。人类活动会对亚洲水塔环境产生多方面的影响，亚洲水塔环境变化又会对下游居民的水资源利用产生级联影响和连锁效应。

第五章为亚洲水塔流域水供给。 基于水资源相关评估模型和极端气候指标数据库，分析了亚洲水塔流域水资源禀赋、水储量变化和未来水资源供给特征，并探讨了影响流域水资源供给的自然地理因素。研究发现：亚洲水塔流域陆地水储量整体以−0.24mm/a呈显著减少趋势，大部分地区陆地水储量呈下降趋势，空间上表现为东西向减小、中部增加的带状分布，水储量夏季盈余，秋冬两季亏损，且秋季亏损程度高于冬季，春季处于相对平衡状态。1月、5—8月和 10 月水储量为盈余状态，5 月开始由亏转盈，8 月达到峰值 0.4mm 等效水高。流域水储量与平均气温存在显著的负相关关系。表征暖的极端气温指数与陆地水储量普遍呈负相关关系，表征冷的极端气温指数与陆地水储量普遍呈正相关关系，极端气温事件的持续时间指数中暖持续日数对陆地水储量的影响最大。

第六章为亚洲水塔流域国家水需求。 采用统计分析和空间分析方法，引入全球变化分析模型，初步构建农业、工业与生活水需求的降尺度估算模型，刻画各国水需求的统计异质性和空间非均衡性特征，预测亚洲水塔流域国家不同发展情景下的各类产业部门取水量。研究发现：亚洲水塔流域国家总取水量波动增长，农业取水量保持较高水平，取水量的空间分异显著，整体表现出东高西低的格局。在共享社会经济路径（Shared Socioeconomic Pathways 2，SSP2）2020 年场景下，印度的水需求总量最多，不丹最少，灌溉用水在所有用水量中的占比最高。在全球变化分析模型（Global Change Assessment Model，GCAM）核心场景下，大部分国家取水量不断上升达到峰值后有所下降或趋于平缓。在 SSP1 场景下，多数国家的取水量在 21 世纪中叶均能达到平缓或具有下降的趋势。SSP2 场景下各国取水量变化趋势与 GCAM 核心场景一致。在 SSP3 场景下，各国 21 世纪末取水量为所有场景中最多，大多数国家取水量呈现不断上升的趋势。在 SSP4 场景下，大部分国家都能在 2070 年前后保持取水平稳，印度的取水量大约在 2055 年左右达到峰值，中国的取水量峰值出现最早，在 2035 年左右。在 SSP5 场景下，亚洲水塔流域国家的取水量都呈现平缓或下降趋势。在限制辐射强迫的政策下，各国各时期的取水量更多。

第七章为亚洲水塔流域跨境水冲突。 通过提取和更新全球跨界淡水争端数据库（TFDD）中亚洲水塔流域国家间的跨境水冲突事件数据，融合事件整理、关系分解、GIS 空间分析等手段，利用突变点识别、核密度估计、空间计量模型等方法，从实证层面揭示了亚洲水塔流域跨境水冲突的时空演化规律。研究发现：亚洲水塔流域跨境水冲突空间扩散趋势明显，水文地理条件、水资源压力、边界与领土争端、水利设施建设、气候变化、政治变动与域外大国干预等因素的相互交织共同影响了本区域的水冲突发展态势。整体来看，未来在亚洲水塔流域受气候变化影响较大、水资源供需形势仍较紧张的预期情况下，跨境水冲突风险将进一步增加，亟须建立一套流域跨境水冲突预警和应对机制。

第八章为亚洲水塔流域跨境水合作。通过对全球跨界淡水争端数据库（TFDD）进行更新，提取亚洲水塔流域国家间的跨境水合作数据，基于事件-关系分析和空间分析等方法，对亚洲水塔流域水合作的时空演化规律及其与水冲突的耦合关系进行分析。研究发现：亚洲水塔流域跨境水合作总体上以中低度水合作事件为主，以水量、水利设施建设、水电开发等问题领域的合作为主。由单一的水量问题领域占主导地位，向以水利设施建设、水电开发、水量、联合管理四大问题领域相对均衡的构成特征转变，空间上呈现南亚＞东南亚＞中亚的跨境水合作数量分布特征，与水冲突的分布特征基本一致。亚洲水塔流域跨境水合作的驱动机制也受到自然和人文要素的复合影响，但其更多的是基于国际关系和地缘政治等视角的博弈结果。流域跨境水合作总体大于水冲突，两者呈现出大体一致的关系走势。

本书由杜德斌负责总体设计及书稿统稿，具体分工如下：第一章由杜德斌、夏启繁完成；第二章由李春兰、曲洋完成；第三章由杜德斌、夏启繁、丁浚峰完成；第四章由曲洋完成；第五章由李春兰完成；第六章由张红、金宇侃完成；第七章由刘承良、王涛完成；第八章由刘承良、王涛完成。

本书是中国科学院战略性先导科技专项（A类）子课题"亚洲水塔变化与流域内国家命运共同体建设"的核心成果，也是"世界国别与区域地理研究丛书"之一。本项目和书稿的完成得到了秦大河院士和姚檀栋院士的指导与支持。胡志丁老师、马亚华老师参与了书稿的讨论。书稿的出版得到了商务印书馆李娟主任和苏娴老师的帮助与指导，深表感谢！同时，本书也参考和借鉴了有关专家学者的研究成果，在此一并表示感谢！

由于水平有限，书中纰漏在所难免，热忱欢迎各位专家、学者和社会各界人士批评指正！

目　　录

第一章　亚洲水塔流域的地理范围及全球地位

　　被喻为"亚洲水塔"的青藏高原，孕育了众多亚洲国际河流，其流域范围包括中南半岛、南亚次大陆、中亚大湖区等，覆盖了中国周边地区的大部分。无论从地理方位、自然环境还是相互关系看，周边对中国都具有极为重要的战略意义。周边的安宁关乎中国和平崛起与中华民族的伟大复兴（人民网，2013）。全球气候变暖导致青藏高原冰川消融及流域水文过程的不确定性，也加剧周边国家水政治的复杂性，从而威胁中国周边地缘环境的稳定（杜德斌等，2020）。本书以水变化和水政治为切入点，以中南半岛澜沧江-湄公河流域、南亚印度河流域、中亚咸海流域等国际河流流域为研究区域，以印度、越南、泰国、阿富汗等周边国家为研究对象，旨在揭示亚洲水塔流域国家社会经济效应、水资源变化特征及水政治响应规律，以实现流域国家的包容性和可持续性发展目标。为便于研究，本书使用特定的术语来指代嵌套的地理尺度：包括咸海流域等13个跨境流域构成的亚洲水塔流域，中南半岛、南亚次大陆、中亚大湖区和伊朗高原等4个重要的亚洲水塔地理区域，以及相关流域所覆盖的印度、阿富汗、哈萨克斯坦等18个亚洲水塔流域国家。

第一节　亚洲水塔流域的地理范围

　　亚洲水塔流域地理研究衍生出三个重要的空间范畴，分别是亚洲水塔、亚洲水塔流域和亚洲水塔流域国家。其中，亚洲水塔的核心空间范围是青藏高原；

发源于青藏高原的 13 条跨境河流的流域构成较为清晰的亚洲水塔流域的空间轮廓；13 条跨境河流的流经地区涉及 18 个国家，统称为亚洲水塔流域国家。

一、亚洲水塔

所谓"水塔"，是指储备水资源的高塔，兼具"储水"功能和"高耸"特征。喜马拉雅-青藏高原地区平均海拔在 4 000 米以上，有"世界屋脊"之称。它与其他地区有着巨大的地势差，水汽拦截作用显著，是北极和南极之外最大的淡水储备库，也是冰川、湖泊、多年冻土和江河源头的主要聚集区，孕育了黄河、长江、恒河、湄公河、印度河、萨尔温江和伊洛瓦底江等众多亚洲的重要河流。这一区域由于海拔高、淡水资源储量巨大，对亚洲社会稳定及发展具有重要影响，因此被称为"亚洲水塔"（图 1-1）。

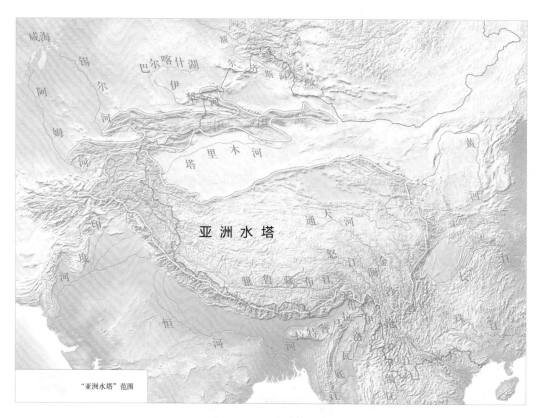

图 1-1 亚洲水塔示意

资料来源：姚檀栋等（2019）。

亚洲水塔的空间范围以青藏高原为核心，是地球除北极、南极外的"第三极"。它西起帕米尔高原和兴都库什山脉，东到横断山脉，北起昆仑山和祁连山，南到喜马拉雅山脉，平均海拔超过 4 000 米，面积超过 500 万平方千米，是全球变暖最强烈的地区（姚檀栋等，2019）。

由于亚洲水塔的独特地理位置，中国成为了亚洲许多大江大河的发源地，而其周边也是世界主要的水争端地区（付琴雯，2017）。据统计，中国拥有 15 条主要的国际河流，并且是其中 12 条国际河流的上游国。这些国际河流涉及境外多个流域国家。一方面，这些河流与国家资源主权、粮食安全、能源安全及生态安全密切相关（Zhong et al.，2016；李志斐，2018），水安全问题成为周边国家的中心议题和关注焦点；另一方面，因亚洲水塔变化，这些流域的水资源短缺性和水环境脆弱性不断恶化，加重了中国修建大坝等行动对下游生态环境造成的负面效应，因此，水安全与众多国家安全因素叠加，加剧了亚洲水塔流域国家水政治的复杂性，从而直接威胁到中国周边地缘环境的稳定。

二、亚洲水塔流域

亚洲水塔流域特指那些发源于亚洲水塔的河流所流经的区域。由于本书重点探讨亚洲水塔区域与国别跨境水议题，因此本书所界定的亚洲水塔流域特指发源于亚洲水塔的 13 条主要跨境河流的流域，但不包括黄河、长江等发源于亚洲水塔的中国境内河流流域（图 1-2）。

具体而言，这 13 个流域包括咸海（Aral Sea）流域、恒河-布拉马普特拉河-梅克纳河（Ganges-Brahmaputra-Meghna）流域（简称恒河流域）、狮泉河-印度河（Shiquan He-Indus River）流域（简称印度河流域）、澜沧江-湄公河（Lancang River-Mekong River）流域、怒江-萨尔温江（Nu River-Salween River）流域、伊洛瓦底江（Irrawaddy River）流域、红河（Red River）流域、赫尔曼德河（Helmand River）流域、哈里鲁德河（Hari Rud）流域、楚河（Chu River）流域、塔拉斯河（Talas River）流域、伊犁河（Ili River）流域和穆尔加布河（Murgab River）流域（图 1-3）。

这 13 个流域中，咸海流域覆盖中亚大部分地区，是流经国家最多的流域，

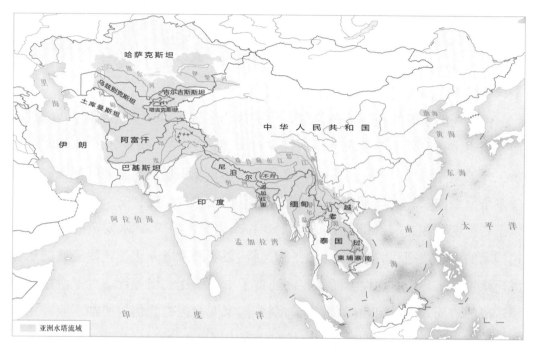

图 1-2　亚洲水塔流域范围

包括中亚五国以及阿富汗、巴基斯坦和中国等 8 个国家，流域面积 123 万平方千米，主要水源补给来自附近的两条内流河——阿姆河以及锡尔河。此外，恒河流域、印度河流域、澜沧江-湄公河流域也是覆盖国家较多、流域面积较大的代表性流域。其中，恒河流域涉及尼泊尔、不丹、印度、孟加拉国和中国，流域中的布拉马普特拉河上游称雅鲁藏布江，在萨地亚城与迪班河、卢希河汇合后始称布拉马普特拉河，然后自东向西（略偏南）流经印度阿萨姆邦，至图布尔附近转为向南流，后流入印、孟边境和孟加拉国境内，在戈阿隆多与恒河汇合，汇合后的河段也称梅克纳河。印度河流域上源为中国西藏阿里地区的狮泉河，发源于冈底斯山主峰冈仁波齐北部，流经革吉县，在噶尔县郎马尔附近与噶尔河汇合，至西北出国境后称印度河。澜沧江-湄公河流域上源为澜沧江，发源于中国青海省唐古拉山东北部，流经西藏、云南两省区，出中国国境后被称为湄公河。湄公河是东南亚最大的国际河流，经缅甸、老挝、泰国、柬埔寨，于越南胡志明市注入南海（表 1-1）。

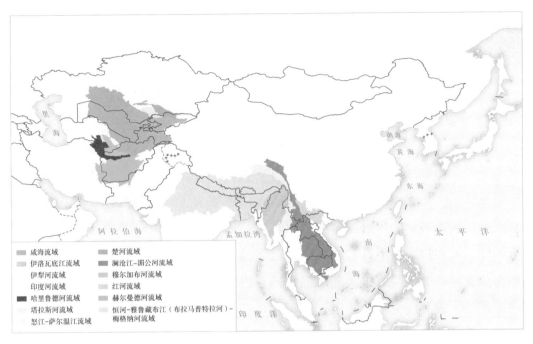

图 1-3　亚洲水塔流域分布

表 1-1　亚洲水塔流域分布及流域内主要国家

亚洲水塔流域	流域内主要国家
咸海流域	中亚五国、阿富汗、巴基斯坦、中国
恒河-布拉马普特拉河-梅克纳河流域	尼泊尔、不丹、印度、孟加拉国、中国
狮泉河-印度河流域	巴基斯坦、印度、阿富汗、中国
澜沧江-湄公河流域	缅甸、老挝、泰国、柬埔寨、越南、中国
怒江-萨尔温江流域	缅甸、中国、泰国
伊洛瓦底江流域	缅甸、印度、中国
红河流域	越南、中国
赫尔曼德河流域	阿富汗、伊朗、巴基斯坦
哈里鲁德河流域	伊朗、土库曼斯坦、阿富汗
楚河流域	哈萨克斯坦、吉尔吉斯斯坦
塔拉斯河流域	哈萨克斯坦、吉尔吉斯斯坦
伊犁河流域	中国、哈萨克斯坦
穆尔加布河流域	土库曼斯坦、阿富汗

三、亚洲水塔流域国家

亚洲水塔流域国家指发源于亚洲水塔的 13 条跨境河流所流经的 18 个国家（图 1-4）。本书重点探讨除中国以外的 17 个国家的水资源变化特征与水政治效应，以及这 17 个国家与中国的互动联系。在地理单元上，这些国家主要分布在中南半岛、南亚次大陆、中亚大湖区和伊朗高原等地区。其中，中南半岛区域以澜沧江-湄公河、萨尔温江、伊洛瓦底江流域为主，涵盖越南、老挝、柬埔寨、泰国和缅甸 5 个东盟国家。南亚次大陆以恒河流域和印度河流域为主，涵盖印度、孟加拉国、不丹、尼泊尔、巴基斯坦和阿富汗 6 个国家。虽然阿富汗地理位置并不处于南亚次大陆，但该国与巴基斯坦、印度等南亚国家人文经济联系密切。咸海流域所处的中亚大湖区，包括了哈萨克斯坦、塔吉克斯坦、吉尔吉斯斯坦、乌兹别克斯坦和土库曼斯坦 5 个国家。位于西亚的伊朗，虽然并非中亚国家，但由于其地理区位、对外经贸联系与中亚国家联系密切，且与土库曼斯坦共享跨境河流，因此可与中亚五国统称为中西亚经济区。总之，这 17

图 1-4　亚洲水塔流域国家分布

个亚洲水塔流域国家在水资源、水政治以及与中国的互动联系等方面都具有重要的研究价值。

第二节 亚洲水塔流域的全球地位

亚洲水塔是对全球变暖最敏感的地区之一，堪称全球气候与环境变化的"调控器"和"放大器"。该流域对气候变化的放大效应，以及其跨境的特性，使其成为国际水争端的热点区域。在当前流域内社会经济快速发展背景下，流域水资源矛盾日益突出，成为全球水争端密集爆发和潜在重大隐患集中区域。当今世界正处于百年未有之大变局，地缘政治博弈日趋激烈，资源问题与大国博弈深刻交织，使得该地区成为全球资源政治和地缘政治的典型交汇区。

一、全球气候与环境变化的调控区和放大区

"调控区"的内涵主要反映在亚洲水塔流域的核心——青藏高原对亚洲乃至世界气候和地理环境的影响，以及亚洲水塔作为全球最重要的水塔所凸显的调控作用。"放大区"的内涵体现在亚洲水塔是全球气候变暖最强烈的地区之一，远高于全球其他地区，进而使其成为全球气候与环境变化效应的放大区域。

青藏高原塑造了亚洲基本气候条件及地理格局。亚洲水塔流域的核心——青藏高原，矗立在东亚与中亚、南亚之间，也处在亚洲东部三大环流体系（西风急流、东亚夏季风和南亚夏季风）的交汇作用地带（陈浩等，2022）。它的存在改变了北半球区域大气环流模式，进而塑造了亚洲的基本地理格局。例如，青藏高原阻挡了西风环流，使其沿着青藏高原西侧北上，从而导致了中国新疆地区的干旱少雨。同时，青藏高原亦能诱导夏季风的一部分长驱深入到中国东部地区，为这里带来大量的水汽和热量，成为中国东部重要的水汽来源。如果没有青藏高原的存在，中国东部的许多地方将变得干旱少雨，长江中下游平原这一被誉为"鱼米之乡"的肥沃之地也将不复存在。

按照理想大陆的理论，亚洲中部如果不存在这片高海拔区域，西风和季风

的环流模式将会发生改变。可以说，亚洲水塔是世界地理分区及气候形成的基础，也是亚洲乃至北半球环境变化的调控器（姚檀栋等，2017）。此外，亚洲水塔流域拥有全球最重要的水塔（Immerzeel et al.，2020），具有重要的调节作用。亚洲水塔区拥有储量可观的冰川、数量庞大的湖泊，其冰川储量、湖泊水量和主要河流出山口径流量之和超过 9 万亿立方米（UN，2020）。正是因为拥有了冰川-积雪-湖泊-冻土-陆地这一完备的系统，使得亚洲水塔能够对河川径流起到关键性调节作用。因此，亚洲水塔流域成为全球气候与环境变化的重要调控区。

以青藏高原为核心的第三极是全球气候变暖最强烈的地区，也是未来全球气候变化影响不确定性最大的地区（张人禾、周顺武，2008；陈德亮等，2015）。亚洲水塔流域所处的泛第三极地区升温速率是全球平均变化的两倍（张人禾等，2008）。按照巴黎气候大会设定的全球温升 2 摄氏度的上限预测，这一地区温升可能将高达 4 摄氏度。气候变暖可能导致上游亚洲水塔区冰川退缩、湖泊扩张、冰湖溃决、洪水频发。因此，亚洲水塔不仅是全球最重要的水塔，也是全球最脆弱、风险最大的水塔（Immerzeel et al.，2020）。亚洲水塔正在以全球 2 倍的升温速率变暖，并引起亚洲水塔失衡。亚洲水塔失衡也将引起亚洲季风的改变，从而影响中国乃至亚洲地区环境变化。例如，冰川退缩会改变水循环，这使得下游中亚大湖区沙漠绿洲未来前景堪忧。此外，荒漠化等特殊地表过程也会加重流域生态环境恶化（刘玉贞、阿里木江·卡斯木，2017）。气候变暖及由此引发的环境变化在亚洲水塔流域的强烈反应，使其成为全球气候与环境变化效应的放大区。

二、全球水争端的密集爆发区和潜在重大隐患区

亚洲水塔流域拥有 13 条跨境河流，是全球跨境河流密度最高的地区之一。这一独特的地理面貌注定了亚洲水塔流域的水资源治理具有先天的复杂性，而气候变暖又进一步恶化了亚洲水塔流域的水资源治理矛盾。近几十年来，在全球气候暖化的影响下，亚洲水塔气候暖干化趋势明显，冰川消融加速，引起自然生态环境变化的连锁反应，使该地区面临"水短缺性和脆弱性陡增以及生态

环境持续恶化"的危机（夏军等，2016）。气候变化不仅重塑了亚洲水塔的自然生态环境，加剧了域内水资源的稀缺性，还波及周边流域内各国水资源共享性，更进一步引发亚洲水塔流域乃至泛第三极地区的水资源冲突问题（姚檀栋，2017）。根据俄勒冈流域风险事件数据库统计，1948—2008 年，全球因水资源争端引发的冲突高达 1 252 起。涉及 149 个国家或国际组织，仅亚洲水塔周边就发生 352 起。其中 36 起具有暴力性质，14 起演变成军事冲突（杜德斌等，2020）。这使得亚洲水塔流域成为了世界水争端的密集爆发区（He et al.，2014）。

此外，亚洲水塔流域国家的社会经济发展进一步加剧国家间水危机。亚洲水塔流域水危机事件在 20 世纪 90 年代以前尚不凸显。1990 年后，伴随着苏联解体和中亚地区水资源分配机制的失效，其周边地区水冲突事件显著增加。21 世纪以来，中亚、南亚、中南半岛地区的人口数量不断增长，经济也快速发展，流域国家人口已接近世界一半，GDP 占世界的比重也显著提升，但农业用地面积不足世界的 1/4（表 1-2），人均面积长期低于世界平均水平，加上水资源的不合理开发利用，水资源短缺危机日益显著。

表 1-2　亚洲水塔流域国家人口、经济活动情况及占比

指标	全球		亚洲水塔流域国家		亚洲水塔流域国家占比	
	2000 年	2020 年	2000 年	2020 年	2000 年	2020 年
人口（亿人）	61.14	77.62	29.42	36.49	48.12%	47.03%
劳动力（亿人）	27.49	33.88	13.77	16.03	50.10%	47.30%
GDP（万亿美元）	33.61	84.75	2.14	19.46	6.37%	22.96%
农业用地面积（亿公顷）	47.37*	49.95*	11.96*	11.88*	25.25%	23.78%
制造业增加值（万亿美元）	5.77	13.95	0.16	4.54	2.77%	32.54%
贸易额（万亿美元）	15.46	44.18	0.91	7.66	5.89%	17.34%
军费支出（万亿美元）	0.76	1.93	0.06	0.37	7.89%	19.17%

注：* 为 2018 年数据。

资料来源：世界银行，https：//data.worldbank.org。

巴基斯坦和土库曼斯坦早在 2014 年就已被列入"极度缺水"型国家。而在南亚地区，除了尼泊尔之外，人均水资源占有量均低于 1 700 立方米/年，均属于"重度缺水"和"水紧张"型国家。亚洲水塔流域水资源短缺的直接后果是水政治问题频发，水安全敏感性急剧上升，由此导致流域国家军费支出也显著增强（表 1-2）。水资源短缺已成为增大流域内国家间政治互信赤字的重要因素之一。这使得该区域成为全球水争端的重大隐患区，未来的水资源争夺和水冲突风险不容密视。

三、全球资源政治和地缘政治的典型交汇区

亚洲水塔流域位于共建"一带一路"的核心地带（姚檀栋等，2017）。它不仅是中国对外交往的重要组成部分，更是中国重要的生态安全屏障和战略资源储备基地，具有十分重要的战略地位。由于亚洲水塔流域典型的跨国属性，河流的利用和管理不仅涉及资源与环境问题，还牵涉国际地缘政治关系问题。在气候变化的背景下，高山冰川快速融化、湖泊消长，导致水资源的时空分布发生变化、跨境水资源的共享性加剧国家间水资源的争夺，亚洲水塔周边地缘政治敏感区所蕴藏的复杂内容密集爆发。同时，气候变化对于亚洲水塔的影响还具有全球性，不仅关系着亚洲国家的生存与发展，还引发域外国家在该地区的地缘政治摩擦。一些区外大国以水问题为切入点，通过水外交切入本地区的水资源治理事务，试图改变地区政治经济进程，把普通的水政治问题异化为大国间的地缘博弈问题，进一步加剧本地区水政治的复杂性（杜德斌等，2020）。尤其是作为全球政治经济体系顶端的美国，通过制度建设、政治介入、资本与技术输出等多种手段，依托多层化国际伙伴体系，构建复合型水外交战略，深度介入亚洲水塔流域的水资源治理与社会经济发展。在当前大国地缘政治博弈日益加剧的背景下，美国急切希望利用水资源议题形成自身势力进入亚洲水塔流域的局面，以实现其在东边遏制中国"一带一路"倡议、北部与俄罗斯竞逐中亚、西部进一步封锁伊朗、南边抵消印度影响力的"东遏-北竞-西锁-南衡"地缘战略意图。这些实践使得亚洲水塔流域成为全球资源政治和地缘政治的典型交汇区，进而加剧了中国周边安全环境的复杂多变。

第三节　亚洲水塔流域的地理区域单元

亚洲水塔流域复杂的地理环境，塑造了诸多相对割裂的地理区域单元。自西向东依次囊括以澜沧江-湄公河、怒江-萨尔温江、伊洛瓦底江流域等为主的中南半岛区域，以恒河流域、印度河流域等为主的南亚次大陆，以咸海流域等为中心的中亚大湖区以及伊朗高原等。这些地理区域在自然与人文领域具有显著的差异，构成了亚洲水塔流域的多元属性。

一、中南半岛

中南半岛（China-Indochina Peninsula）是东南亚的大陆部分，又称大陆东南亚，因其位于中国和印度之间，故又称"中印半岛"。涉及中南半岛的亚洲水塔流域包括澜沧江-湄公河流域、怒江-萨尔温江流域、伊洛瓦底江流域、红河流域以及横跨中南半岛和南亚次大陆的伊洛瓦底江流域。中南半岛西临孟加拉湾、安达曼海和马六甲海峡，东临太平洋的南海，是亚洲南部三大半岛之一，为东亚大陆与马来群岛之间的桥梁。半岛上有越南、老挝、柬埔寨、缅甸、泰国、马来西亚的马来半岛部分及新加坡，面积206.5万平方千米，占东南亚的46%。其中，位于亚洲水塔流域的国家有越南、老挝、柬埔寨、缅甸和泰国。

中南半岛地势北高南低，山川相间排列。山脉主要由西部缅印边界的若开山脉、中部的横断山脉延续山脉和东部的长山山脉组成。诸山脉由北而南呈扇形展开。西部的若开山脉是喜马拉雅山脉的延续，山脉自北向南蜿蜒1 100余千米，海拔多在1 800米以上。其北部的那加山脉地势最高，海拔在4 000米—5 000米。缅甸北部靠近中国边境的开卡博峰海拔5 887米，是东南亚地区的最高峰。中部的雷塔山脉和钦山山脉，海拔在2 000米—3 000米。南段的若开山脉山幅变窄，高度降低，海拔在1 000米以下，向南入海经印度洋上的安达曼群岛和尼科马群岛，连接至马来群岛。这些山脉南北延伸，阻挡了来自印度洋的湿润西南季风，使缅甸中部地区形成干燥地带。这些山脉同时也是缅甸与印度次大陆的天然障壁，山中有些山口便成为古代民族迁徙的通道。

中部的横断山脉南续山脉形成诸条分支山脉和高大山体，如缅泰边界的他念他翁山脉和比劳山脉，柬泰边界的扁担山脉、豆蔻山脉等。这些山脉在缅甸北部形成中南半岛面积最大的高原——掸邦高原。高原北起中缅边界上的高黎贡山，南迄丹那沙林地区，南北长达600千米，面积约16万平方千米。高原地势自西北向东南倾斜，海拔为900米—1 000米，岭谷交错，岩溶地貌分布广泛。中部诸山脉在形成过程中伴有花岗岩侵入，形成许多金属矿藏，尤以锡、钨最为重要。山脉南伸，经马来半岛入海后形成邦加、勿里洞等岛屿。

东部的长山山脉（老挝称富良山脉）南北延伸1 100多千米，宽50千米—200千米，海拔一般在3 000米以下。山脉西坡较缓，逐渐过渡到老挝、柬埔寨境内的高原，如川圹高原、会芬高原、甘蒙高原和波罗芬高原等；东坡在越南中部紧逼海岸，岩壁陡峭，沿海平原狭小，形成了岘港等天然港湾。长山山脉沿越老边境向越柬边境蜿蜒延伸，斜贯越南全境，是越南、老挝、柬埔寨的天然边界。山脉中有不少低矮的山口，成为越南与老挝和柬埔寨之间沟通的交通要道。

在上述山地、高原之间，一系列大河顺地势自北向南奔流入海，从东往西依次为红河、湄公河、湄南河、萨尔温江和伊洛瓦底江等，涵盖直接或间接发源于亚洲水塔的澜沧江-湄公河流域、怒江-萨尔温江流域、伊洛瓦底江流域、红河流域等。这些大河在入海口冲积形成面积广大的三角洲，其中较著名的三角洲包括湄公河三角洲、伊洛瓦底江三角洲、红河三角洲和湄南河三角洲。

中南半岛南部克拉地峡以南的狭长地带为马来半岛，其最南端的皮艾角是欧亚大陆的最南端，全长1 127千米，最宽处322千米，面积23.7万平方千米，地形以丘陵为主，中央山脉纵贯半岛，最高峰大汉山海拔2 187米。马来半岛北接大陆，西临印度洋安达曼海和马六甲海峡，南临新加坡海峡，东濒泰国湾和南海，历来为亚洲大陆与马来群岛间经济和文化联系的桥梁，古代有"金色半岛"之称。半岛的西北部属于缅甸南部，中部及东北部属于泰国南部，剩余大部分属于马来西亚的大陆部分。由于马来半岛过于狭长，在地理单元划分上，也有文献将其归为马来群岛。

中南半岛由于其独特的地理位置，从地理大发现以来，便一直是域外大国，在该地区扮演重要角色的舞台，甚至成为主宰该地区命运的主要力量。自 1511 年葡萄牙人越过印度洋，占据了马六甲之后，中南半岛的历史便中断了自己原来的正常进程。东部越南、柬埔寨、老挝三国曾沦为法国殖民地，被称为法属印度支那；而西边的缅甸则成为英属印度的一部分。两大帝国分别向对方推进势力范围，在位居中南半岛中央的泰国形成了缓冲对峙的局面，使得泰王国成为唯一没有完全沦为殖民地的国家。今天的中南半岛各国，在政治、经济、文化等各个方面，都仍然带有殖民者留下的烙印。第二次世界大战后，中南半岛各国纷纷走上自主的发展道路，逐步扭转了过去单一的经济结构，社会经济发展取得显著成就，成为当今世界经济最具活力的地区之一。尽管如此，各国经济规模和发展水平依然存在显著差异。2019 年的数据显示，泰国是中南半岛第一大经济体，GDP 规模约占流域内中南半岛五国之和的 59%；其次是越南，占比为 28%；而其余国家占比均不足 10%。就经济发展水平而言，各国人均 GDP 均不足 1 万美元，其中柬埔寨、缅甸、老挝三国被联合国列为最不发达国家。

二、南亚次大陆

南亚次大陆（The South Asian Subcontinent），又称印巴次大陆，包括了喜马拉雅山脉以南的一大片半岛形陆地区域。它是亚洲大陆的南延部分，大体位于 8°N—37°N，61°E—97°E。由于受喜马拉雅山阻隔，这块陆地形成了一个相对独立的地理单元，但面积又小于通常意义上的大陆，所以称为"次大陆"（中国大百科全书《世界地理》编辑委员会，2023）。这一区域的总面积约为 430 万平方千米，人口约为 16 亿。南亚次大陆上的亚洲水塔流域主要包括恒河流域、印度河流域、伊洛瓦底江流域以及赫尔曼德河流域。

自然地理上，南亚次大陆北面耸立着雄伟的喜马拉雅山和喀喇昆仑山，南面则有阿拉伯海和孟加拉湾的环绕限制，西面有伊朗高原的阻隔，东面有印、孟、缅边境的层叠山障，自成一体的天然态势非常明显。在人文地理上，这里长期经历着相当封闭的社会-历史发展进程，同样具有显著的独立性。

南亚次大陆北部是喜马拉雅山脉南侧的山地，南部是德干高原，山地和高原之间是广阔的印度河-恒河平原。它大部处于 10°N—30°N 的低纬度地区，北回归线横贯中部，北有高山阻挡亚洲中部的冷空气侵入，南有印度洋暖湿气流的影响，大部分地区属于热带季风气候。一年可分为三季，3月—5月的热季，西南季风尚未来临，高温少雨；6月—10月的雨季，西南季风带来大量雨水，降水量占全年的80%—90%，湿热多雨；从11月—次年2月为凉季，盛行干燥的东北季风，气候凉爽宜人。除北部山区外，各地年平均气温在24℃—27℃，大部分地区年降水量为1 000毫米—2 000毫米。

南亚次大陆是人类古文明的发源地，四大文明古国之一的古印度就发源于此，孕育了佛教、印度教等影响深远的宗教。由于外族入侵、内部族群复杂，南亚次大陆长期陷于分裂状态。地理大发现后，西方殖民国家葡萄牙、荷兰、法国、英国等相继侵入这片区域，直到1849年南亚次大陆基本被英国人统一或纳入势力范围。英国将殖民区统称为"英属印度"，成为英国最大的海外殖民地。第二次世界大战后，英国实力严重削弱，英属印度彻底瓦解。现代印度、巴基斯坦、缅甸、孟加拉国纷纷获得独立，但今天的南亚次大陆各国，在政治、经济、文化等各个方面，都仍然带有英国留下的烙印。

在亚洲水塔流域内，印度、巴基斯坦、孟加拉国、尼泊尔、不丹五个国家位于南亚次大陆。其中，印度为南亚次大陆的主要政治经济力量，这与其国土面积不无关系。印度国土面积约占南亚次大陆的3/4，人口大约是其余国家人口总和的三倍。巴基斯坦是南亚次大陆的第二大国，人口仅次于印度。印、巴两国都是拥有核武器的国家，尽管国际上并没有正式承认这一事实。

受历史和地理环境等多种因素制约，南亚次大陆社会经济发展处于较低水平。2019年，区域内各国人均GDP均不足4 000美元。不丹、尼泊尔被联合国列为最不发达国家。印度作为快速发展的新兴经济体和南亚次大陆的"巨无霸"，2019年GDP达到了2.87万亿美元，位居世界第五，其GDP规模超过南亚次大陆的80%。孟加拉国是近年世界上经济增长最快的国家之一，也是南亚次大陆经济增长最快的国家。2019年GDP达到了3 026亿美元，成为南亚次大陆第二大经济体。其人均GDP已超过印度。巴基斯坦作为南亚次大陆上的面积和人口第二大国，由于受国内政局不稳、安全态势恶化、国际市场冲击等因素影响，经济增长波动较大，已降为南亚次大陆第三大经济体。

三、中亚大湖区

中亚（Central Asia）是指里海以东、西西伯利亚以南、阿富汗以北、中国新疆以西的亚洲中部地区，包括哈萨克斯坦、乌兹别克斯坦、吉尔吉斯斯坦、塔吉克斯坦和土库曼斯坦五个国家。中亚地区是全球干旱区湖泊分布密集的地区之一，分布有数万个大大小小的湖泊。其中，面积 1 平方千米以上的湖泊有 2 000 多个，超过 100 平方千米的大型湖泊有 60 多个，包括曾经的世界第四大湖——咸海，因而又被称为"中亚大湖区"（中国大百科全书《世界地理》编辑委员会，2023）。中亚大湖区所涉及的亚洲水塔流域众多，主要包括咸海流域和楚河流域等。

中亚地区地域辽阔，地貌复杂，既有世界上最高峻的山系，也有全球最著名的深海低地；既有地势高耸的世界屋脊，又有广阔坦荡的大平原。中亚地势总体呈现东南高、西北低。塔吉克斯坦帕米尔地区和吉尔吉斯斯坦西部的天山地区山势陡峭，海拔在 4 000 米—5 000 米，也是中亚的制高点，最高峰为 7 495 米的共产主义峰；最低点位于哈萨克斯坦西部里海附近的卡拉吉耶洼地。在这片广阔地区，荒漠、绿洲多在海拔 200 米—400 米，丘陵、草原多在海拔 300 米—500 米，而东部山区在海拔 1 000 米左右。

由于位于欧亚大陆腹地，东南缘高山阻隔印度洋、太平洋的暖湿气流，该地区气候为典型的温带沙漠、草原的大陆性气候，因而雨水稀少，极其干燥。一般年降水量在 300 毫米以下，咸海附近和土库曼斯坦的荒漠年降水量仅为 75—100 毫米，而山区年降水量为 1 000 毫米—2 000 毫米，但也有一些山地的年降水量低于沙漠地区，例如帕米尔的年降水量仅为 60 毫米，加之处于中纬度大陆内部地区，晴天多，太阳辐射强，温度高，蒸发旺盛，温度变化剧烈。

中亚地区河流水量小，河网稀疏。汛期在春夏季节，原因是冰山融化和夏季降雨。在闭塞的地形和干旱气候的影响下，中亚的水系主要属于内陆水系。河流没有通向大洋的出口，河水除了被引走用于灌溉外，或者消失于荒漠，或者注入内陆湖泊。最重要的两条河流分别是流经乌兹别克斯坦、塔吉克斯坦和哈萨克斯坦的锡尔河，以及流经塔吉克斯坦、阿富汗、乌兹别克斯坦、土库曼斯坦的阿姆河。锡尔河为中亚最长的河流，但流量小于阿姆河，发源于天山山脉。阿姆河是中亚水量最大的内陆河，咸海的两大水源之一，源于帕米尔高原东南部海拔4 900米的高山冰川。两条大河最终注入中亚最大的湖泊——咸海。咸海为哈萨克斯坦和乌兹别克斯坦共有，原为世界第四大湖，但由于过度滥用和环境危机，咸海的水位已急剧下降，如今阿姆河基本不流进咸海。

中亚地区气候干燥，不利于农业的发展，又因远离海洋，贸易流通受限制，但又由于其地处亚欧大陆腹地，古代曾是贯通亚欧大陆的交通枢纽，历来是世界大国东进西出和南下北上的必经之地，成为大国反复争夺的核心区域和缓冲地带。历史上，中亚地区部分为中国中原王朝管辖，也曾经历伊斯兰化时期和突厥化时期，直到俄国十月革命后逐步成为苏联的一部分。苏联解体后，中亚五国获得独立，开始走向自主发展之路，但仍与俄罗斯保持着密切联系，也长期与中国保持睦邻友好的关系。这五国均为上海合作组织的重要成员。

中亚地区地广人稀，中亚五国总面积达400万平方千米，总人口约为7 510万（2019年），总GDP约为3 000亿美元（2019年），略低于中国云南省的GDP。其中，面积最大、GDP和人均收入最高的国家均为哈萨克斯坦，但人口最多的国家是乌兹别克斯坦。进入21世纪之后，中亚经济有了新的发展，各国普遍走出低谷，进入了恢复性增长的新时期。贸易环境不断优化，消费规模和水平也进一步提升，正成为新的投资和贸易发展的热土。然而，与此同时，中亚地区也面临不同程度的社会、政治、经济危机以及生态环境问题的挑战。

四、伊朗高原

伊朗高原（Iranian Plateau）位于亚洲西南部，居于帕米尔高原、印度河平原之西，亚美尼亚高原和美索不达米亚平原之东，北邻图兰低地和里海，南濒波斯湾、阿曼湾和阿拉伯海。该高原是一个被众多边缘山脉围绕的山间高原。

其北部边缘山地主要有厄尔布尔士山脉和兴都库什山脉，一般海拔 3300 米。主峰达马万德山是一个死火山，海拔 5 604 米，为伊朗最高峰。南部边缘山脉主要有扎格罗斯山脉，东部边缘有苏莱曼山脉，海拔一般 3 000 米。高原东西延伸 2 500 千米，南北最宽 1 500 千米，面积约 270 万平方千米，几乎占据了伊朗和阿富汗的全境以及巴基斯坦的西南部。高原内部分布着大小不等、形状各异、高低不一的封闭盆地，主要有伊朗东北部的卡维尔荒漠盆地、东部的卢特荒漠盆地以及伊朗与阿富汗交界处的锡斯坦盆地等，海拔多在 900—1 500 米。盆地大部分属热带荒漠气候，水源基本来自高山降水和夏季冰雪融水。

发源于亚洲水塔的哈里河和赫尔曼德河等国际河流流经伊朗高原，主要涉及伊朗和阿富汗这两个国家。其中，伊朗是世界著名的文明古国、地区大国及世界能矿资源生产大国，也是海湾地区经济大国。阿富汗是一个地处亚欧大陆中南部的内陆国家，古时曾是重要的贸易中心和游牧民族的迁居途径，近代以来一直是陆权力量与海权力量争夺的战略缓冲区。

参 考 文 献

[1] 陈德亮、徐柏青、姚檀栋等："青藏高原环境变化科学评估：过去、现在与未来"，《科学通报》，2015 年第 32 期。

[2] 陈浩、朱立平、陈发虎："世界史视角下青藏高原对中国的地缘安全屏障作用"，《世界地理研究》，2022 年第 1 期。

[3] 杜德斌、刘承良、胡志丁等："'亚洲水塔'变化对中国周边地缘政治环境的影响"，《世界地理研究》，2020 年第 2 期。

[4] 付琴雯："中国参与跨界水资源治理的法律立场和应对——以新'澜湄机制'为视角"，《学术探索》，2017 年第 3 期。

[5] 李志斐："气候变化对青藏高原水资源安全的影响"，《国际安全研究》，2018 年第 3 期。

[6] 刘玉贞、阿里木江·卡斯木："丝绸之路经济带沿线典型地区荒漠化动态变化遥感监测"，《中国水土保持科学》，2017 年第 2 期。

[7] 人民网："习近平在周边外交工作座谈会上发表重要讲话"，2013 年。

[8] 夏军、李原园等：《气候变化影响下中国水资源的脆弱性与适应对策》，科学出版社，2016 年。

[9] 姚檀栋、陈发虎、崔鹏等："从青藏高原到第三极和泛第三极"，《中国科学院院刊》，2017 年第 9 期。

[10] 姚檀栋、邬光剑、徐柏青等："'亚洲水塔'变化与影响"，《中国科学院院刊》，2019 年第 11 期。

[11] 姚檀栋："泛第三极环境与'一带一路'协同发展"，《中国科学院院刊》，2017 年第 2 增期。

[12] 张人禾、周顺武："青藏高原气温变化趋势与同纬度带其他地区的差异以及臭氧的可能作用"，《气象学报》，2008 年第 6 期。

[13] He, D., R. Wu, Y. Feng, *et al*. 2014. China's transboundary waters: New paradigms for water

and ecological security through applied ecology. *Journal of Applied Ecology*，Vol. 51，No.5.

[14] Immerzeel，W.，Lutz，A.，Andrade，M. *et al*. 2020. Importance and vulnerability of the world's water towers. *Nature*，Vol. 577，No.7790.

[15] UN，2020. United in Science 2020 A multi-organization high-level compilation of the latest climate science information. Geneva：WMO.

[16] Zhong，Y.，F. Tian，H. Hu，*et al*. 2016. Rivers and reciprocity：Perceptions and policy on international watercourses. *Water Policy*，Vol. 18，No.4.

第二章　亚洲水塔流域自然地理环境

自然地理环境作为人类生存的自然地域空间，是地球气相、固相和液相三种物质的交界面，同时也是有机界和无机界相互转化的场所。它不仅是人类赖以生存的自然载体，更是人类社会存在和发展的自然基础。本章重点关注亚洲水塔流域的地形地貌、气象气候、水文特征、冰川冻土以及植被土壤等自然地理环境要素。基于地理环境的不可分割性，本章将从亚洲、亚洲水塔流域和青藏高原等多个不同层次的自然地理单元出发，全面阐述亚洲水塔流域的自然地理环境特征。

第一节　地形地貌

亚洲水塔流域的地形地貌是亚洲大陆多元自然地理环境的映射。亚洲地域辽阔，地理条件复杂，地表起伏大，山高水深，山川纵横，山地、高原约占全洲大陆面积的四分之三。

一、地质特征

亚洲是世界第一大洲，在地质上是一个年轻的拼合大陆，由欧亚古陆与多个源自南半球冈瓦纳大陆的陆块拼合而成。亚洲总的可分成六个地台和四条挟持其间的巨型造山带。地台自北向南分别为：西伯利亚地台、中朝地台、塔里木地台、扬子地台、阿拉伯地台、印度地台。

（一）中南半岛

今日的东南亚是由中南半岛和马来群岛两部分组成，但在远古时代，却是亚洲和大洋洲之间连接的大陆块。东南亚的中心地带为巽他台地，其中大部分为浅海，被称为巽他大陆架。在冰川时期，大陆部分经过巽他台地组成的陆桥，可远达澳大利亚。大约距今二万五千年前，由于冰盖溶解，海平面上升，巽他台地的一部分被海水淹没，逐步分成许多岛屿，此后又经过长时间的侵蚀和冲积，形成了现今东南亚的地形和地貌。在地理区划上，东南亚明显分为大陆（半岛）和海岛两大部分。

中南半岛西侧沿海，位于一个南北走向的消亡边界上。由于印度洋板块和亚欧板块之间的强烈碰撞挤压，中南半岛特别是靠近中国的北部地区，隆起形成了一系列巨大的褶皱山脉。板块的碰撞挤压也使得中南半岛南部地区形成了狭长的马来半岛。

（二）南亚次大陆

南亚次大陆的界线明显，由一系列年轻的褶皱山脉所界定，包括西北部的苏莱曼山脉、北部的喀喇昆仑山脉、喜马拉雅山脉、东部的巴达开山脉和阿拉干山脉等。这些山脉围绕在半岛的北部，朝南面临大海。南亚次大陆在南北和东西方向上距离各约 3 100 千米，面积约 430 万平方千米。南亚次大陆的地质单元主要由三部分组成：南部的德干高原、北部的喜马拉雅山脉以及中间的印度大平原。德干高原占据印度半岛的大部分，是一个庞大的前寒武纪古陆块，构成了次大陆的核心。它也是冈瓦纳古陆的一部分。白垩纪末期，德干高原的西北部曾发生大规模玄武岩溢出，覆盖面积达 40 万平方千米，形成了世界上最大的熔岩台地。德干高原的地形是一个久经侵蚀的向东北缓倾的大古老地块。高原的西部边缘由西高止山构成，高度约 1 000 米—1 500 米，其西斜面成断层崖；高原的东部边缘由东高止山构成，高度约 500 米—600 米，为低丘状，沿海有较宽的沿海平原。在德干高原内部，多地垒和地沟地形。总之，德干高原是一个古老的、久经侵蚀的、倾动的和被许多河川所切割的准平原残丘状地块。北部是喜马拉雅山脉南侧的一部分山地，这是喜马拉雅运动的产物。喜马拉雅山脉在构造上可分为三带：北部带，又名西藏带或西藏喜马拉雅带，是由古生代初期至第三纪的岩层组成；中部带，又名雪峰喜马拉雅带或喜马拉雅带，露出岩石主要为花岗岩和片麻岩，现代冰川和雪峰甚多；南部带，又名外带或山麓喜马拉雅带，位于印度大平原与喜马拉雅山脉之间，主要为低矮山麓，岩层以第三纪沉积岩为主，高度约 1 000 米。中间的印度大平原属于新褶皱山的前渊地带，其前身为孟加拉湾和阿拉伯海的一部分，东西长约 3 000 千米，南北宽约 250 千米—300 千米，是世界著名的大平原之一。

（三）中亚大湖区

中亚大湖区经古生代地壳垂向和侧向增生而成，其地质构造格局主要形成于晚古生代，总体表现为造山带及造山带间夹古陆或微古陆，广泛发育着古生代花岗岩。其主体是哈萨克斯坦地体，与西伯利亚地台、欧洲地台和塔里木地台相互碰撞拼合而成。大湖区以斋桑-额尔齐斯、主乌拉尔-突厥斯坦-阿特巴什-依内里切克、赫拉特-北帕米尔-康西瓦-鲸鱼湖三条缝合带为界，主要包括西伯利亚、哈萨克斯坦-准噶尔、东欧、塔里木-卡拉库姆、青藏-中伊朗五大板块构造单元（成守德等，2010）。

（四）伊朗高原

伊朗高原处于北部的图兰地台扎格罗斯褶皱逆冲断层带（往北移动的阿拉伯板块与欧亚大陆碰撞所形成的缝合带）之间的区域在地质上是指阿拉伯板块与欧亚大陆板块碰撞而形成的巨大褶皱逆冲断层带山脉以北的区域。伊朗高原从小亚细亚和高加索开始，一直向东延伸至包括现今阿富汗和巴基斯坦的大部分地区。

（五）青藏高原

青藏高原是地球上最年轻的地质构造单元。在奥陶纪前后，青藏地区曾数次抬升和沉降，并为横贯欧亚大陆南部的古地中海（亦称特提斯海）所占据。早二叠世晚期，华力西运动使昆仑山隆起，揭开了青藏高原形成的序幕。其后，经印支运动、燕山运动及喜马拉雅运动，西藏地区的隆起范围不断扩大，古地中海则随之由北而南撤退，直至始新世晚期，西藏地区最终全部脱离海侵成陆。根据古植物化石和孢粉、古土壤及上新世地层中三趾马动物群化石等证据推断，上新世末，原始高原面的海拔仅约 1000 米，更新世后的喜马拉雅运动使高原地区整体大幅度急剧隆起，最终成为地球之巅。这一期间上升幅度累计达 3 000 米—4 000 米。若以晚更新世以来的十余万年计算，年均上升量达 10 毫米。至今，高原仍以年均 5 毫米—6 毫米的速度继续上升。

　　根据板块运动理论，青藏高原的隆起是印度板块向北漂移，同亚欧板块碰撞并俯冲于后者之下的结果。同时，还可能受到北方刚性的塔里木地块向南楔入青藏地块的动力作用影响。高原是由若干个从冈瓦纳古陆分裂出来并向北漂移的块体，在不同地质时期拼合起来的。其板块构造特征显著，包括巨厚、多层、高低速相间的地壳结构，且由五条缝合带和被它们分隔开的六个地体组合而成。受印度板块和欧亚板块的挤压与阻挡，青藏高原地壳处于非均衡补偿状态，近期仍保持强烈活动态势。因此，高原成为中国主要地震区，20 世纪以来已发生过 7 次 8 级以上的大地震。高原又是强烈的地热区，特别是在高原南部喜马拉雅山一带水热爆炸、间歇喷泉、沸泉及温泉广泛分布，蕴藏丰富的地热能资源。

　　自印度次大陆与亚欧大陆碰撞以来，青藏高原的隆升是多阶段、非均匀、不等速的过程。青藏地区在新生代期间大致经历了三期地面抬升和两度夷平。在距今 360 万年形成的范围辽阔的夷平面，地势起伏和缓，海拔约 1 000 米，具有亚热带山地森林或森林草原景观。在上新世末和早更新世初的转折时期，即 360 万年以来，青藏地区开始经历整体强烈隆升、主夷平面瓦解、大型断陷盆地形成的构造运动，累计上升约 3 500 米，并发育典型的高原季风。在距今 60 万年左右，高原面上升至海拔 3 000 米—3 500 米，山地高度在 4 000 米以上，引起高原气候的突变，以高原冬季风加强、夏季风减弱为主要标志。这次高原抬升导致的降温与中更新世突变的全球性轨道转型相耦合，高原全面进入冰冻圈，出现最大规模的冰川作用，但未形成高原统一的大冰盖。因气候寒旱化，内流水系扩展，一些大湖退缩、分离，湖水蒸发，导致大量盐类沉积成矿，昆仑山北坡广泛堆积风成黄土。在距今 15 万年的前期，青藏高原存在一次剧烈但不均匀的构造上升运动。在末次冰期全盛时，青藏高原的温度波动达到了 15 万年来最剧烈的程度，冰川覆盖面积达 35 万平方千米。高原大部分为荒漠草原所覆盖，森林向东缘、南缘退却。冰心、湖心和黄土剖面等揭示了青藏高原在全球变化中存在明显的区域性和特殊性，表现为波动变幅大、暖期特别暖、进入冰期迅速、变暖较缓慢等特点。

二、地形地貌特征

亚洲的山脉多成群成带出现，大致有三条山脉带。第一条山脉带位于连接青藏高原、伊朗高原和安纳托利亚高原的东西隆起带，大致以帕米尔高原为枢纽，向东西两侧伸出一系列高大山脉。在隆起带北侧主要有高加索山、厄尔布尔士山、科彼塔格山、兴都库什山、昆仑山、阿尔金山和祁连山；在南侧有托罗斯山、扎格罗斯山、苏莱曼山、喀喇昆仑山和喜马拉雅山。青藏高原东端自横断山向南有一系列近南北向山系伸向中南半岛、马来群岛。西部为那加山、阿拉干山，向南伸向印度洋上的安达曼群岛和巴科尼群岛，在东南与苏门答腊岛、爪哇岛相接。中部一系列山脉由横断山起，向南有登劳山、他念他翁山、比劳克山及马来半岛上诸山脉。东部主要有长山山脉。由于陆块挤压形成三个明显的"山结"，第一个为安纳托利亚高原与伊朗高原之间的亚美尼亚"山结"，第二个为帕米尔"山结"，第三个为青藏高原东端的横断山脉。"山结"所在之地群山汇集，地势高峻。在"山结"之间山脉撒开，并间夹以大小不等的高原和高原盆地。

（一）中南半岛

中南半岛的总体地形以高原、山地地形为主，地势北高南低。半岛北部地区山河相间，呈南北纵列分布，南部沿海地区多为平原地形。中南半岛的山脉和高原主要有西部的那加山脉和阿拉干山脉。这两座山脉呈向西突出的弓形，大部分海拔在 1 800 米以上，长约 1 100 千米，是缅甸与印度、孟加拉国之间的天然障壁。山中有些山口为古代民族迁徙的孔道，包括许多平行山脉，它们是喜马拉雅山脉向南的延续部分。东部有越、老、柬边境南北绵延 1 000 多千米的长山山脉，山脉西坡较缓，逐渐过渡到老挝、柬埔寨境内的高原，如川圹高原、会芬高原、甘蒙高原和波罗芬高原等。山脉东坡较陡，逼近海岸，形成许多峭壁和岬角。东部的长山山脉（老挝称富良山脉）海拔一般不足 1 500 米，绵延 1 000 多千米，其间横断山区的隘道为南海岸与内地湄公河谷交通的捷径。中部为中国横断山脉向南的延续部分，在缅泰边界有登劳山、他念他翁山脉和比劳克东山，向南伸入马来半岛，在缅甸境内山体较宽较高，成为东南亚面积最大的高原——掸邦高原，海拔 1 500 米—2 000 米。在泰国东部有呵叻高原。

中南半岛地势具有三个明显的特点。首先，地势大致北高南低，多山地、高原，山川大致呈南北走向且相间排列，半岛地势犹如掌状。其次，地势久经侵蚀而呈准平原状，喀斯特地形发育，在第三纪造山运动中，印度马来地块也有隆起和断裂现象。最后，平原多分布在东南部沿海地区，主要是大河下游面积广大的冲积平原和三角洲。

（二）南亚次大陆

南亚次大陆在地形上分为北部高山区、南部高原区和介于二者之间的印度河-恒河平原区。南亚次大陆的大部分区域都位于印度洋板块。在距今约 5 300 万年前的始新世时期，南亚次大陆是印度洋上的一个大陆性岛屿，由冈瓦纳大陆分离出来。当时南亚次大陆与亚欧大陆完全分离，是两块独立的陆地。后来，由于南亚次大陆所在的印度洋板块往北运动与亚欧板块相互碰撞挤压，不仅隆起了喜马拉雅山脉、青藏高原以及巴基斯坦西部的苏莱曼山脉，还使得南亚次大陆与亚欧大陆连成了一个整体。所以南亚地区被喜马拉雅山脉、苏莱曼山脉等高大山体与亚洲其他地区隔开，形成一个相对独立的地理单元。由于其面积小于大陆，所以被称为南亚次大陆。又因为印度和巴基斯坦是南亚的主要大国，也被称为印巴次大陆或印度次大陆。

（三）中亚大湖区

中亚大湖区总体上呈现东南高、西北低。塔吉克斯坦帕米尔地区和吉尔吉斯斯坦西部天山地区山势陡峭，海拔在 4 000 米—5 000 米，其中海拔 7 495 米的共产主义峰和海拔 7 134 米的列宁峰为世界著名山峰。中亚大湖区绵亘着温带最壮观的山地，冰川超过 4 000 条，总面积达到 11 000 平方千米，其中最大的费德钦科冰川长 71 千米，包括 33 条支流，面积达 900 平方千米，而山脚下却是一片一望无际、干旱炎热的荒漠。

东部地区以剥蚀高原和垅岗地形为主，山脉相对高度不大，缓缓地向绝对高度为 3 500 米—4 000 米的山间谷地倾斜。西部地区以切割剧烈的高山地形和狭窄幽深的峡谷为主。帕米尔高原北缘是两座平行的高山——阿赖山脉和外阿赖山脉，由西向东倾斜。阿赖山在 5 301 米的伊格拉峰附近又分成三支平行的山脉——突厥斯坦山、泽拉夫尚山和吉萨尔山，继续向西倾斜。由阿赖山向东北方向延伸是巍峨的天山山脉，西部天山的主峰在中国、哈萨克斯坦和吉尔吉斯斯坦交界的汗腾格里峰。由汗腾格里峰往西又有两支平行的天山支脉，分别是昆格阿拉套-吉尔吉斯山和泰尔斯凯阿拉套山，这两座山脉环抱着伊塞克湖。在天山隘口，费尔干纳山往西北延伸，再转向西南恰特卡尔-库拉明山，中间为费尔干纳盆地。费尔干纳盆地东西长 300 千米，南北最宽处 150 千米，形如一只巨大的椭圆形碟子，缓缓地由西向东倾斜。哈萨克斯坦东部边缘地区有几组平行山脉——阿尔泰山、塔尔巴哈台山、阿拉套山。在中亚的西南缘，土库曼斯坦的科佩特山是由帕米尔向东南延伸出的兴都库什山余脉，与东部的高山相比，其海拔较低。

（四）伊朗高原

伊朗高原面积约 250 万平方千米，其东部边界是兴都库什山脉，它将伊朗与印度分开；其西部边界是扎格罗斯山脉，它将伊朗高原与底格里斯河谷分开；其南部边界是印度洋和波斯湾；其北部边界是阿拉斯河、里海、科彼特山链、阿姆河以南的帕罗帕米苏斯山。伊朗高原周围被高山包围，高原中央是辽阔的内陆盆地，没有河流通往大海。从伊朗高原各山脉内坡流出的河流，全都消失于干燥贫瘠的盆地中。

伊朗高原位于帕米尔高原和亚美尼亚高原之间，北邻里海、图兰低地、兴都库什山脉、科彼特山脉与厄尔布尔士山脉；南滨波斯湾、阿曼湾和阿拉伯海；东缘有基尔塔尔山脉与苏莱曼山脉；西南缘是扎格罗斯山脉；南部有莫克兰山脉。高峻的山脉与谷地交错排列，形成一个四周环山的闭塞式山间高原。东西长 2 500 千米，南北宽 1 500 千米，面积约 270 万平方千米。内部地势起伏不大，海拔 1 000 米—1 500 米，多山间盆地，其间盐沼、荒漠广布。高原内部有卡维尔、卢特与雷吉斯坦三个荒漠。

（五）青藏高原

青藏高原海拔大多在 3 500 米以上，位于地势最高的一级阶梯，素有"世界屋脊"之称，总体地势西北高、东南低。主要山脉呈东西或近东西走向依次排列，包括阿尔金山脉、祁连山脉、昆仑山脉、喀喇昆仑山脉、唐古拉山脉、冈底斯山脉、念青唐古拉山脉、喜马拉雅山脉，以及西北-东南或南北纵列走向的横断山脉。这些山脉海拔大多在 5 500 米以上，其中许多高峰在 7 000 米以上，珠穆朗玛峰、乔戈里峰及希夏邦马峰等超过了 8 000 米。这些群山中坐落着多座白雪皑皑的高峰和现代冰川，冰蚀、风蚀作用强烈，形成各种冰蚀地貌，并构成了高原地形的骨架。

青藏高原地形结构的区域差异明显，藏北为高原面保存较完整的羌塘高原，藏南为雅鲁藏布江中游流域的山原宽谷地形，青海西北部为完整的柴达木盆地，川西、滇北的横断山区则为强烈切割、高差悬殊的高山峡谷地形。在高原部分干燥的宽谷及湖盆内常见风力作用形成的流动沙丘和戈壁。许多石灰岩山地有古代的或近代的喀斯特地貌（溶洞、石芽、峰林、孤峰、石墙等）。藏北昆仑山一带有四处火山群，还有火山锥、方山及熔岩平原等火山地貌。

青藏高原是地球上中低纬度地区最大的冰川作用中心，现代冰川面积约 4.987 万平方千米，占中国冰川总面积的 84%。现代冰川主要集中在昆仑山、念青唐古拉山、喜马拉雅山、喀喇昆仑山、帕米尔高原、唐古拉山、羌塘高原、横断山脉、祁连山、冈底斯山及阿尔金山等地。高原上多年冻土面积约 140 万平方千米，为北半球中低纬度地区冻土分布最广、厚度最大、海拔最高的地区。高原北部阿尔金山-祁连山区多年冻土下界为海拔 3 300 米—4 000 米，昆仑山区为 4 150 米—4 300 米，唐古拉山脉以南的两道河一带升高至 4 640 米—4 680 米。高原边缘山区的高山多年冻土表现为不连续岛状分布，而羌塘高原上则为大片连续多年冻土。

第二节　气象气候

一、基本特征

与同纬度其他大陆比较，亚洲大陆冬季严寒，夏季暖热，春温高于秋温，气温年较差大，具有强烈的大陆性。冬夏海陆的热力差异、高空行星环流季节变化以及青藏高原的地形作用，明显改变了对流层低层行星风带的分布，形成了亚洲强盛的季风气候系统。

（一）中南半岛

中南半岛气候以热带季风型为主，年平均气温 20℃—27℃，干雨季分明。半岛东部受台风影响，北部山区受寒潮侵袭。南端为热带雨林气候，终年多雨，有季雨林、热带雨林和草场，所产柚木、紫胶与安息香闻名世界。

中南半岛大部分地区为热带季风气候，一年中有旱季和雨季之分，农作物一般在雨季播种，旱季收获。内部平原和河谷为热带草原景观，马来半岛的多雨海岸为热带雨林景观，大部分中南半岛为热带季风林景观。

（二）南亚次大陆

南亚次大陆的气候主要属于典型的热带季风气候。一年分干湿两季，10 月—次年 5 月为干季，6 月—9 月为雨季。随着季节风向的更替，还可分为：凉季（1 月—2 月）、热季（3 月—5 月）、雨季（6 月—9 月）和季风退缩季（10 月—12 月）。全年气温较高，各地降水量有差异。西南季风迎风坡降水极其丰富，是世界上降水最多的地区之一（如印度的乞拉朋齐），西北部则降水稀少。南亚大部分地区处于赤道以北和北纬 30°以南，除印度西北部和巴基斯坦南部属热带沙漠气候外，其余地区属热带季风气候。

（三）中亚大湖区

中亚大湖区属温带大陆性气候，干燥少雨，气候呈现极端大陆性，气温年、月较差为各气候类型之最。这主要是远离海洋，湿润气团难以到达内陆所致。并且，越靠近陆地中心就越干旱，气温的年、日较差也越大，植被也由森林过渡到草原、荒漠。气候特征概括为冬冷夏热，年温差大，降水集中，四季分明，年降水量较少，大陆性强。

（四）伊朗高原

伊朗高原地处亚热带大陆的内部，属于亚热带大陆性干旱与半干旱气候。干旱气候的形成是由于深居内陆距海远或因有山地阻挡，湿润的海洋气流难以到达，又因地处亚热带，故夏季高温，冬季温和。半干旱气候属于由干旱气候向其他气候的过渡类型。其东部和内地属大陆性亚热带草原和沙漠气候，寒暑变化剧烈，夏热冬冷，内地形成大片的草原、沙漠和盐沼。东部沙漠地区年均降水量减少至 100 毫米左右。西部山地地区受地中海式气候影响，年平均降水量在 500 毫米以上。沿里海一带年平均降水量在 1 000 毫米以上，炎热潮湿，可生长亚热带植物。

（五）青藏高原

青藏高原占据了大气圈对流层约一半的厚度。冬季受西风急流控制，风大而干燥；夏季受西南季风影响较大，温度升高，降水增多。高原上空气稀薄、大气干洁，太阳总辐射比同纬度低海拔地区高 50%—100%，但高海拔导致的气温低且年、日差大的特点也很突出。在纬度和地势的双重影响下，高原各地年平均气温由东南部的 20℃ 以上递降至西北部的 −6℃ 以下。受多重高山阻障，平均年降水量由 2 000 多毫米逐渐减至 50 毫米以下；喜马拉雅山脉中西段北侧为雨影地区，年降水量不足 600 毫米。

基于贝克等人（Beck et al.，2018）的数据得到亚洲水塔流域的柯本·盖革气候分布，以及各气候类型所占比例（表 2-1）。总体来看，亚洲水塔流域的气候类型复杂。赤道气候带（A）占亚洲水塔流域总面积的 12.68%，主要分布

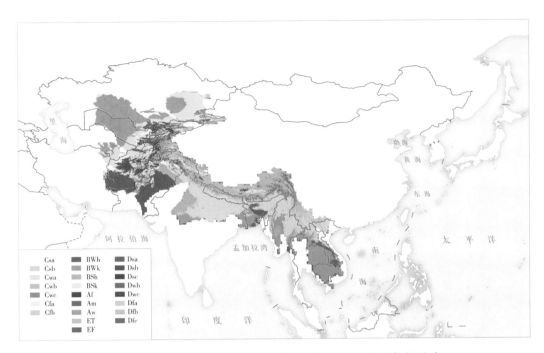

图 2-1　1980—2016 年亚洲水塔流域的柯本·盖革气候分布

资料来源：Beck *et al.*（2018）。

在亚洲水塔流域的南部，包括 Af、Am 和 Aw 三种气候类型，分别占水塔总面积的 0.000 1％、1.88％和 10.8％，集中分布在恒河-布拉马普特拉河-梅克纳河流域、澜沧江-湄公河流域、怒江-萨尔温江流域和伊洛瓦底江流域西南部。

表 2-1　1998—2016 年亚洲水塔流域的柯本·盖革气候类型占比（％）

编号	气候类型	1980—2016 年
1	热带雨林气候（Af）	0.0001
2	热带季风气候（Am）	1.88
3	热带疏林草原气候（Aw）	10.80
4	热性沙漠气候（BWh）	7.51
5	冷性沙漠气候（BWk）	15.76
6	热性草原气候（BSh）	3.92
7	冷性草原气候（BSk）	15.01
8	热夏夏干暖温气候（Csa）	1.11
9	温夏夏干暖温气候（Csb）	0.00

续表

编号	气候类型	1980—2016 年
10	热夏冬干暖温气候（Cwa）	19.71
11	温夏冬干暖温气候（Cwb）	3.43
12	冷夏冬干暖温气候（Cwc）	0.00
13	热夏常湿暖温气候（Cfa）	0.22
14	温夏常湿暖温气候（Cfb）	0.02
15	热夏夏干冷温气候（Dsa）	1.46
16	温夏夏干冷温气候（Dsb）	2.21
17	冷夏夏干冷温气候（Dsc）	2.03
18	温夏冬干冷温气候（Dwb）	0.78
19	冷夏冬干冷温气候（Dwc）	0.99
20	热夏常湿冷温气候（Dfa）	0.03
21	温夏常湿冷温气候（Dfb）	0.61
22	冷夏常湿冷温气候（Dfc）	0.72
23	极地苔原气候（ET）	11.64
24	极地冻原气候（EF）	0.17

干旱气候带（B）占亚洲水塔流域总面积的 42.19%，主要分布在亚洲水塔流域的西北部，包括 BWk、BWh、BSk 和 BSh 四种气候类型。BWk（7.51%）气候类型主要分布在狮泉河-印度河流域西南部，零星分布在咸海流域的西南部。BWh（15.76%）主要分布在咸海流域的西北部，零星分布在狮泉河-印度河流域的西北部。BSh（3.92%）主要分布在狮泉河-印度河流域中部，恒河-布拉马普特拉河-梅克纳河流域和伊洛瓦底江流域西部。BSk（15.01%）气候类型主要分布在咸海流域的东南部，零星分布在狮泉河-印度河流域北部和恒河-布拉马普特拉河-梅克纳河流域西北部。

暖温气候带（C）占亚洲水塔流域总面积的 24.50%，主要分布在水塔流域的南部，包括 Csa、Csb、Cwa、Cwb、Cwc、Cfa 和 Cfb 七种气候类型，分别占亚洲水塔流域总面积的 1.11%、0.00 15%、19.71%、3.43%、0.000 2%、0.22% 和 0.02%。由此可以看出，分布最广的是 Cwa，主要集中在恒河-布拉马普特拉河-梅克纳河流域南部、澜沧江-湄公河流域和怒江-萨尔温江流域中部、伊洛瓦底江流域北部。

冷温气候带（D）占亚洲水塔流域总面积的 8.82%，主要分布在水塔流域的东北部，包括 Dsa、Dsb、Dsc、Dwb、Dwc、Dfa、Dfb 和 Dfc 八种气候类型，分别占其总面积的 1.46%、2.21%、2.03%、0.78%、0.99%、0.03%、0.61% 和 0.72%。

极地气候（E）均出现在高海拔区域，占亚洲水塔流域总面积的 11.81%，包括 ET（11.64%）和 EF（0.17%）两种气候类型。ET 主要集中在恒河-布拉马普特拉河-梅克纳河流域、澜沧江-湄公河流域、怒江-萨尔温江流域、伊洛瓦底江流域北部以及咸海流域的东南部。总体来看，亚洲水塔流域主要以干旱气候带和暖温气候带为主。

二、气温

亚洲水塔流域年均气温的空间分布呈现不同的温度带。1979 年—2018 年，年均气温为 $-9℃—28℃$，多年最高气温为 $-1.96℃—35.48℃$，多年最低气温为 $-16.34℃—24.45℃$。

亚洲水塔流域多年平均气温一般在 $-10℃—29℃$ 之间，从高海拔向低海拔递减，呈扇形分布特征。多年平均最高气温和多年平均最低气温的分布特征与多年平均气温一致，其中最高气温可达 35℃，最低气温低至 $-17℃$（图 2-2、图 2-3 和图 2-4）。

（一）中亚大湖区

哈萨克斯坦全境为大陆性气候，但各地差异较大。北方的彼得罗巴莆洛夫斯克市 1 月平均气温为 $-19℃$，7 月平均气温为 19℃；南方的奇姆肯特市 1 月平均气温为 $-4℃$，7 月平均气温为 26℃。哈萨克斯坦四季和昼夜温差都较大，在沙漠地区尤其明显，最高和最低气温可相差 80℃—90℃，在山区温差则相对较小。

吉尔吉斯斯坦大部分地区属温带，南部属亚热带，四季分明。由于山区地形复杂以及受伊塞克湖的影响，吉尔吉斯斯坦的气候呈多样性，有的地区为极

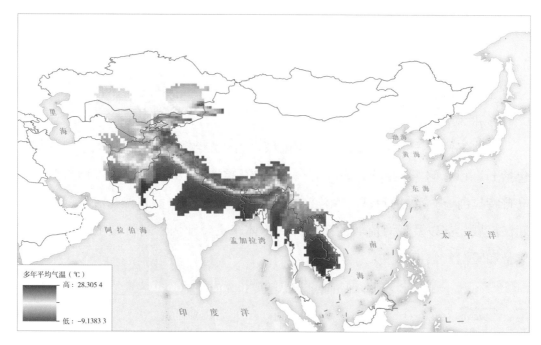

图 2-2　亚洲水塔流域平均气温空间分布

资料来源：Muñoz Sabater *et al*.（2019）。

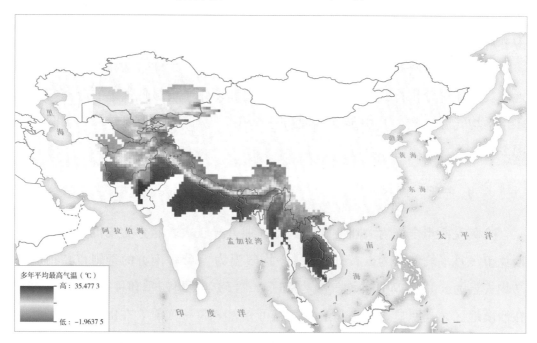

图 2-3　亚洲水塔流域平均最高气温空间分布

资料来源：Muñoz Sabater *et al*.（2019）。

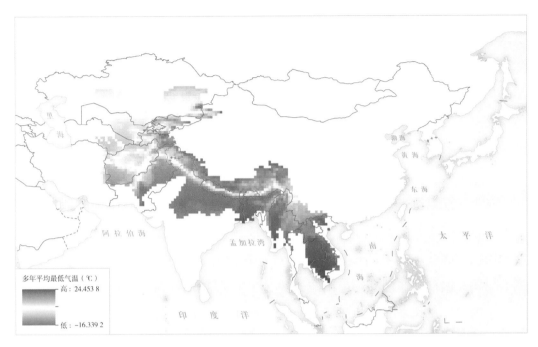

图 2-4 亚洲水塔流域平均最低气温空间分布

资料来源：Muñoz Sabater *et al*.（2019）。

端大陆性气候，有的地区则近似海洋性气候。海拔高度不同的地区呈现多样化的气候，地势越高，气温越低。根据海拔高度可划分出四个具有明显差别的气候带：谷地山麓气候带（从海拔 500 米—600 米至 900 米—1 200 米）、中山气候带（从海拔 900 米—1 200 米至 2 000 米—2 200 米）、高山气候带（从海拔 2 000 米—2 200 米至 3 000 米—3 500 米）和雪原气候带（海拔 3 500 米以上）。地区方位不同，也导致气候的多样性，最温暖的地区是位于西南和南部的巴特肯州、奥什州和贾拉拉巴德州的谷地山麓地区，这里年均气温 11℃—13℃；而地处北部山区的阿克赛、恰特尔湖等地区气温较低，年均气温为−8℃。

塔吉克斯坦气候属典型的大陆性气候，南北温差较大。在高山地区，随海拔高度增加，大陆性气候逐渐显著。除帕米尔高山地区外，首都及中南部地区夏季气温较高，午间可达 35℃—40℃，地表温度可达 60℃—70℃，1 月份最低气温为−20℃。全国 1 月平均气温为−2℃—2℃，7 月平均气温为 23℃—30℃。

乌兹别克斯坦气候属典型的大陆性干旱气候。夏季漫长、炎热，7 月平均气温为 26℃—32℃，南部白天气温常高达 40℃；冬季短促、寒冷，1 月平均气

温为−6℃——3℃，北部绝对最低气温为−38℃。平原低地的年均降水量为 80
毫米—200 毫米，山区为 1 000 毫米，大部分降雨集中在冬春两季。

　　土库曼斯坦气候属于典型的温带大陆性气候，是世界上最干旱的地区之一。
年平均气温为 14℃—16℃，昼夜和冬夏温差较大，夏季气温长期在 35℃以上，
冬季在靠近阿富汗山区的地方，气温可低至−33℃。

（二）中南半岛地区

　　越南气候属热带季风气候，全年雨量大、湿度高。北部受中国陆地气候的
影响，较南部更倾向于大陆性气候。热带季风性湿润气候对越南领土有不同程
度的影响，因此越南不同地区气候特点存在差异。由于深受东北季风的影响，
越南年均气温低于亚洲同纬度国家，约 24℃左右。

　　老挝气候属热带、亚热带季风气候，5 月—10 月为雨季，11 月—次年 4 月
为旱季，年平均气温约 26℃。

　　柬埔寨气候属热带季风气候，年平均气温 29℃—30℃，5 月—10 月为雨
季，11 月—次年 4 月为旱季。

　　缅甸位于南亚季风区，气候属热带季风气候。3 月—5 月为暑季，6 月—10
月为雨季，11 月—次年 2 月为凉季。年均气温为 27℃，1 月为全年气温最低月
份，平均气温在 20℃以上，4 月是最热月份，平均气温 30℃左右。

（三）南亚次大陆

　　印度全境炎热，大部分属于热带季风气候区，而印度西部的塔尔沙漠则属
于热带沙漠气候区。印度终年高温，年均气温在 22℃以上，最冷月一般在 16℃
以上。印度气候分为雨季（6 月—10 月）、旱季（3 月—5 月）以及凉季（11 月
—次年 2 月）。

　　巴基斯坦地处热带季风区西缘，除西部沿海为热带季风区外，大部分地区
属于热带干旱和半干旱气候类型。根据地形差异可分为四个气温区：印度河三
角洲地区、印度河平原、西部俾路支高原地区和北部高山区。印度河三角洲地
区受阿拉伯海的影响，空气湿度大，4 月—6 月天气闷热，平均气温达 29℃，
12 月—次年 3 月，气候宜人，1 月平均气温为 20℃。印度河平原是典型的大陆

性气候区，4月—6月与12月—次年3月温差较大，4月—6月为热季，平均气温在25℃以上，5月—6月可在35℃以上，早晨则只有15℃，11月—次年2月早晨最低气温均在0℃以下。北部高山区是巴基斯坦气温最低的地区，1月份平均最低气温在−7℃左右，1月份平均气温为2.8℃，4月—6月气候凉爽，6月份平均气温21.2℃，最高气温为27℃。

孟加拉国大部分地区属于亚热带季风气候区，沿海地区属于季风型热带草原气候区，湿热多雨。全年分为冬季（11月—次年2月）、夏季（3月—6月）和雨季（7月—10月），年均气温为26.5℃。冬季是一年中最宜人的季节，最低气温为4℃，夏季最高气温达45℃，雨季平均气温30℃。

尼泊尔的气候主要分为两季，10月—次年3月是干季（冬季），雨量极少，早晚温差较大，晨间10℃左右，午间升至25℃。4月—9月是雨季（夏季），其中4、5月气候尤其闷热，最高气温常达到36℃。尼泊尔南北地理特征差异大，地区气候差异明显，分北部高山、中部温带和南部亚热带三个气候区。北部为高寒山区，终年积雪，最低气温可达−41℃；中部河谷地区气候温和，四季如春；南部平原常年炎热，夏季最高气温可达45℃。

（四）伊朗高原

阿富汗气候属大陆性气候，四季分明，昼夜温差较大。冬季严寒，北部和东北部地区最低气温在−30℃以下。夏季酷热，东部城市贾拉拉巴德最高气温可达49℃。首都喀布尔气候宜人，四季分明，全年平均气温在13℃左右。

伊朗大部分地区和南部沿海地区属沙漠性气候和半沙漠性气候，其特点是干热季节长，可持续7个月。阿尔卑斯山脉、扎格罗斯山脉、萨哈德高峰和萨巴郎高峰等高山地区，属于寒冷山区气候。地处里海与阿尔卑斯山脉之间的里海地区，属于里海气候。伊朗北部地区气候四季分明，春夏秋季较为凉爽，冬季较为寒冷，南部夏季炎热、冬季温暖。

（五）青藏高原

青藏高原虽地域广阔、地形复杂，但其年均气温变化表现出与地形相一致的东西向分布趋势，也呈现出明显的开温趋势。气候变暖的开温幅度与海拔关系密切，具有海拔依赖性。

三、降水

亚洲水塔流域的气象站点相对稀疏，因此基于地面观测的降水预报精度有限。为了获得更准确的预测数据，有待运用遥感和再分析技术等收集数据，以代替或者补充观测的数据（Scott *et al.*，2019）。本节使用英国东英格利亚大学气候研究中心（Climatic Research Unit，CRU）的全球逐月平均降水量数据集。CRU数据集是通过数学方法对观测数据进行整合和插值而生成的。该数据集根据已有的若干知名数据库，重建了一套覆盖完整、高分辨率且无缺测的月平均地表气候要素数据集，时间范围覆盖1901年—2019年，空间为0.5°×0.5°，覆盖所有陆地的经纬网格，可信度较大。

亚洲水塔流域在1979年—2018年的年平均降水量具有非常明显的空间差异性，年均降水量范围为小于100mm到大于3 000mm。除了流域西北部，以东南-西北为分界线，受地形效应影响，分界线两侧平均降水量呈梯度减少。

亚洲水塔流域降水量分布的地区差异大，主要体现为从湿润的东南部向干燥的西北部递减的趋势。

（一）区域分布

印度东北部、孟加拉国及印度西海岸一带年降水量超过3 000毫米。800毫米等降水量线以东、以南地区属于热带、亚热带湿润地区。其降水量大，水资源相对丰富。800毫米等降水量线从印度西南部的古吉拉特邦向北绕过印度大沙漠，在斋普尔和新德里一带折向西北，在伊斯兰堡一带又折向东北。400毫米等降水量线以西、以北地区降水稀少，气候干旱，水资源严重短缺。400毫米等降水量线大致沿印巴分界线向北穿过印度大沙漠，在旁遮普地区南部折向西，然后在喀布尔一带折向北，越过兴都库什山脉后折向东，最后进入中国的青藏高原地区。巴基斯坦南部的信德省、苏莱曼山脉以西、兴都库什山脉以南地区年降水量小于200毫米，气候十分干旱。

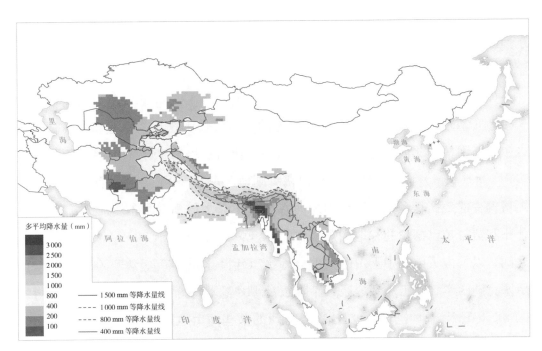

图 2-5　亚洲水塔流域平均降水量空间分布

资料来源：Muñoz Sabater *et al.*（2019）。

（二）流域分布

恒河-布拉马普特拉河-梅克纳河流域的降水特点表现为西北部上游地区降水少，沿海地区降水多，高降水区和干雨阴影区位于布拉马普特拉河。而世界上降水量最高的地区位于梅克纳河流域（FAO，2011），多年平均降水量最高可超过 3 000 毫米。其次是伊洛瓦底江流域，降水量在 1 500 毫米—2 000 毫米。红河流域，降水量在 1000 毫米—1500 毫米，澜沧江-湄公河流域和怒江-萨尔温江流域，降水量在 200 毫米—2 000 毫米，印度河流域平均降水量低于 1 000 毫米，其余流域平均降水量低于 800 毫米，咸海流域西北部最低可低于 100 毫米。

（三）国家分布

（1）中国。夏季高温多雨，5 月—9 月降水集中，11 月—次年 3 月降水量偏少。7 月月均降水量达到最高值 108.56 毫米，年均降水量约 561.58 毫米。

（2）哈萨克斯坦。大部分地区年降水量低于 250 毫米。里海、咸海、巴尔喀什湖沿岸地区和哈萨克斯坦中部最为干旱，荒漠地区降水量低于 100 毫米；东部、东南部山麓地区气候湿润，降水量为 400 毫米—600 毫米，部分山区年降水量甚至超过 1 000 毫米；北部西伯利亚南部平原地区年降水量低于 300 毫米。

（3）吉尔吉斯斯坦。因山脉的位置和朝向影响，降水量分布不均衡，雨量偏多地区基本位于费尔干纳山脉西南坡的中山气候带（年降水量 1 000 毫米）、吉尔吉斯阿拉套北坡的高山气候带和雪原气候带、恰特卡尔山山坡（年降水量多于 1 000 毫米）以及克明谷地和伊塞克湖地区东部（年降水量大约 900 毫米）。雨量偏少的地区是塔拉斯谷地和楚河谷地（年降水量 250 毫米—500 毫米）、奥什州和贾拉拉巴德州的谷地山麓气候带（年降水量徘徊于 300 毫米和 700 毫米之间）以及内天山和中天山的大部分地区（年降水量 200 毫米—300 毫米）。而伊塞克湖西岸（巴雷克奇地区，年降水量 110 毫米）、费尔干纳地区（巴特肯地区，156 毫米）以及奥什、贾拉拉巴德州的某些高山地区（阿尔腾马扎儿，184 毫米）降水非常有限。

（4）塔吉克斯坦。大部分降水集中在冬春两季，夏秋两季气候干燥。全年降水量为 150 毫米—700 毫米。降水东多西少，山地多，平原少，中西部地区植被稀少，多为沙漠所覆盖，年降水量普遍为 100 毫米—250 毫米，东部山区则在地形抬升的作用下，雨水相对充沛，年降水量可以达 250 毫米—500 毫米。

（5）土库曼斯坦。年降水量由西北部沙漠的 80 毫米，递增至东南山区的 240 毫米，雨季主要在春季（1 月—5 月），特佩特山脉是全国降雨量最大的地区。

（6）乌兹别克斯坦。双重内陆国的地理位置以及广袤的沙漠地貌，导致乌兹别克斯坦的降水非常有限，平均年降水量仅为 100 毫米—200 毫米。降水在时间和空间分布上极不均匀，主要集中在 12 月—次年 4 月的冬春两季。年均降水量在平原低地为 80 毫米—200 毫米，山区达 1 000 毫米。

（7）越南。高温多雨，年均降雨量为 1 500 毫米—2 000 毫米。北方分春、夏、秋、冬四季；南方雨旱两季分明，大部分地区 5 月—10 月为雨季，11 月—次年 4 月为旱季。

（8）巴基斯坦。降水分布具有多样化特征，西部俾路支高原和西北部分山区以冬春降雨为主，降水量自北向南递减。北部高山区以春夏雨为主，是全国多雨区，年降雨量可达 1 000 毫米—1 500 毫米。东南部平原以夏雨为主，多暴雨，降雨集中在 6 月—9 月的西南季风期，占全年降雨量的 60%—70%。降雨分布表现出明显的不均衡性，其中 68% 的地区年均降雨量低于 250 毫米，24% 的地区年均降雨量在 250 毫米—500 毫米，仅有 8% 的地区年均降雨量超过 500 毫米。

（9）阿富汗。全年干燥少雨，年均降水量只有约 240 毫米。空间分布呈现出中间多南北少、东多西少的特点。主要分布在中部广阔的山区地带，以及东北部的高海拔山区，年降水量可达 800 毫米以上。

（10）老挝。5 月—10 月为雨季，11 月—次年 4 月为旱季。由于纬度和地形等方面的差异，雨量分布也不平衡，一般是南多北少，高原和山地多、平原和谷地少。

（11）柬埔寨。5 月—10 月为雨季，11 月—次年 4 月为旱季。全国年降水量约 1 800 毫米，集中于 10 月。受地形和季风影响，各地降水量差异较大，豆蔻山脉和象山山脉西南坡，面临西南季风，雨量较多，高达 5 200 毫米以上；背风坡包括广大平原地区，雨水明显减少。

（12）缅甸。全年分凉、热、雨三季。10 月—次年 2 月为凉季，3 月—5 月为热季，6 月—9 月为雨季。5 月中旬以后，形成"杧果雨"，海岸地带 95% 和内陆地区 90% 的降水集中于 6 月—9 月西南季风期。降水地区分布很不均匀。面向西南季风的山坡，降水量达 3 000 毫米—6 000 毫米，是全国降水最多的地区；伊洛瓦底江三角洲、掸邦高原以及北部山地，年降水量 1 500 毫米—3 000 毫米；处在若开山脉背风坡的蒲甘、曼德勒地区为干燥带，年降水量仅 500 毫米—1 000 毫米。

（13）伊朗。降水分布不均，总体降水量较少，尤其是在中部和东部地区，年降水量通常都在 300 毫米以下。北部和西部降水相对较多，这主要受地形的影响。降水主要分布在 11 月—次年 3 月，6 月—8 月干燥少雨，但其东南部地区，受到印度西南季风的边缘影响，因此 7、8 月的降雨相对较多。

（14）尼泊尔。年均降水量约为 1 500 毫米，有两个雨季。一个是夏季，6 月—9 月，西南季风带来的降水量超过全年降雨量的 75%；另一个是冬季，12 月—次年 2 月，其降水量占总降雨量的比重不到 25%。

（15）孟加拉国。10 月—次年 3 月为旱季，4 月—6 月为热季，7 月—9 月盛行西南季风为雨季，降水丰沛，占全年降水量 80%。除西部部分地区外，大部地区平均年降水量 2 000 毫米—3 000 毫米；锡尔赫特县北部和东北部，地处山地的迎风坡，年降水量高达5 000毫米—6 000毫米。在4月—5月、9月—11月常有热带飓风过境。

（16）印度。全国约80%的地区受季风气候和地形影响，降水量在730毫米以上。然而由于降水时空变化大，水资源时空分布严重不均。自东向西递减，印度东北部年降水量超过3 000毫米，800毫米等降水量线从印度西南部古吉拉特邦向北绕过印度大沙漠，在斋普尔、新德里一带折向西北。印度西部沙漠地区年降水量小于200毫米。印度降水主要集中在雨季，占年降水量的80%左右。

（17）不丹。年平均降水量约2 200毫米，北方年降水量只有40毫米，西南部湿润多雨。西部受季风影响显著，集中60%—90%的降水量。南部山区属亚热带气候，湿润多雨，年降水量5 000毫米—6 000毫米；中部河谷区，气候温和，年降水量760毫米—2 000毫米。

（四）时间分布

降水量随月份的增加呈现先增大后减小的趋势，降水量波动范围较大，主要集中在6月、7月和8月，分别为901.2毫米、1 150.5毫米和749.7毫米。从国家尺度来看，除阿富汗、土库曼斯坦、乌兹别克斯坦和伊朗以外，其余国家降水量主要集中在6月—8月（图2-6）。

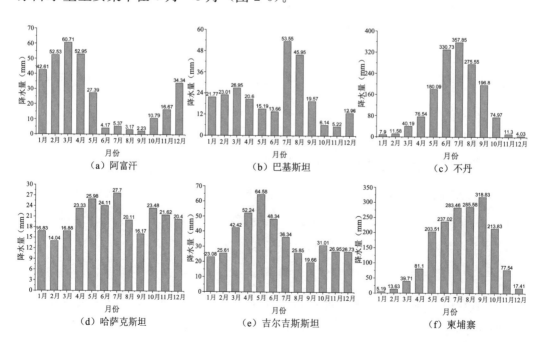

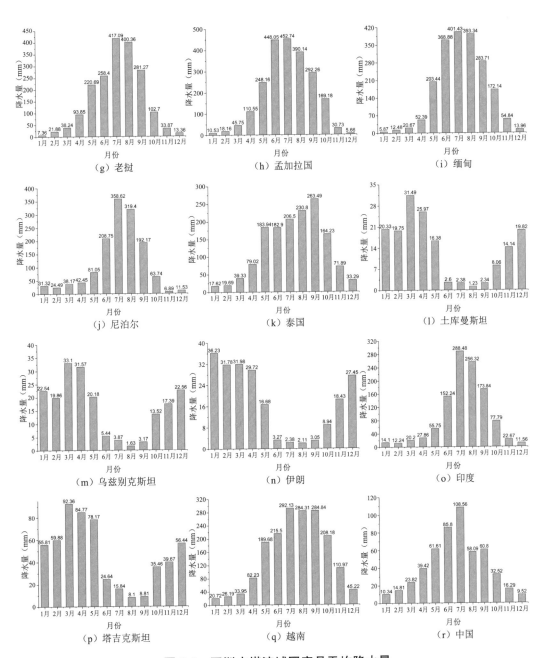

图 2-6　亚洲水塔流域国家月平均降水量

资料来源：Muñoz Sabater *et al*.（2019）。

四、潜在蒸散量

亚洲水塔周边流域潜在蒸散量一般在 700 毫米以上，呈现以亚洲水塔为中心向四周递增的辐射变化特征（图 2-7）。在哈里鲁德河流域南部的潜在蒸散量超过 2 000 毫米。在恒河-布拉马普特拉河-梅克纳河流域、咸海流域的西南部、狮泉河-印度河流域的南部潜在蒸散量为 1 500 毫米—2 000 毫米，在亚洲水塔周边的高海拔地区，潜在蒸散量为 800 毫米—1 000 毫米。

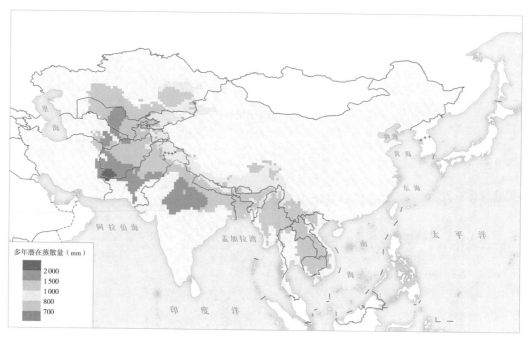

图 2-7　平均潜在蒸散量空间分布

资料来源：Muñoz Sabater *et al*.（2019）。

第三节　水文

亚洲水塔地势高耸，不仅是长江和黄河的发源地，也是亚洲主要国际河流的发源地。中国境内共有 40 多条国际河流（湖泊），其中 8 条发源于青藏高原。

发源于亚洲水塔的国际河流众多，其中许多都是亚洲乃至世界的重要大河。

一、河流

（一）河流分布

河网分布与水文特征同地貌结构及气候特征等联系密切，亚洲水塔流域地区河流分布基本代表亚洲水网整体格局，且具有两大特征：

（1）水系结构呈辐射状。多数河流源于中部山地和高原，呈不匀称的辐射状向四周分流，形成流向四大洋的外流水系。其中向东注入太平洋的河流流域面积最大，主要有长江、黄河和湄公河（上游为澜沧江）等，均为长度超过4 000千米的河流。这些河流主要属于降水补给的季风型河流，每年7月—8月流量最大，水位最高，约占全年总流量的40％以上，1月—2月水位最低。太平洋水系的河流以中国秦岭-淮河一线为界，此线以南为热带和亚热带季风地区。此地区降水量大，水量丰富，季节变率小，植被覆盖良好，河流含沙量小，冬季不结冰，利于航运、灌溉和发电。该线以北的河流，水量季节变化大，夏秋水量充足，冬春水量少，一般含沙量较大，且有长短不等的结冰期。注入北冰洋的各河，主要有额尔齐斯河-鄂毕河等，也属世界大河，河水大多靠冰雪融水补给，因地处高纬，结冰期长达6个—9个月。河水呈南北流向，每当春夏上游冰雪融化时，水量极为丰富，而下游此时尚未解冻，因此常导致中、下游出现冰上泛滥（冰凌），影响航运，且在两岸形成广大沼泽地带。注入印度洋的河流主要有印度河、恒河、布拉马普特拉河（上游为雅鲁藏布江）、萨尔温江（上游为怒江）和伊洛瓦底江等，属热带季风型河流，水位季节变化很大，多由夏季雨水补给，6月—9月水位最高。因受地形、海陆轮廓等制约，河流短小，多独流入海，属于由降雨补给的地中海型河流，冬季河流涨水是其主要特征。

（2）内陆流域面积广大，其比例之高在世界各大洲中仅次于大洋洲的澳大利亚，同非洲相近。这些内陆流域主要分布在中亚大湖区、西亚闭塞的山地高原、盆地和低地，以及荒漠和半荒漠地区，主要有阿姆河、锡尔河、伊犁河等。河流的主要水源来自高山冰雪，因此水量变化大，时有间歇河、潜流，为内陆干旱地区提供了宝贵水源。山脉或高原是许多河流的源地，又常是水系的分水岭。以内陆荒漠为中心，由帕米尔高原、哈萨克丘陵及伊朗高原南缘的山脉围成广大的内陆水系（图 2-8）。

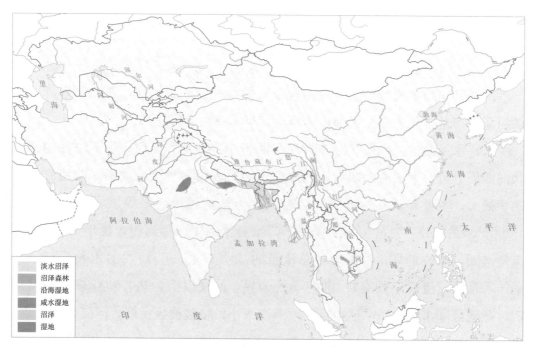

图 2-8　亚洲水塔水系分布

（二）典型流域

1. 狮泉河-印度河流域

高海拔的印度河流域被认为是气候变化的"热点"区域，因其水文气象状况发生了显著变化（Dahri *et al.*，2021）。印度河发源于中国青藏高原境内的喜马拉雅山脉西部、冈底斯山脉冈仁波齐峰北坡的冰川湖，源头称为狮泉河（张飞跃，2016）。印度河率先自东南向西北流经克什米尔后，转向西南贯穿巴基斯坦全境，在卡拉奇附近注入阿拉伯海。河流全长 3 200 千米，年径流量 2 080 亿立方米，流域面积 112 万平方千米，主要由冰川融雪和季风雨补给。印度河流域干流的上游河左岸支流均处于高山区，下游河河口地区均处于印度境内的平原地区。印度河支流众多，左岸大多分布于印度境内，少部分在中国境内，主要有八条：分布在波特瓦（Potwar）高原上有三条，即索安（Soan）河、哈罗

（Haro）河和锡兰（Siran）河，流量都比较小；分布在旁遮普平原上的支流有五条，即杰赫勒姆（Jhelum）河、杰纳布（Chenab）河、拉维（Ravi）河、萨特莱杰（Sutlej）河和比阿斯（Beas）河。其中，杰赫勒姆河和拉维河是杰纳布河的支流，比阿斯河是萨特莱杰河的支流。印度河右岸主要分布在阿富汗，主要有六条支流，分别是喀布尔（Kabul）河、科哈特托伊（Kohattoi）河、特里托伊（Tritori）河、古勒姆（Gurrm）河、古马勒（Gummal）河、伯劳（Barau）河。

2. 恒河-布拉马普特拉河-梅格纳河流域

恒河、雅鲁藏布江-布拉马普特拉河、贾木纳河共同组成了一个庞大的水系，通常被称为恒河-布拉马普特拉河-梅克纳河（Ganges-Brahmmaputra-Meghna，GBM）。GBM水系是世界第三大淡水出口水系，仅次于亚马逊河和刚果河水系（Frenken，2011）。GBM流域水资源的2/3以上集中在恒河-布拉马普特拉河及其支流，其中又以恒河最为丰富。全长3 057千米，年径流量约为6 180亿立方米，流域面积为62.7万平方千米，是印度洋暖湿气流北上青藏高原所经主要通道。

恒河发源于西藏边界印度一侧喜马拉雅山脉南坡加姆尔的甘戈特里冰川，向西南流入印度，然后转向东南，与多条支流汇合，总流向是从北-西北至东南，全长约2 700千米，流域面积约106万平方千米（不包括其支流贾木纳河及其以上部分），其中在印度境内长约2 071千米，流域面积约95万平方千米。恒河流域主体是宽广的恒河平原，地势平坦，流速缓慢，在德里的亚穆纳河与孟加拉湾之间，河流长度近1 609千米，落差仅约213米，河床比降仅为0.13‰，远低于南亚地区的其他河流。恒河流域平均年降水量为10 654.67毫米。恒河是典型的山地型河流，河水的补给一部分依靠7月西南季风带来的降水，同时也来源于4月热季的喜马拉雅山脉冰雪融水。恒河上游和中游大部分地区在印度境内，下游在孟加拉国。河流流入孟加拉国后便分为多条支流，在瓜伦多卡得附近与布拉马普特拉河汇合。

雅鲁藏布江-布拉马普特拉河从喜马拉雅山脉冰川中流出，有年楚河、拉萨河、尼洋曲等支流，穿过世界第一大峡谷，绕过南迦巴瓦峰之后形成"U"形拐弯，后经墨脱县流出中国国境，于崎岖嶙峋的山地蜿蜒1 100余千米后流经印度阿鲁纳恰尔邦，是南亚地区的一条重要河流。其流域分布在不丹、中国西藏、印度和孟加拉国四地，流域总面积为 580 万平方千米。在总集水区中，中国西藏自治区占 50.5%，印度占 33.6%，孟加拉国占 8.1%，不丹占 7.8%（表 2-2）。

表 2-2　雅鲁藏布江-布拉马普特拉河水资源分布状况

流经国	河流名称	河长（千米）	流域面积（万平方千米）	在全流域中所占比（%）	多年平均径流量（亿立方米）	水能蕴藏量（千兆瓦）	在全流域水能蕴藏量所占比例（%）
中国	雅鲁藏布江	2 057	33.2	50.3	1 862.90	113.5	54.2
不丹			3.5739	5.7	4 943.57	30	13.1
印度	布拉马普特拉河	725	18.6	29.7	5 890.00	66.065	28.8
孟加拉国	贾木纳河	274	7.2732	11.6	—	0	0

资料来源：闫昭宁（2019）。

雅鲁藏布江为雅鲁藏布江-布拉马普特拉河的上游河段，发源于中国的喜马拉雅山脉中段北麓，自西向东流动，其源流被称为杰马央宗曲，过桑木张后称为马泉河。水系河长约为 2 057 千米，流域面积 33.2 平方千米，天然落差 8 435 米，多年年均径流量 1 862.90 亿立方米，平均坡降比为 1∶385。

雅鲁藏布江由三部分组成，第一部分是奴下水站所记录的中上游水资源，其年均流量为 680 亿立方米；第二部分是最大支流帕隆藏布在与易贡藏布和拉月河汇合后流入雅鲁藏布江峡谷，其年均流量为 600 亿立方米；第三部分为雅鲁藏布江至巴昔卡的降水及支流汇流，其年均流量为 400 亿立方米。

雅鲁藏布江可分为上游、中游、下游（表 2-3）。拉孜以上的河段为雅鲁藏布江上游，河床海拔高于 3 950 米。从拉孜到则拉河段为雅鲁藏布江中游，多雄藏布、年楚河、拉萨河、尼洋曲、易贡藏布等多条支流反向流入雅鲁藏布江干流，使得中游水利优势显著，气候温和，成为西藏地区农业最为发达之地。则拉以下至巴昔卡的河段为雅鲁藏布江下游，河流东流，经过南迦巴瓦峰东侧后急转南流，形成"几"字形大拐弯，世界上最深的险峡底杭峡坐落于"几"

形弯处。其中，上游河段河长为 268 千米，流域面积为 2.7 万平方千米，河流落差为 1 190 米；中游河段河长为 1 293 千米，流域面积为 16.4 万平方千米，河流落差为 1 520 米；下游河段河长为 496 千米，流域面积约 5 万平方千米，河流落差为 2 725 米。

雅鲁藏布江拥有丰富的水能资源（表 2-4），其水能蕴藏量高达 11 350 万千瓦，中国水力资源技术对其可开发量为 7 599 万千瓦。其中，河流干流的水能蕴藏量为 7 910 万千瓦，占全流域水能蕴藏量的 70％ 左右。干流东部下游河段具有整个干流最大的水面坡降、落差和水量，此河段的天然水能蕴藏量高达 6 880 万千瓦，占干流天然水能蕴藏量的 87％ 左右。雅鲁藏布江的"几"形弯处河长为 213 千米，河流落差为 2 190 米，流速高达每秒 16 米，是世界水能源第二富集之地。

表 2-3　雅鲁藏布江水能资源概况

河段	起止	河道长度		水能理论蕴藏量		平均单位河长水能理论蕴藏量	
		千米	占河长比例	万千瓦	占干流比例	万千瓦	与干流平均之比
上游	河源-拉孜	267.5	13.0％	10.7	0.1％	0.04	0.01％
中游	拉孜-则拉	1 293.4	62.9％	1 020.0	12.9％	0.79	0.21％
下游	则拉-巴昔卡	496.3	24.1％	6 880.7	87.0％	13.86	3.60％
干流	河源-巴昔卡	2 057.2	100％	7 911.6	100％	3.85	1.00％

资料来源：闫昭宁（2019）。

表 2-4　雅鲁藏布江流域水资源分布状况

干支流名称	流域面积（平方千米）	总流域面积中所占比重（％）	年径流量（亿立方米）	所资源总量所占比（％）	单位面积产水量（万立方米/立方千米）
雅鲁藏布江	240 480	100	1 654	100	68.8
奴各沙	106 378	44.2	168	10.0	15.8
奴各沙-羊村	46 813	19.5	126	7.6	26.9
羊村-奴下	36 652	15.2	307	18.5	83.8
奴下-边境	50 637	21.1	1 053	63.7	208.0

资料来源：闫昭宁（2019）。

布拉马普特拉河为雅鲁藏布江-布拉马普特拉的下游河段，河长 1 000 千米，印度境内河长为 725 千米，流域面积约为 18.6 万平方千米，多年平均径流量为 4 943.57 亿立方米，河流水量仅次于恒河，是印度第二大河。布拉马普特拉河是印度东北地区各邦生命线，其中在阿萨姆邦的流域面积最大（表 2-5）。

恒河、雅鲁藏布江河流入孟加拉国后，汇入孟加拉湾，称为梅克纳河。梅克纳河的支流发源于印度东部的山脉，主要支流之一是巴拉克河，向西南流动，在流入孟加拉湾之前与恒河和布拉马普特拉河汇合。

表 2-5　布拉马普特拉河排水概况

州	排水面积（平方千米）	布拉马普特拉盆地占州面积的百分比
阿鲁纳恰尔邦	83 740	100.00%
阿萨姆邦	71 216	90.79%
西孟加拉邦	12 585	14.18%
梅加拉亚邦	11 780	52.52%
那加兰邦	10 895	65.71%
锡金邦	7 100	100.00%
总计	197 316	

资料来源：https://sandrp.in/tag/brahmaputra-river-and-people。

3. 咸海流域

咸海位于中亚哈萨克斯坦与乌兹别克斯坦交界处，曾为世界第四大湖。咸海流域流经中亚大部分地区及阿富汗，流域面积 121.84 万平方千米（McCracken and Wolf，2019）。总径流量约 104.76 立方千米，但径流量区间跨度较大。阿富汗境内径流量最大，为 35.926 立方千米；吉尔吉斯斯坦次之，为 24.53 立方千米；塔吉克斯坦 23.49 立方千米，土库曼斯坦境内径流量最小，仅 1.86 立方千米。

咸海流域的地表水主要由阿姆河（Amu Darya）和锡尔河（Syr Darya）两大水系构成。其中，阿姆河发源于阿富汗与克什米尔地区交界处的兴都库什山脉北坡的维略夫斯基冰川，是中亚最大、水量最充沛的河流，源头名瓦赫集尔河。上游两条支流喷赤河（Panj River）与瓦赫什河（Vaksh River）汇合后称阿姆河，到铁尔梅兹（Termiz）灌区划分为阿姆河流域上游，中下游分区以图贾穆因（Tujammuin）水文站点为界。上游以东西走向的高大山脉为主，下游为地势平坦的荒漠绿洲。流域内地势落差较大，海拔由西向东逐渐升高，主要流经阿富汗和乌兹别克斯坦国境，进入土库曼斯坦后，再流入乌兹别克斯坦，最终汇入咸海。河长 2 540 千米，流域面积 46.5 万平方千米，多年平均径流量792.8 亿立方米。

锡尔河发源于吉尔吉斯斯坦境内的中天山山区，其上游的两条主要支流纳伦河（Naryn River）与库瓦河（Kara River）在费尔干纳汇合后称锡尔河。从纳林河源到费尔干纳盆地出口为锡尔河流域上游，费尔干纳盆地出口至恰尔达拉水库为中游，恰尔达拉水库至河口为下游。锡尔河主要流经乌兹别克斯坦和塔吉克斯坦，最终在哈萨克斯坦内流入咸海，河长 3 018 千米，流域面积 78.3万平方千米，多年径流量 372 亿立方米。

两河流域中下游地区有适宜的气候条件和丰富的土地资源，适合发展灌溉农业。20 世纪 60 年代以来，由于乌兹别克斯坦和哈萨克斯坦两国大规模的耕地扩张，改变了咸海流域的水量平衡状态。水资源配置的变化导致两河注入咸海水量显著减少，咸海湖泊面积急剧萎缩，水位持续降低，生态环境问题愈演愈烈。

4. 澜沧江-湄公河流域

澜沧江-湄公河是东南亚最大的跨界河流，发源于中国青海省玉树藏族自治州杂多县吉富山，自北向南流经中国的青海、西藏东部、云南西部（在西双版纳州勐腊县的南阿河口出境）三省（区），以及缅甸、老挝、泰国、柬埔寨和越南共五个国家，最终在越南的胡志明市西部注入南海。这条河流穿越了寒带、寒温带、温带、暖温带、亚热带、热带和干冷、干热和湿热等多种气候带，同时也跨越了冰川、草甸、高原、高山峡谷、冲积平原等多种地理单元，是亚洲跨国最多的国际河流。国际上一般以老、缅、泰交界处的金三角地区清盛（Chiang Saen）为界，上游部分称上湄公河，下游称下湄公河。在中国境内称澜沧江，流出境外称湄公河。从河源到河口干流全长约 4 880 千米，流域面积81 万平方千米，总落差 5 167 米，平均比降 1.04‰，多年平均径流量 4 750 亿立方米。澜沧江在中国干流长 2 130 千米，在老挝境内干流长 777.4 千米，柬埔寨境内长 501.7 千米，越南境内长 229.8 千米，老缅界河长 234 千米，老泰界河长 976.5 千米，其他长约 30 千米。整个大湄公河次区域包括中国的云南省及上述中南半岛五国，总面积 233.19 万平方千米（孙晓，2011）。

研究表明，澜沧江的水资源总量达到 418.67 亿立方米，产水模数达到 93.59 万立方米/平方千米，人均水资源量为 18 365 立方米。澜沧江-湄公河水能和渔业资源丰富，位于下游的湄公河三角洲是世界著名的水稻产区。尽管澜沧江-湄公河流域水资源丰富，但是降水季节分布极不均匀，有明显的雨季和旱季，旱涝灾害频发（汤秋鸿等，2019）。

二、湖泊

亚洲水塔湖群是世界上最大的高原湖群。其中喀顺湖湖面海拔 5 556 米，为世界最高湖泊。湖泊生成的主要原因为强烈的构造运动和冰川作用，多数湖泊分布在构造洼地中，与构造线一致。也有一些湖泊是冰蚀湖或冰碛湖，地处高寒地带，湖水补给多来自高山冰川和冰雪融水，湖水不能外泄，属咸水湖。青藏高原内流区面积约占高原总面积的 50%。河水一部分潜入地下，一部分损耗于蒸发，大部分注入洼地和凹陷盆地，形成数以千计的大小湖泊。湖泊主要集中分布于青藏高原及中亚大湖区集聚成群。

青藏高原湖泊成群分布，多为冰蚀湖和冰碛湖，以湖泊为归宿的水路网络非常发达，特别是在藏北地区，形成了成片相互独立的水系网络，为世界罕见。而在地势较低的柴达木盆地，则与中国其他的干旱地区一样，湖泊成为河流向心式水系和地下水的最终归宿。

中亚湖群多为大型的海迹湖。哈萨克斯坦面积超过 1 公顷的湖泊、水塘、水库有 48 262 个，水面总面积在 45 032 平方千米以上，还未包括部分属于该国的里海和咸海的水面面积。里海面积为 37.4 万平方千米，部分属于哈萨克斯坦，其他所属国家为阿塞拜疆、伊朗、土库曼斯坦和俄罗斯。咸海面积为 4.66 万平方千米，部分属于哈萨克斯坦，另一个所属国家为乌兹别克斯坦。除此之外，哈萨克斯坦面积较大的湖泊还有：巴尔喀什湖，面积 1.82 万平方千米，为哈萨克斯坦最大的淡水湖；斋桑泊，面积 5 500 平方千米；阿拉湖，面积 2 650 平方千米；田吉兹湖，面积 1 162 平方千米等。

吉尔吉斯斯坦，水资源丰富，境内间流湖泊众多，主要湖泊有伊塞克湖、松克尔湖、恰特尔克尔湖等。其中，伊塞克湖长 178 千米，宽 60 千米，平均深度 278 米，是世界第四大深水湖，同时也是著名的不冻湖。

乌兹别克斯坦境内湖泊分高山湖泊和平原湖泊。高山湖泊数量较多，大多位于海拔 2 000 米—3 000 米的山地，但面积一般都不超过 10 平方千米。平原湖泊数量较少，大多位于阿姆河和锡尔河的三角洲地带。

此外，伊朗高原和南亚孟加拉国也形成湖群。前者主要是构造湖，后者多为河成湖。

孟加拉国有"水泽之乡"和"河塘之国"之称，池塘众多，星罗棋布，全国有 50 万—60 万个池塘，平均每平方千米约有 4 个池塘。

第四节　冰冻圈：冰川冻土

冰冻圈是维系干旱区绿洲经济发展和确保寒区生态系统稳定的重要水源保障，其气候效应、环境效应、资源效应和生态效应正日趋显著，并广泛地影响亚洲水塔流域生态环境安全和水资源持续利用，因而不仅具有科学上的重要性，而且具有国家战略需求上的紧迫性。亚洲水塔冰川变化是中国西部水资源和灾害的重要因子，对未来西部水资源可持续利用和灾害防治影响深远。广泛分布的雪盖和冻土变化是亚洲水塔流域冰冻圈地区地表土壤墒情变化的关键决定因素，对地表植被、土壤水分、地下水系统的影响极为重要。

一、冰川分布与变化

亚洲水塔流域的冰川主要分布在青藏高原及其周边地区。平均海拔在 4 000 米—5 000 米的青藏高原以及中国西部其他高大山系，为亚洲水塔流域冰川发育提供了良好的基础。亚洲水塔流域冰川对气候变化的响应极为迅速，其变化带来的影响已受到科学界、政府界及社会各界的广泛关注。

根据美国国家冰雪数据中心最新版本的全球冰川编目资料（Randolph

v.6.0），在 21 世纪第 1 个 10 年时青藏高原及周边地区冰川共有 97 760 条，面积为 98 739.7 平方千米，冰储量约为 7 481 立方千米，分别约占全球山地冰川（冰帽）总数量（215 547 条，包括格陵兰边缘区域和南极及其周边区域）的 45.4%、总面积（705 738.8 平方千米）的 14.0% 和总冰储量（161 543 立方千米）的 4.6%。如果在全球山地冰川（冰帽）中不将格陵兰边缘区域和南极及其周边区域的冰川（冰帽）计算在内，那么青藏高原及周边地区冰川的面积和储量将分别占全球山地冰川的 20.4% 和 7.6%。

亚洲水塔流域冰川在不同流域分布有如下特点：印度河流域分布的冰川数量最多、面积最大，达 22 431 条，总计 27 267.2 平方千米，占青藏高原及周边地区冰川总数的 22.95%、总面积的 27.61%；其次是塔里木河流域，该流域分布的冰川面积占域内冰川总面积的 20.61%；再次是阿姆河流域，该流域分布的冰川面积占域内冰川总面积的 11.15%；黄河流域分布的冰川面积最小，仅 125.9 平方千米，占比为 0.13%。另外，统计结果显示，青藏高原及周边地区外流水系分布的冰川面积（50 176.9 平方千米）较内流水系分布的冰川面积（48 562.8 平方千米）大，表明外流水系是水汽进入青藏高原及周边地区的主要通道。这意味着青藏高原及周边地区冰川的分布除受地形影响外，还受到水汽来源方向的影响。

青藏高原及其周边地区是全球除南、北极地区之外最重要的冰川资源富集地。近百年来，青藏高原及周边地区的冰川整体处于缓慢退缩状态。青藏高原的水循环正在加强，这是水对全球变暖和湿润的响应。青藏高原水循环的增强反映在以下几个方面：冰川在 2000 年之前相对寒冷的时期完成了总体推进，而自 20 世纪以来的变暖使冰川整体退缩，尤其是在喜马拉雅山和西藏东南部。然而，由于同期降雨量的增加，喀喇昆仑和西昆仑的冰川相对稳定，甚至冰川也在发展。在短期（2050 年）和长期（2050 年—2100 年）内，青藏高原的冰川主要呈退缩趋势，积雪减少，河流流出量不同程度增加。

在过去 50 年，青藏高原实际观测到的 82 座冰川中，有 55 座冰川处于后退状态，27 座冰川处于稳定或前进状态。冰川变化存在明显的空间差异，不同地区冰川收缩率差异较大。西藏东南部的冰损失和收缩最大，其次是喜马拉雅山南缘。在青藏高原腹地，冰川面积和长度的后退面积相对较小，冰川物质损失相对较弱。帕米尔-喀喇昆仑和西昆仑地区的冰川后退最少，一些冰川甚至向前移动。冰川的强烈后退和冰川"固体水库"中水资源的短期大规模释放，将在短期内增加大多数冰川补给河流的流出量。

表2-6 青藏高原冰川退缩对河水径流的影响

阶段	时间	特征
阶段一	1950 年以前	冰川前进期
阶段二	1950 年—1960 年	冰川出现大规模（约占三分之二）的消退
阶段三	1960 年—1970 年	冰川物质增大
阶段四	1980 年代	冰川退化明显加速
阶段五	1990 年以后	冰川强退化

资料来源：姚檀栋、姚治君（2010）。

表2-7 1970 年—2008 年青藏高原地区冰川变化

流域水系	第一次冰川编目			第二次冰川编目			1970—2008 年冰川变化		
	冰川面积（km²）	条数（条）	资料年	冰川面积（km²）	条数（条）	资料年	面积总变化（%）	面积年变化（%）	冰川条数变化（条）
5A 额毕河	293.93	394	1959	188.33	272	2008	−35.9	−0.72	−122
5J 黄河	171.37	183	1965	129.78	173	2008	−24.3	−0.57	−10
5K 长江	1 757.78	1 209	1968	1 551.69	1 371	2006	−11.7	−0.31	162
5L 澜沧江	243.00	373	1968	178.88	412	2008	−26.4	−0.67	39
5N 怒江	1036.83	1 547	1970	764.37	1539	2006	−26.3	−0.73	−8
5O 恒河	10 846.96	7 779	1976	8 323.08	7 389	2007	−23.3	−0.75	−390
5Q 印度河	1 447.14	2 044	1978	1 122.97	2 018	2007	−22.4	−0.76	−26
5X 中亚	2 164.43	2 302	1968	1 584.91	2 093	2007	−26.9	−0.70	−209
5Y 东亚内陆	27 027.07	19 798	1969	23 894.40	20 098	2007	−11.6	−0.30	300
5Z 青藏高原内陆	8 016.61	5 490	1970	7 306.80	5 598	2007	−8.9	−0.24	108
共计	53 005.11	41 119	1971	45 045.20	40 963	2007	−15.0	−0.42	−156

资料来源：Cogley（2009）。

亚洲水塔流域的积雪主要分布在青藏高原地区。在过去 60 年中，青藏高原的积雪先增加后减少。青藏高原作为一个中低纬度的稳定雪区，降雪分布具有明显的垂直地带性，这与高纬度地区的降雪明显不同。降雪主要发生在每年 10 月—次年 5 月。青藏高原大部分地区的降雪日数逐年减少。近 30 年来，高原冬季积雪减幅最明显，高海拔地区积雪减少速率大于低海拔地区，且高寒内陆中东部和喜马拉雅山脉南麓等高频积雪区积雪减少更为显著。

二、冻土的分布特征与退化

与冰川类同，亚洲水塔流域的冻土主要分布于青藏高原及其周边。亚洲水塔因其特殊的地理位置和海拔条件，成为中低纬度带冻土面积最广、厚度最大的区域，占中国冻土面积的 70%。其中青南-藏北冻土区又是整个冻土分布最为广泛的地区，约占青藏高原冻土区总面积的 57.1%。除去多年冻土之外，青藏高原在海拔较低区域内还分布有季节性冻土（即冻土随季节的变化而变化，冻结、融化交替出现，呈现出一系列融冻地貌类型）。与高纬度和极地冻土区相比，青藏高原冻土具有地温高、厚度薄和热稳定性差的特点（周幼吾等，2000），对气候变化极为敏感。

青藏高原年冻土约占高原总面积的 56%（姚檀栋等，2013）。冻土地下冰储量为 9 528 立方千米（赵林等，2010），在保障流域淡水供应方面具有重要的水文功能，对高原水量平衡起着至关重要的调节作用（Xu et al.，2014）。近几十年，青藏高原呈显著变暖趋势，其变暖速率几乎是全球变暖速率的 1.5 倍（Zhang et al.，2013）。受气候变暖的影响，仅 1962 年—2007 年，青藏高原年平均地温就升高了 1.8℃，这使得连续多年冻土逐步退化，面积也由 1.50×10^6 平方千米缩减为 1.26×10^6 平方千米（Wu et al.，2010）。

青藏高原冻土退化显著增加了地表径流和基流量，影响了青藏高原年径流量的变化，改变了冻土区地表水、冻土融水和地下水之间的水力联系，导致冻土区的地表水文过程发生明显改变，且由于冻土类型和含冰量的差异，导致水文过程呈现出显著的区域分异（Cuo et al.，2015）。在青藏高原持续升温的背景下（IPCC，2014），冻土退化必将对活动层水文过程以及冻土融水的补给通道和补给量产生重要影响，最终将改变青藏高原的地表水文循环模式和高原水资源分布格局。

近些年，青藏高原冻土退化造成的地表径流变化引起了国内学者的关注。研究发现，冻土退化影响青藏高原冬季退水速率和年径流的变化。由于气温升高使得活动层内液态水增多，导致冻土区冷季地表径流和基流显著增加（Gao et al.，2018）。近50年来青藏高原显著变暖，冻土退化不断加剧，导致青藏高原冻土区的地表水文过程发生改变。已有研究表明，冻土退化减缓了径流洪峰的减退速度，增大了冬季径流量（巩同梁等，2006）。最新模拟结果显示，冻土区地表水文过程的增强与冻土退化有关，且呈现出显著的区域差异。青藏高原冻土地下冰融水对青藏高原内流湖泊6年水量平衡的贡献高达12%（Zhang et al.，2017）。黄河源区径流量观测数据分析指出，从1965年—2003年到1990年—2003年，冻土退化对径流减少的影响为33%，而通过分析位于多年冻土区的吉迈水文站的径流变化发现，冻土退化对地表径流减少的影响为71%（Wang et al.，2018）。

在亚洲水塔流域内，全球变暖引发的冻土退化，显著地改变了冻结层上水和地下冰融水的补给路径，导致各水体间的水力联系发生变化，影响了冻土区的地表水文过程。野外观测和模拟研究发现，由于冻土的隔水作用，冻结层上水以水平侧向运移为主，而垂向的运动主要发生在冻融过程中。活动层的融化形成了新的地下水流通道，增加了地表和地下水之间的水力联系，从而影响了冻结层中水和冻结层下水的水流路径，并直接影响季节径流和地表产流。稳定同位素结果证实，活动层内液态水和冻土融水改变了地表径流和热融湖塘的水文过程。冻土退化在长时间范围内控制着冻土区的水循环过程（Hinzman et al.，2013）。冻土融化增加了活动层的储水空间，导致夏季径流减少。融区面积的扩大增强了冻结层下水对地表径流的补给（Kolosov et al.，2016），改变了冻土水文过程，进而影响了冻土区的水循环系统。地下冰是冻土独有的特征。冻土退化势必会造成地下冰的融化，导致退水期径流增加。模拟结果指出，到21世纪末，全球冻土区71%的过剩冰将融化，在某些区域甚至会全部融化，这将对冻土区的水文过程和水资源产生重大影响（Lee et al.，2014）。

第五节　土地覆盖：植被土壤

亚洲水塔流域山地垂直自然带类型复杂、交错分布，与水平自然地带有密切联系，表现出显著区别。随着海拔升高，山地垂直自然带的气候条件、植被和土壤类型等都呈现出明显的变化，可更新自然资源的分布与土地利用特点也有显著的垂直分异。青藏高原就是土地资源地域分布明显、数量构成极不平衡的典型区域。

一、植被物候

亚洲水塔流域植被类型广泛，流域上下游的植被类型存在明显差异，为多植被类型并存之地。其中，青藏高原的植被覆盖率因全球变暖而有所上升，拥有维管束植物 1 500 属、12 000 种以上，约占中国维管束植物总属数 50% 以上、总种数的 34.3%。其中青稞是藏民的重要食物之一。青稞在藏区栽培历史悠久，种植面积广大，最高可占据 80% 以上。青稞属大麦类，分为白色和黑色两种，生长期约四个月，具耐寒、耐旱的特性，所以适宜生长在寒冷、干旱、无霜期短的青藏高原地区。

青藏高原植被覆盖整体呈由东向西、自南向北的递减状态，多年平均归一化植被指数（Normalized Difference Vegetation Index，NDVI）为 0.22。植被年际变化明显的区域分布在自然地理区域的交界处，比如柴达木盆地内的绿洲-荒漠过渡带，三江源上游植被类型由草甸向草丛和草原草甸过渡区域。这些区域生态环境脆弱，对气候变化和人类活动等外界干扰较敏感。

在过去的 30 年里，青藏高原植被物候的恢复期有所进展，高原西南部的返青期推迟，而东北部的返青期提前，这可能与降水在西部模式和印度季风模式下的空间分布有关。枯黄期植被的季节变化相对较小或无显著变化，青藏高原东部植被的季节变化几乎没有延迟。因此，近几十年来，青藏高原高山植被的生长期显著延长，这是由于受到生长季返青期提前的影响。植被物候对温度变化的反应是不一致和不对称的。它的温度敏感性可以量化物候对温度变化的反应。大多数植物物候的温度敏感性在高海拔和低纬度地区较高。降水对青藏高原干旱地区植被生长的影响尤为明显。降水量与返青时间呈负相关，随着降水量的增加，植被返青提前。

二、林地面积

亚洲水塔流域林地主要分布在中南半岛和青藏高原南部地区。中南半岛森林资源丰富，包括七个主要的陆生及湿地森林植被类型：针叶林、针阔混交林、热带山地常绿阔叶林、热带雨林、热带季节性湿润林、热带季风林（季雨林）、干旱刺灌丛/萨王纳植被。青藏高原是中国重要的林区，也是中国少有的原始林区，常见的树种有乔松、高山松、云南松、铁杉，大果红杉、西藏柏和祁连圆柏等，其森林类型主要有亚高山暗针叶林带、松林、亚热带长绿阔叶林、低山热带森林、落叶阔叶林和落叶松林等。虽然森林类型多样、树种繁多，但青藏高原森林覆盖率低，而且分布不均匀；森林面积也较小，但其森林蓄积量和单位面积蓄积量较高，特别是西藏，森林蓄积量达到 22.66 亿立方米。

20 世纪 50 年代以来，青藏高原的森林资源发生了巨大变化。2016 年第九次全国森林资源清查结果显示，西藏自治区森林面积 1 798.19 万公顷，森林覆盖率 12.14%，总蓄积量 23.05 亿立方米。与 2011 年第八次结果相比，森林面积增加了 14.75 万公顷、19.87 万公顷，森林覆盖率提高了 0.16 个百分点，森林蓄积量增加了 2 047 万立方米，实现了森林面积和蓄积量的"双增长"。在气候变化的背景下，青藏高原生态过渡带的边界向更高的海拔延伸。生态过渡带（森林线、灌木线和草地线）的边界受气候和非气候因素的控制，林线爬升了 80 米，使得青藏高原的气候差异增大，这对青藏高原的影响更大。

三、湿地

亚洲水塔流域的湿地主要分布于青藏高原地区。具有高寒气候背景的湖泊、河流、沼泽和水库等湿地面积约为 13.19×10^4 平方千米，约占中国总量的三分之一，其土壤有机碳占中国湿地总量的 30%—40%。此外，由于海拔较高和气温较低，青藏高原高寒生态系统的碳平衡对全球变暖非常敏感。因此，青藏高原高寒湿地生态系统既是中国重要的湿地分布区，也是全球气候变化的敏感区，其碳循环动态，对于有效预测未来全球碳循环对环境变化的响应具有重要参考价值。

2000 年以前，全球变暖导致的蒸发量增加造成了青藏高原湿地的持续退化，但从 2000 年起，湿地开始恢复。青藏高原典型的高寒湿地退化具有普遍性，湿地面积萎缩 10% 以上，其中黄河、长江、澜沧江年平均流量分别减少了27%、24% 和 13%。1970 年—2000 年，青藏高原湿地面积以每年 0.15% 的速度减少，总面积减少 2 804.63 平方千米，呈现出持续退化的状态。2000 年以后，湿地萎缩趋势减缓，面积有所增加，原因在于：一是降水和冰川融水的持续增加维持了湿地的水量平衡；二是多个自然湿地保护项目的实施起到了积极作用。由于湿地储量较高，在全球变暖的背景下，冻土融化和有机碳分解导致大量甲烷和一氧化碳释放，从而对全球变暖产生正反馈作用。

四、高寒草地

亚洲水塔流域的高寒草地主要分布在青藏高原。青藏高原是中国重要的牧区。全区天然草地类型划分为八类，包括高山草甸草地类、高山灌丛草甸草地类、亚高山疏林灌木草甸草地类、高山草原草地类、高山山地荒漠草地类、高寒沼泽草地类、山地灌丛草地类和高山稀疏及垫状草地类。其中，高山高寒草地是分布最广、面积最大的草地类型，也是生态安全的重要屏障。

青藏高原的天然草地约占中国草地面积的 30%。其中，高寒草甸草场约占青藏高原草地面积的 49%。草地资源丰富，草质柔软，营养丰富，是发展高原草地畜牧业的物质基础。但是，由于长期对草地资源不合理的开发利用和超载过牧，使生物多样性受到严重威胁，草地植物群落结构发生变化，优良牧草因丧失竞争和更新能力而逐渐减少，毒杂草比例增加，致使草地严重退化。据不完全统计，青藏高原的退化草地约占草地总面积的三分之一，其中严重退化的次生裸地——"黑土滩"约占退化草地面积的 16.5%。这已经威胁到当地的生态环境、生物多样性保护和畜牧业经济发展。

青藏高原草地生态系统结构总体稳定，格局变化率小于0.13％，植被覆盖度略有增加。青藏高原的变暖和变湿显著提高了草原植被的净初级生产力，但在过去十年中增长速度有所放缓。从20世纪80年代到21世纪初的20年间，显著增长的地区主要分布在青藏高原中东部，而温暖干燥的西部地区草地生产力下降。青藏高原高寒草地生产力分布呈现从东南向西北递减的趋势，这与热液高原梯度的变化相吻合。

<h1 style="text-align:center">参 考 文 献</h1>

[1] 成守德、刘通、王世伟："中亚五国大地构造单元划分简述"，《新疆地质》，2010年第1期。

[2] 巩同梁、刘昌明、刘景时："拉萨河冬季径流对气候变暖和冻土退化的响应"，《地理学报》，2006年第5期。

[3] 孙晓："湄公河水资源冲突与合作研究（1991—2010）"，江西师范大学硕士论文，2011年。

[4] 汤秋鸿、刘星才、周园园等："'亚洲水塔'变化对下游水资源的连锁效应"，《中国科学院院刊》，2019年第11期。

[5] 王俊：《地球知识小百科》，河南人民出版社，2013年。

[6] 闫昭宁："中印关系下的雅鲁藏布江-布拉马普特拉河水争端问题研究"，郑州大学，2019年。

[7] 姚檀栋、姚治君："青藏高原冰川退缩对河水径流的影响"，《自然杂志》，2010年第2期。

[8] 于伯华、吕昌河、吕婷婷等："青藏高原植被覆盖变化的地域分异特征"，《地理科学进展》，2009年第3期。

[9] 张飞跃："多模式对南亚大河流域气温降水模拟评估及预估不确定性研究"，南京信息工程大学，2016年。

[10] 赵林、丁永建、刘广岳等："青藏高原多年冻土层中地下冰储量估算及评价"，《冰川冻土》，2010年第1期。

[11] 中国大百科全书总编辑委员会：《中国大百科全书》，中国大百科全书出版社，2009年。

[12] 周幼吾、邱国庆、郭东信等：《中国冻土》，科学出版社，2000年。

[13] Beck, H. E., Zimmermann, N. E., McVicar, T. R. *et al.*, 2018. Present and future Köppen-Geiger climate classification maps at 1-km resolution, *Scientific Data*, Vol. 5, No.1.

[14] Cogley, J. G., 2009. A more complete version of the World Glacier Inventory. *Annals of Glaciology*, Vol. 50, No. 53.

[15] Connon, R. F., Quinton, W. L., Craig, J. R. *et al.*, 2014. Changing hydrologic connectivity due to permafrost thaw in the lower Liard River valley, NWT, Canada. *Hydrological Processes*, Vol. 28, No.14.

[16] Cuo, L., Zhang, Y., Bohn, T. J. *et al.*, 2015. Frozen soil degradation and its effects on surface hydrology in the northern Tibetan Plateau. *Journal of Geophysical Research: Atmospheres*, Vol. 120, No.16.

[17] Dahri, Z. H., Ludwig, F., Moors, E. *et al.* 2021. Climate change and hydrological regimime of the high-altitude Indus basin under extreme climate scenarios. *Science of the Total Environment*,

Vol. 768, No. 5.

[18] Frenken, K., 2011. Irrigation in Southern and Eastern Asia in figures - AQUASTAT Survey 2011. *Water Reports*, November 30.

[19] Gao, T., Zhang, T., Guo, H., *et al.*, 2018. Impacts of the active layer on runoff in an upland permafrost basin, northern Tibetan Plateau. *Plos One*, Vol. 13, No.2.

[20] Hinzman, L. D., Destouni, G., Woo, M. K., 2013. Preface: Hydrogeology of cold regions, *Hydrogeology Journal*, Vol. 21, No. 1.

[21] IPCC. 2014. Climate Change 2014: Synthesis Report. Contribution of Working Groups I, II and III to the Fifth Assessment Report of the Intergovernmental Panel on Climate Change. IPCC, Geneva, Switzerland.

[22] Kolosov, R. R., Prokushkin, A. S., Pokrovsky, O. S., 2016. Major anion and cation fluxes from the Central Siberian Plateau watersheds with underlying permafrost. *IOP Conference Series: Earth and Environmental Science*, Vol. 48, No. 1.

[23] Lee, H., Swenson, S., Slater, A., *et al.*, 2014. Effects of excess ground ice on projections of permafrost in a warming climate. *Environmental Research Letters*, Vol. 9, No.12.

[24] McCracken, M., Wolf, A. T., 2019. Updating the Register of International River Basins of the world. *International Journal of Water Resources Development*, Vol. 35, No.3.

[25] Ran, Y., Li, X., Cheng, G., 2018. Climate warming over the past half century has led to thermal degradation of permafrost on the Qinghai-Tibet Plateau. *The Cryosphere*, Vol. 12.

[26] Rogger, M., Chirico, G., Hausmann, H. *et al.* 2017. Impact of mountain permafrost on flow path and runoff response in a high alpine catchment. *Water Resources Research*, Vol. 53, No.2.

[27] Walvoord, M. A., Kurylyk, B. L., 2016. Hydrologic impacts of thawing permafrost: A review. *Vadose Zone Journal*, Vol. 15, No.6.

[28] Wang, T., Yang, H., Yang, D., *et al.*, 2018. Quantifying the streamflow response to frozen ground degradation in the source region of the Yellow River within the Budyko framework. *Journal of Hydrology*, Vol. 558.

[29] Wester, P., Mishra, A., Mukherji, A. *et al.*, 2019. *The Hindu Kush Himalaya Assessment: Mountains, Climate Change, Sustainability and People* (p. 627). Gewerbestrasse, Switzerland: Springer Open.

[30] Wu, Q., Zhang, T., 2010. Changes in active layer thickness over the Qinghai-Tibetan Plateau from 1995-2007. *Journal of Geophysical Research*, Vol. 115, No.9.

[31] Xu, X., Zhao, T., Lu, C. *et al.* 2014. An important mechanism sustaining the atmospheric "water tower" over the Tibetan Plateau. *Atmospheric Chemistry and Physics*, Vol. 14, No. 3.

[32] Zhang, D., Huang, J., Guan, X. *et al.*, 2013b. Long-term trends of perceptible water and precipitation over the Tibetan Plateau derived from satellite and surface measurements. *Journal of Quantitative Spectroscopy and Radiative Transfer*, Vol. 122.

[33] Zhang, G., Yao, T., Shum, C. K., *et al.*, 2017. Lake volume and groundwater storage variations in Tibetan Plateau's endorheic basin. *Geophysical Research Letters*, Vol. 44, No.11.

第三章　亚洲水塔流域社会经济地理

亚洲水塔流域是共建"一带一路"的核心地带（姚檀栋等，2017）。作为亚洲众多河流的发源地，亚洲水塔变化引起了流域水文过程不确定性，不仅加剧域内自然环境变化，而且已经外溢出消极的政治经济效应（杜德斌等，2020）。在此背景下，厘清亚洲水塔流域社会经济地理面貌与发展态势，推动区域经济一体化发展，不仅有助于改善民生、提高区域发展水平，而且能有效减小政治分歧、管控冲突风险。亚洲水塔流域分割多维自然人文地理单元，南亚次大陆、中亚大湖区、中南半岛等不同地理单元的社会经济环境受气候、地形、历史、文化、宗教等多重因素的长期影响而差异巨大，特色鲜明。加之当前域内资源争夺、政治与民族矛盾的桎梏，流域国家社会经济发展水平存在较大差异，多数国家间的经济联系薄弱。各国在世界经济体系中扮演的角色和地位迥异。全域经济一体化进程远远落后于域内的集团化、区块化发展。

第一节　资源禀赋及利用

地球剧烈的板块运动不仅塑造了青藏高原，也赋予了亚洲水塔流域多高原山地的面貌，虽然高原山地不易于农耕，但却孕育了丰富的矿产资源。而发源于青藏高原的河流又在下游形成了巨大的冲积平原和三角洲，成为人口密集之地。多元的地理面貌塑造了悠久的人类文明史。世界著名古文明国家如中国、古印度、波斯等均发源于此，使得域内历史文化与旅游资源尤为丰富。

一、矿产资源

依据矿产资源的特点和用途，可将其划分为能源矿产资源及非能源矿产资源（包括金属资源和非金属资源）。

（一）能源矿产资源分布

根据英国石油公司（BP）发布的《世界能源统计年鉴 2021》，亚洲水塔流域包括了数个世界主要能源生产国。亚洲水塔流域的油气资源主要分布在里海一带，涉及伊朗、哈萨克斯坦、土库曼斯坦和乌兹别克斯坦等国家。煤炭资源则主要分布在哈萨克丘陵及中国、印度境内。

伊朗是世界上主要的石油、天然气生产国和输出国。截至 2020 年底，伊朗石油探明储量居世界第四位，达到 217 亿吨（表3-1），占世界总量的 9.1%，储产比为 139.8；天然气探明储量仅次于俄罗斯，占世界总量 17.1%，储产比为 148。

表 3-1　亚洲水塔流域主要国家能源赋存情况（2020 年）

国家	石油		天然气		煤炭	
	探明储量（亿吨）	产量（万吨）	探明储量（万亿立方米）	产量（亿立方米）	探明储量（亿吨）	产量（万亿焦）
伊朗	217	14 270	32.1	2 508	—	—
哈萨克斯坦	39	8 610	2.3	317	256	20.4
土库曼斯坦	1	1 030	13.6	590	—	—
乌兹别克斯坦	1	210	0.8	471	14	0.5
中国	35	19 480	8.6	1 940	1 432	809.1
印度	6	3 510	1.3	238	1 111	126.8
巴基斯坦	—	—	0.4	306	31	1.5
越南	6	1 000	0.6	87	34	11.4
泰国	0.4	1 500	0.1	327	11	1.4

资料来源：英荷壳牌石油公司："BP 世界能源统计年鉴"，2021 年；https://www.bp.com.cn/zh _ cn/china/home/news/reports/statistical-review-2021.html。

中亚大湖区的能源资源十分丰富，总量可与中东地区相媲美，开发潜力巨大。能源工业已成为哈萨克斯坦、土库曼斯坦和乌兹别克斯坦三国的支柱产业。其中，哈萨克斯坦能源资源种类丰富、品位较高，除了丰富的石油、天然气和煤炭等传统化石能源外，哈萨克斯坦境内铀矿探明储量达 169 万吨，占全世界总量的 20%，仅次于澳大利亚。根据经合组织核能机构和国际原子能机构联合发布的《2020 年铀：资源、生产和需求》，哈萨克斯坦铀矿开采成本极低，目前已成为全球最大的铀供应国，产量超过全世界的 40%。土库曼斯坦天然气资源尤丰，储量居世界第四位，主要出口至中国、伊朗和俄罗斯。乌兹别克斯坦境内能源资源比较丰富，除传统化石燃料外，乌境内分布有较为可观的铀矿资源，是世界第五大铀生产国。

（二）非能源矿产资源分布

亚洲水塔流域非能源矿产分布与储量不均。除油气能源富集外，西亚矿产资源也较丰富。伊朗目前已探明矿山 3 800 处，矿藏储量 270 亿吨；其中，铁矿储量 47 亿吨；铜矿储量 30 亿吨（矿石平均品位 0.8%），约占世界总储量的 5%，居世界第三位；锌矿储量 2.3 亿吨（平均品位 20%），居世界第一位；铬矿储量 2 000 万吨；金矿储量 150 吨。此外，还有大量的锰、锑、铅、硼、重晶石、大理石等矿产资源。目前，已开采矿种 56 个，年矿产量 1.5 亿吨，占总储量的 0.55%，占全球矿产品总产量的 1.2%。阿富汗矿藏资源较为丰富，但未得到充分开发，目前已探明的资源主要有盐、铬、铁、铜、云母及绿宝石等。位于首都喀布尔南部的埃纳克铜矿已探明矿石总储量约 7 亿吨，铜金属总量达 1 133 万吨，据估计可能是世界第三大铜矿带。阿富汗还可能拥有全球第五大铁矿脉。

南亚次大陆地质特征不同，成矿条件差异较大，受到社会经济发展水平影响，各国矿产资源利用水平差距明显。印度矿产资源丰富，有矿藏近 100 种。其云母产量位居世界第一，重晶石产量居世界第三，其余主要资源包括：铁矿石 134.6 亿吨、铝土 24.62 亿吨、铬铁矿 9 700 万吨、锰矿石 1.67 亿吨、锌 970 万吨、铜 529.7 万吨、铅 238.1 万吨、石灰石 756.79 亿吨、磷酸盐 1.42 亿吨，以及黄金 68 吨。巴基斯坦具有生成大量矿产资源的地质条件，目前正在开采的矿产资源约为 60 种，主要矿藏储备有铁 4.3 亿吨、铝土 7 400 万吨，还有大量的铬矿、大理石和宝石。不丹地质条件错综复杂，蕴藏着大量各种类型的矿产资源，有白云石、石灰石、大理石、石墨、石膏、煤、铅、铜、锌等矿藏。尼泊尔矿产资源较为贫乏，大部分矿种储量不高，有铜、铁、铝、锌、磷、钴、石英、硫磺、褐煤、云母、大理石、石灰石、菱镁矿等，但由于地矿业发展缓慢均只得到少量开采。孟加拉国矿产资源有限，除了天然气资源较为可观，非能源矿产资源相当匮乏，目前已知有石灰石、硬石、陶瓷黏土等。

中亚大湖区五国成矿条件优越，矿产资源丰富，矿产几乎都是各国的主要支柱，占外贸出口份额较大，深受各国政府重视。哈萨克斯坦矿产种类齐全，已经探明的矿藏多达 90 余种，其中锌、铅、钨、铬、铜、铝、黄金储量在全世界名列前茅，是世界上矿产资源最丰富的国家之一。乌兹别克斯坦矿产资源品类极广，目前已发现矿产资源 100 余种，其中黄金、铜、钼储量居世界前列，钾盐、岩盐、硫酸盐、矿物颜料等非金属矿产资源分布也十分广泛。吉尔吉斯斯坦拥有丰富的锑、汞等有色金属矿藏，其中锑矿品位极佳，被称为“世界标准锑”，黄金的储量和品位也较高。塔吉克斯坦矿产资源丰富，目前已发现 70 余种矿产，包括铝、铅、金、银等。黄金产业和铝业是塔吉克斯坦的主要工业部门。土库曼斯坦拥有的矿藏包括铁、金、铅、锌等。

中南半岛矿产资源丰富，种类繁多，有色金属矿藏储量尤丰，其中铅、锌、银、锑、铜、锡、钨等矿藏均占有重要地位。这一地区出产的玉石也蜚声海外。泰国矿产资源丰富，已经开采的矿产有 40 余种，主要有钾盐、锡、锌、铅、钨、铁、锑、铬、重晶石、宝石等，其中长石和石膏产量在全世界名列前茅。越南主要有铁、钛、锰、铬、铝、锡、磷等，其中铁、铝储量较大，铜锌矿与铁矿品位很高。缅甸矿产资源主要有锡、钨、锌、铝、锑、锰、金、银等，宝石和玉石在世界上享有盛誉。老挝境内矿产资源有锡、铅、钾盐、铜、铁、金、石膏、稀土等，目前得到开采的有金、铜、钾盐等。柬埔寨矿藏主要有金、磷酸盐、宝石，此外还有锰、铅、银等，但开采较少。

中国矿产资源丰饶，矿产总量较大，矿种十分齐全。目前已发现矿产 173 种，其中金属矿产 59 种，非金属矿产 95 种。其中铜矿、钨矿、钼矿、锑矿、锡矿、汞矿等矿产资源储量世界首屈一指，磷、硫、石棉、云母等非金属矿产分布亦广。然而中国人均矿产资源较少，大量矿产资源品位不高，开采成本偏高。

二、土地资源

亚洲水塔流域的地形以高原山地为主，山脉大体沿着青藏高原的东南、西北两个方向延伸。印度洋、太平洋沿岸和里海东岸则地形较为平坦。亚洲水塔流域国家国土面积、地形地貌和土地利用类型差异极大。

伊朗高原土地广阔，伊朗国土面积达 163 万平方千米（表 3-2），但其地形破碎，群山环绕，境内有 16 座海拔超过 4 000 米的山峰，农业用地仅占 28.2%，低于域内平均水平。境内大部分地区全年干燥少雨，中部盆地形成许多沙漠，仅西南部波斯湾沿岸与北部里海沿岸有小面积的冲积平原。

南亚次大陆土地资源从北向南大致分为三个地带，北部为喜马拉雅山脉，气候垂直变化显著，形成湍急的河流，土壤水蚀剧烈；中部大平原由印度河、恒河和布拉马普特拉河冲积而成，河网密布，农业开发程度高，人口密集；南部为德干高原和海岸平原，盛产水稻、小麦等作物，土地覆被特征较为复杂，水力侵蚀显著。

中亚大湖区面积约 400 万平方千米，以平原丘陵为主，土地资源生产潜力巨大，草地占据近 90%，但农田土壤侵蚀、土壤盐渍化和草地沙化较严重。哈萨克斯坦面积广阔，拥有中亚地区近四分之三的农业用地，农业用地占全国总面积比重达 80%，人均耕地面积达 1.63 公顷，是世界农业土地资源最丰富的国家之一。由于处于亚欧大陆腹地，除哈萨克斯坦略显湿润外，其他中亚地区雨水稀少，极其干燥，荒漠、半荒漠和草原占据了从里海到天山山地之间的巨大面积。

中南半岛人口稠密、地形复杂，地势大体北高南低，多山地、高原，土地资源并不丰富。除泰国、缅甸国土较广之外，其余国家大多面积狭小，土地资源更为紧张。其中越南的人均耕地面积仅为 0.07 公顷（表 3-2），为亚洲水塔流域农业土地资源最为短缺的国家。中南半岛的河流大多呈南北走向，在河流下游南部沿海地区形成冲积平原和三角洲。

中国是亚洲水塔流域国土面积最大的国家，但由于人口众多，人均耕地面积仅为 0.09 公顷，地形地貌复杂多样，山区面积广大，占全国面积的 60％以上。地势西高东低，大致呈三阶梯状分布，丘陵和平原主要位于第三级阶梯。

表 3-2   亚洲水塔流域国家土地资源概况

国家	土地面积（万平方千米）	农业用地比例（％）	人均耕地（ha）
中国	960	56.1	0.09
越南	31	39.2	0.07
缅甸	65	19.7	0.21
老挝	23	10.4	0.22
泰国	51	43.3	0.24
柬埔寨	17	31.5	0.24
印度	297	60.4	0.12
巴基斯坦	77	47.1	0.14
孟加拉国	13	70.7	0.05
不丹	3.8	13.5	0.12
尼泊尔	14.3	28.7	0.08
阿富汗	65	58.1	0.21
哈萨克斯坦	270	80.0	1.63
土库曼斯坦	47	72.0	0.33
乌兹别克斯坦	44	58.1	0.12
吉尔吉斯斯坦	19	55.0	0.20
塔吉克斯坦	13.8	34.1	0.08
伊朗	163	28.2	0.18

资料来源：世界银行，https://data.worldbank.org。

三、旅游资源

亚洲水塔流域旅游资源非常丰富，古中国和古印度文明均诞生于此。伊朗也在中东文明的诞生过程中扮演了极为重要的角色。伊朗是具有四五千年历史的文明古国，史称波斯。公元前 6 世纪，古波斯帝国盛极一时。公元 7 世纪以后，阿拉伯人、突厥人、蒙古人、阿富汗人先后入侵。悠久的历史和多元的文化背景孕育了伊朗丰富的旅游资源。伊朗拥有 20 多个世界文化遗产，仅次于中国和印度，远高于域内其他国家（表 3-3）。

南亚次大陆既是世界四大文明的发源地之一，又是佛教和印度教等宗教的发源地。早在公元前 3 000 年左右，恒河及印度河流域就出现过一些繁华的城市，此后又相继出现了囊括印度次大陆大部分地区的孔雀王朝、笈多王朝、德里苏丹国和莫卧儿王朝。在此期间，南亚也一直是世界上最富饶的地区之一。其农业、手工业、交通运输业以及各种文化艺术水平很高。截至 2019 年，印度拥有 38 个世界文化遗产，仅次于中国。尽管拥有数目庞大的世界文化遗产，但南亚的入境旅游人数和收入远低于东南亚国家（表 3-3），旅游资源开发程度较低。

表 3-3 亚洲水塔流域国家旅游资源概况（2019 年）

国家	世界文化遗产数量	国际旅游入境人数（万人次/年）	国际旅游收入（亿美元/年）	国际旅游收入占总出口比例（%）
中国	55	3 054	1 312.54	2.4
越南	6	1 801	118.30	4.2
缅甸	2	436	25.01	14.3
老挝	3	479	9.74	13.9
泰国	3	3 992	650.82	20.1
柬埔寨	3	661	53.12	25.2
印度	38	1 791	316.61	5.8
巴基斯坦	6	97	9.48	3.1
孟加拉国	2	32	3.91	0.9
不丹	0	32	1.20	15.4
尼泊尔	2	120	8.03	29.5
阿富汗	2	—	0.85	5.6
哈萨克斯坦	3	852	29.22	4.4
土库曼斯坦	3	—	—	—
乌兹别克斯坦	4	675	16.79	9.9
吉尔吉斯斯坦	2	851	7.08	22.8
塔吉克斯坦	1	104	1.79	14.4
伊朗	24	912	46.32	13.3

中南半岛各国旅游资源丰富，拥有众多的名胜古迹，在历史上先后受到印度文明、中国文明、伊斯兰文明和西方文明的影响，民族文化丰富多彩。其中，泰国旅游业十分发达，入境旅游是泰国外汇收入的重要来源之一，其国际旅游入境人数在 2019 年达到 3 992 万人次，位居流域国家首位，但人均消费额度较低（表 3-3）。

中亚大湖区是欧亚大陆上东西方文明交汇所在。中国与中亚国家的往来可以追溯到西汉时期张骞凿空西域。中亚地区游牧民族往来频繁，文化包容性较强，在历史上先后受到波斯、突厥、中国、蒙古、沙俄和苏联等影响，形成了鲜明的民族文化和独特的文化遗产，但中亚地区的世界文化遗产和国际旅游入境人数整体较低。

中国是世界四大文明古国之一，具有 5 000 年以上的悠久文明史，疆域辽阔，民族众多，文化源远流长，对日本、韩国、越南等国家产生了重要的影响。截至 2019 年，中国的世界遗产数量达到 55 项（表 3-3），国际旅游收入达到 1 312.54 亿美元，在亚洲水塔流域国家中稳居第一位。

四、水资源

亚洲水塔流域蕴含着丰富的水资源，其独特的地形条件也为水能的开发利用创造条件，但其水资源的时空分布极不均衡。亚洲水塔流域水资源供给量总体上呈现东南多、西北少的分布特征，国家间差异极大。联合国粮农组织 2018 年数据显示，不丹等国人均可再生内陆淡水资源超过 10 万立方米以上，而巴基斯坦和土库曼斯坦仅分别为 259.15 立方米和 240.13 立方米，取水问题严重。季风气候带来的季节性降水和冰雪融水导致该区域水资源供给量季节性波动普遍较大。

亚洲水塔流域人口稠密，社会经济发展迅猛，除中南半岛及其他少数国家外，这一区域多数国家均面临着较高的水资源压力。2019 年世界资源研究所数据表明，伊朗、印度、巴基斯坦、土库曼斯坦均处于全世界水资源压力最高的 17 个国家之列。

第二节　人口与人力资源

由于特殊的地形和气候条件，青藏高原历来是人烟稀少之地，但发源于青藏高原的亚洲水塔跨境河流流域水源密集，大江大河广布，优良的灌溉条件滋养了利于农耕的沃土，催生了历史上著名的农耕文明，使其成为世界人口规模最大的区域。

一、人口规模与分布

（一）人口规模整体庞大

亚洲水塔流域国家总人口规模十分庞大，世界近一半人口居住于此。2020 年，流域国家人口总数达到 36.5 亿，占世界的比重达 47.03%（表 3-4）。其中，排名世界前十的人口大国中有四个国家（中国、印度、巴基斯坦和孟加拉国）来自亚洲水塔流域。此外，越南人口达到 9 730 万，即将突破 1 亿。伊朗、泰国、缅甸三国人口也超过 5 000 万。其余国家人口规模相对较小，位于青藏高原南面。不丹是域内人口最少的国家，约为 80 万（表 3-4）。

表 3-4　亚洲水塔流域国家人口规模　　　　　单位：百万人

国家	2000 年	2005 年	2010 年	2015 年	2019 年	2020 年	增长幅度
阿富汗	20.8	25.7	29.2	34.4	38	38.9	87%
孟加拉国	127.7	139	147.6	156.3	163	164.7	29%
不丹	0.6	0.6	0.7	0.7	0.8	0.8	33%
中国	1 262.6	1 303.7	1 337.7	1 379.9	1 407.7	1 410.9	12%
印度	1 056.6	1 147.6	1 234.3	1 310.2	1 366.4	1 380	31%
伊朗	65.6	69.8	73.8	78.5	82.9	84	28%
哈萨克斯坦	14.9	15.1	16.3	17.5	18.5	18.8	26%
吉尔吉斯斯坦	4.9	5.2	5.4	6	6.5	6.6	35%
柬埔寨	12.2	13.3	14.3	15.5	16.5	16.7	37%

国家	2000 年	2005 年	2010 年	2015 年	2019 年	2020 年	增长幅度
老挝	5.3	5.8	6.2	6.7	7.2	7.3	38%
缅甸	46.7	48.9	50.6	52.7	54	54.4	16%
尼泊尔	23.9	25.7	27	27	28.6	29.1	22%
巴基斯坦	142.3	160.3	179.4	199.4	216.6	220.9	55%
泰国	63	65.4	67.2	68.7	69.6	69.8	11%
塔吉克斯坦	6.2	6.8	7.5	8.5	9.3	9.5	53%
土库曼斯坦	4.5	4.8	5.1	5.6	5.9	6	33%
乌兹别克斯坦	24.7	26.2	28.6	31.3	33.6	34.2	38%
越南	79.9	83.8	88	92.7	96.5	97.3	22%
全球	6 114.3	6 193.7	6 921.9	7 347.7	7 683.4	7 761.6	27%
占世界比重	48.45%	48.34%	47.95%	47.52%	47.14%	47.03%	—

资料来源：世界银行，https://data.worldbank.org。

（二）人口增速相对迟缓

尽管亚洲水塔流域国家人口规模庞大，但不同于以非洲国家为主的其他发展中国家，域内多数国家已经经过了人口快速发展阶段，人口增速开始放缓。因此，域内人口占世界的比重逐步缩小，已由 2000 年占世界人口的 48.45% 降至 2020 年的 47.03%。20 年来，域内人口增量达到 6.9 亿，其中印度人口增长了 3.2 亿，是域内人口增长的主力。中国人口增长 1.5 亿，不到印度的一半。两国人口增量达到域内总增量的 68.61%，其他国家增量均未超过 1 亿。但就增长率来看，中亚大湖区和南亚次大陆两河流域国家人口增长较快，澜沧江-湄公河流域国家增长较慢。其中，阿富汗是域内人口增长最快的国家，泰国增长最慢，中国则是人口增长第二缓慢的国家（表 3-4）。总的来说，域内不同国家和流域人口增速差异较大，这与所在国的社会经济发展水平和人口增长模式紧密相关。

（三）人口高度集中于下游流域

亚洲水塔流域地处欧亚大陆腹地，区域人口密度不均，流域上游人口稀疏，而下游地区特别是河流三角洲平原，一直是世界人口密度最高的地区之一。自然地理条件差异塑造了周边人口分布格局。人口高度集中于恒河三角洲、湄公河三角洲等南亚、东南亚地区，而中亚和西亚地区人口相对较少。亚洲水塔流域西北部多为高原、沙漠等地形地貌，该区域气候干旱少雨，环境较为恶劣，不适宜人类居住，因而人口和城市较少，以乡村人口为主。而西南和南部的河流下游地区广泛分布着平原、河谷地，气候潮湿多雨，种植条件优越，因而人口密度高，乡镇密集分布。

二、人口结构

（一）性别结构

亚洲水塔流域男性人口总体高于女性，但域内国家人口性别结构存异。以2019年为例，男性人口多于女性人口的国家有9个，多分布在南亚次大陆，包括阿富汗、孟加拉国、不丹、印度、巴基斯坦、伊朗、塔吉克斯坦、老挝和中国。男性人口少于女性人口的国家也有9个，多分布在中亚和东南亚，包括中亚大湖区的哈萨克斯坦、吉尔吉斯斯坦、土库曼斯坦、乌兹别克斯坦，以及中南半岛的柬埔寨、缅甸、泰国、越南等。人口性别结构最失调的国家分别是男性人口高于女性人口的不丹，以及女性人口高于男性人口的尼泊尔，均位于南亚地区。老挝是20年来唯一域内性别比发生翻转的国家，由女性多于男性转为男性多于女性（表3-5）。

表 3-5　亚洲水塔流域国家人口性别结构

国家	男性占比（%）		女性占比（%）	
	2000 年	2019 年	2000 年	2019 年
阿富汗	51.4	51.3	48.6	48.7
孟加拉国	51.4	50.6	48.6	49.4
不丹	51.1	53.1	48.9	46.9
中国	51.3	51.3	48.7	48.7
印度	52.0	52.0	48.0	48.0
伊朗	50.9	50.5	49.1	49.5

续表

国家	男性占比（%）		女性占比（%）	
哈萨克斯坦	48.1	48.5	51.9	51.5
吉尔吉斯斯坦	49.4	49.5	50.6	50.5
柬埔寨	48.6	48.8	51.4	51.2
老挝	49.8	50.2	50.2	49.8
缅甸	48.4	48.2	51.6	51.8
尼泊尔	49.8	45.6	50.2	54.4
巴基斯坦	51.6	51.5	48.4	48.5
泰国	49.4	48.7	50.6	51.3
塔吉克斯坦	50.1	50.4	49.9	49.6
土库曼斯坦	49.2	49.2	50.8	50.8
乌兹别克斯坦	49.7	49.9	50.3	50.1
越南	49.5	49.9	50.5	50.1
全球	50.3	50.4	49.7	49.6

资料来源：世界银行，https：//data. worldbank. org。

（二）年龄结构

从人口的年龄结构来看，阿富汗可谓域内年轻化程度最高的国家。2019年，阿富汗0岁—14岁人口占总人口的比重达42.5%，远高于其他国家，其次为老挝（32.3%）。泰国和中国则是人口老龄化程度最高的国家。2019年，二者65岁及以上人口占比分别达到12.4%和11.5%（表3-6）。按照国际惯例，65岁以上老年人口占人口总数的7%，即意味着这个国家或地区处于老龄化社会。因此，亚洲水塔流域进入老龄化社会的国家依次为：泰国、中国、哈萨克斯坦和越南。总体来看，域内国家社会经济发展水平与人口老龄化基本成负相关关系，即经济越发达的国家，其社会人口结构逐步趋向老龄化，而经济相对滞后的国家社会人口结构愈发年轻化。

表 3-6　亚洲水塔流域国家人口年龄结构

国家	0—14 岁人口占比（%）		15—64 岁人口占比（%）		65 岁及以上人口占比（%）	
	2000 年	2019 年	2000 年	2019 年	2000 年	2019 年
阿富汗	48.9	42.5	48.8	54.9	2.3	2.6
孟加拉国	37.0	27.2	59.2	67.6	3.9	5.2
不丹	39.8	25.3	56.3	68.6	3.9	6.1
中国	24.8	17.8	68.4	70.7	6.8	11.5
印度	34.7	26.6	60.9	67.0	4.4	6.4
伊朗	34.0	24.7	61.7	69.0	4.4	6.4
哈萨克斯坦	27.5	28.9	65.6	63.5	6.8	7.7
吉尔吉斯斯坦	34.9	32.5	59.6	62.9	5.5	4.6
柬埔寨	41.6	31.1	55.3	64.2	3.1	4.7
老挝	43.4	32.3	53.1	63.5	3.6	4.2
缅甸	32.5	25.9	63.0	68.1	4.5	6.0
尼泊尔	41.0	29.6	55.3	64.6	3.8	5.8
巴基斯坦	42.0	35.1	54.0	60.6	4.0	4.3
泰国	24.0	16.8	69.5	70.8	6.5	12.4
塔吉克斯坦	42.5	37.1	53.9	59.8	3.6	3.1
土库曼斯坦	36.3	30.8	59.5	64.6	4.3	4.6
乌兹别克斯坦	37.3	28.8	58.1	66.6	4.6	4.6
越南	31.6	23.2	62.0	69.2	6.4	7.6
全球	30.2	25.6	63.0	65.3	6.8	9.1

资料来源：世界银行，https://data.worldbank.org。

（三）自然增长情况

人口增长与死亡率的下降、平均寿命的延长、区域出生率的增长等密切相关。一国人口年龄结构也从侧面体现了该国大致的人口自然增长情况。亚洲水塔流域人口最年轻化的国家是阿富汗，具有最高的自然增长率，达 26 人/每千人。泰国和中国则成为自然增长率最低的两个国家（表 3-7）。2000—2019 年，出生率最高的国家始终为阿富汗（32 人/每千人），出生率最低的国家由中国（14 人/每千人）转为泰国（10 人/每千人），死亡率最高的国家由阿富汗（12

人/每千人）转为泰国（8人/每千人），但两国死亡率的形成机理不同。阿富汗因长年饱受战乱造成饥饿以及卫生困境导致大量平民死亡，而泰国多为老龄人口自然去世。从空间差异来看，中亚大湖区国家人口自然增长率普遍上升，而南亚次大陆和中南半岛国家均呈下降趋势。近年来，随着中亚各国经济较快发展、国民收入水平逐步恢复，考虑到国家人口相对稀少不利于长期发展，地广人稀的中亚各国均采取了鼓励生育的配套措施。

表3-7　亚洲水塔流域国家人口自然增长情况　　　　单位：人/每千人

国家	出生率		死亡率		自然增长率	
	2000年	2019年	2000年	2019年	2000年	2019年
阿富汗	48	32	12	6	36	26
孟加拉国	27	18	7	6	21	12
不丹	27	17	9	6	18	11
中国	14	11	6	7	8	3
印度	26	18	9	7	18	10
伊朗	18	18	5	5	13	14
哈萨克斯坦	15	22	10	7	5	15
吉尔吉斯斯坦	20	27	7	5	13	22
柬埔寨	28	22	9	6	19	16
老挝	32	23	10	6	22	17
缅甸	25	17	10	8	15	9
尼泊尔	32	20	9	6	23	13
巴基斯坦	35	28	9	7	26	21
泰国	15	10	7	8	8	2
塔吉克斯坦	31	30	9	5	22	25
土库曼斯坦	24	23	8	7	16	16
乌兹别克斯坦	21	24	6	5	16	20
越南	17	16	6	6	11	10
全球	22	18	9	8	13	10

注：粗出生率表示年中时估计的一年内平均每千人中的活产婴儿数。用粗出生率减去粗死亡率就得出人口的自然增长率，即相当于不包括移民的人口变动率。

资料来源：世界银行，https://data.worldbank.org。

三、人力资源禀赋

（一）劳动力规模

亚洲水塔流域国家劳动力规模庞大，世界近一半劳动力分布于此。2020年，域内劳动人口总数达到 16.03 亿，占世界的比重为 47.3%。其中，世界前十位劳动力大国中有四个国家来自亚洲水塔流域，包括中国（7.9 亿）、印度（4.6 亿）、巴基斯坦（0.72 亿）和孟加拉国（0.68 亿）（表 3-8）。其后劳动力大国还有越南、泰国等中南半岛国家。其余国家劳动力规模相对较小，人口规模最小的不丹也是域内劳动人口最少的国家，约为 30 万（2020 年）。总体上，域内各国劳动力规模与人口规模基本呈正向关联，但各国劳动力丰富度差异明显。就劳动力人口占总人口的比重来看，尼泊尔、越南、中国、泰国、柬埔寨、老挝和不丹等七个国家的劳动人口超过本国人口的一半以上，其他国家均低于50%。而塔吉克斯坦的劳动力占比仅为 25%，印度的劳动力占比为 35%，仍有较大的人力资源提升空间。

表 3-8 亚洲水塔流域国家劳动力规模 单位：百万人

国家	2000 年	2005 年	2010 年	2015 年	2019 年	2020 年
阿富汗	5.0	6.3	7.1	8.9	10.4	9.4
孟加拉国	47.2	53.1	57.5	62.2	69.2	68.4
不丹	0.2	0.3	0.3	0.3	0.4	0.3
中国	729.5	768.4	772.1	795.3	800.0	792.4
印度	394.5	446.2	457.1	466.8	482.7	457.8
伊朗	19.1	23.2	23.3	24.7	27.3	25.9
哈萨克斯坦	7.6	7.9	8.7	9.1	9.2	9.2
吉尔吉斯斯坦	2.1	2.3	2.5	2.5	2.6	2.5
柬埔寨	5.6	6.7	8.1	8.5	9.2	9.2
老挝	2.4	2.7	3.1	3.5	3.7	3.8
缅甸	21.8	22.7	23.3	24.6	23.8	23.0
尼泊尔	12.1	13.2	14.3	15.0	16.8	16.0
巴基斯坦	41.6	48.5	57.0	66.5	71.7	71.8

续表

国家	2000 年	2005 年	2010 年	2015 年	2019 年	2020 年
泰国	34.8	37.9	38.9	39.0	38.8	39.0
塔吉克斯坦	1.6	1.9	2.0	2.3	2.4	2.4
土库曼斯坦	1.5	1.7	1.8	1.8	1.9	1.9
乌兹别克斯坦	10.4	11.5	12.6	13.5	14.2	14.0
越南	39.5	44.3	51.2	55.1	55.9	55.9
全球	2 749.1	2 975.7	3 137.2	3 308.6	3 456.1	3 388.4
占世界的比重	50.1%	50.4%	49.1%	48.3%	47.5%	47.3%

资料来源：世界银行，https://data.worldbank.org。

（二）劳动力结构

亚洲水塔流域国家劳动人口就业行业分布普遍存在动态变化。2000 年，除中亚大湖区部分国家外，其他 14 个国家劳动人口多从事农业劳动。其中，老挝超过 80% 的劳动力从事农业劳动，中国则有一半劳动人口从事农业劳动。乌兹别克斯坦、哈萨克斯坦和伊朗以从事服务业为主，而土库曼斯坦劳动力最多的行业为工业。到了 2019 年，仅尼泊尔、老挝等 9 个国家以农业为主，多分布于南亚次大陆。哈萨克斯坦、吉尔吉斯斯坦、伊朗、中国等 8 个国家的第一大劳动行业部门均为服务业，土库曼斯坦的就业结构仍维持以工业为主（表 3-9）。

表 3-9　亚洲水塔流域国家劳动力结构

国家	农业劳动力占比（%）		工业劳动力占比（%）		服务业劳动力占比（%）	
	2000 年	2019 年	2000 年	2019 年	2000 年	2019 年
阿富汗	65.84	42.50	9.48	18.55	24.68	38.96
孟加拉国	64.81	38.30	10.70	21.32	24.49	40.38
不丹	66.78	55.78	6.62	10.15	26.60	34.06
中国	50.01	25.33	22.50	27.42	27.49	47.25
印度	59.65	42.60	16.32	25.12	24.04	32.28
伊朗	24.40	17.37	30.00	31.39	45.61	51.24
哈萨克斯坦	36.44	14.86	16.24	20.98	47.32	64.16
吉尔吉斯斯坦	53.08	19.32	10.47	25.36	36.45	55.33

国家	农业劳动力占比（%）		工业劳动力占比（%）		服务业劳动力占比（%）	
	2000 年	2019 年	2000 年	2019 年	2000 年	2019 年
柬埔寨	73.48	34.53	8.54	27.91	17.99	37.56
老挝	81.87	61.44	4.56	12.94	13.57	25.62
缅甸	61.10	48.85	12.91	16.94	25.99	34.21
尼泊尔	75.25	64.38	10.52	15.11	14.23	20.52
巴基斯坦	43.01	36.92	20.93	24.96	36.06	38.13
泰国	48.79	31.43	19.03	22.84	32.18	45.73
塔吉克斯坦	59.42	44.72	16.53	15.79	24.06	39.49
土库曼斯坦	34.28	20.68	34.77	39.83	30.95	39.49
乌兹别克斯坦	39.08	25.71	21.51	23.02	39.41	51.27
越南	65.25	37.22	12.44	27.44	22.31	35.34
全球	39.86	26.69	20.73	22.69	39.41	50.62

资料来源：世界银行，https://data.worldbank.org。

总之，南亚次大陆和中南半岛国家劳动力就业仍然以农业为主，社会经济发展水平相对滞后。而中西亚国家和沿海国家的服务业或工业逐步成为劳动市场主体行业，社会经济发展水平显著提升。

（三）失业情况

受国内外市场经济环境综合影响，亚洲水塔流域内失业率普遍上升，但失业情况有所减缓，维持在较低水平。20 年间，包括中国在内的多数域内国家失业率有所上升，而中亚大湖区四国（除吉尔吉斯斯坦）和中南半岛两国（泰国、老挝）的失业率呈现下滑趋势。其中，失业率上升程度最高的国家为巴基斯坦，失业率下降趋势最快的国家为哈萨克斯坦（表 3-10）。失业率超过10%的国家数目由 2000 年的 6 个降为 2019 年的 2 个，失业率低于 4%的国家数目则由 2000 年的 10 个降为 2019 年的 6 个。因国际政治形势影响，失业率最高的国家由 2000 年的哈萨克斯坦转为 2019 年的伊朗。域内失业率最低的国家则由 2000 年的巴基斯坦转为柬埔寨。

失业率不仅体现了国家经济市场环境，也在一定程度上反映了社会安定程度。中亚大湖区国家在 21 世纪初仍处于苏联解体后的经济转型期，失业率居高不下。经过 20 年的不断改革和发展，加之区域较为稳定的政治体制，使得中亚地区失业率逐步降为合理区间。伊朗则因受西方制裁，国内经济形势不稳，失业率久居高位。巴基斯坦和阿富汗等国因政治动乱，导致失业率逐步上升。可以说，稳定的社会政治环境是保证就业水平的重要基础。

表 3-10　亚洲水塔流域国家失业率　　　　　　　单位：%

国家	2000 年	2005 年	2010 年	2015 年	2019 年	2020 年
阿富汗	10.81	11.22	11.35	11.13	11.22	11.71
孟加拉国	3.27	4.25	3.38	4.37	4.44	5.41
不丹	1.59	3.10	3.32	2.45	2.50	3.65
中国	3.26	4.52	4.53	4.63	4.52	5.00
印度	5.56	5.61	5.55	5.43	5.27	8.00
伊朗	11.57	11.81	13.68	11.17	10.74	12.17
哈萨克斯坦	12.75	8.13	5.77	4.93	4.80	4.89
吉尔吉斯斯坦	7.54	8.11	8.64	7.56	6.92	8.71
柬埔寨	0.97	1.13	0.77	0.39	0.15	0.33
老挝	2.06	1.35	0.71	0.78	0.85	1.03
缅甸	0.65	0.67	0.72	0.77	0.50	1.06
尼泊尔	1.86	1.46	1.82	3.10	3.10	4.72
巴基斯坦	0.58	0.59	0.65	3.57	3.54	4.30
泰国	2.39	1.35	0.62	0.60	0.72	1.10
塔吉克斯坦	15.13	13.13	10.89	7.55	7.06	7.58
土库曼斯坦	11.54	7.50	4.00	4.14	4.27	4.95
乌兹别克斯坦	12.23	7.09	5.40	5.20	5.85	7.04
越南	2.26	2.10	1.11	1.85	2.04	2.39
全球	5.77	5.90	5.90	5.62	5.36	6.57
占世界的比重%	10.81	11.22	11.35	11.13	11.22	11.71

注：国家失业率为总失业人数占劳动力总数的比例。

资料来源：世界银行，https://data.worldbank.org。

第三节　社会与文化结构

亚洲水塔流域不同地理单元的社会文化面貌受气候、地形、历史等因素综合长期的影响而差异巨大，特色鲜明，成为典型的多民族混居、多宗教并存、多语言交织之地。不同区域社会文化结构迥异，塑造了破碎化的区域社会景观，也催生了特色各异的文化景象。

一、民族成分

亚洲水塔流域是一个典型的多民族混居区域（表 3-11）。境内国家均为多民族国家，尤其在中亚大湖区和南亚次大陆地区，印度、哈萨克斯坦、土库曼斯坦和乌兹别克斯坦等国境内均有超过 100 多个民族。在众多民族当中，中国汉族、印度斯坦族、孟加拉族、普什图族和越南京族人口较多，其余民族人数总体偏少。多数国家最大民族占比超过一半，被视为拥有主体民族的国家。但阿富汗和印度的最大民族人口低于该国人口的 50%，是相对均衡的多民族国家。从跨境混居情况看，中亚大湖区多混居了俄罗斯族裔。中南半岛是华人聚集地，而南亚次大陆多国则往往混居印度裔。多数国家民族矛盾不明显，各民族总体和平共处，但缅甸和阿富汗等国家长期存在民族矛盾或形成夹杂民族矛盾的地方割据局面。

表 3-11　亚洲水塔流域国家民族成分

国家	国家类型	民族数量（个）	最大民族	及占比（%）	第二大民族	及占比（%）
阿富汗	多民族	20＋	普什图族	40	塔吉克族	25
孟加拉国	多民族	20＋	孟加拉族	98	—	—
不丹	多民族	—	不丹族	50	尼泊尔族	35
中国	多民族	56	汉族	91	壮族	约 1.2
印度	多民族	100＋	印度斯坦族	46.3	泰卢固族	8.6
伊朗	多民族	40＋	波斯人	66	阿塞拜疆人	25

续表

国家	国家类型	民族数量（个）	最大民族	及占比（％）	第二大民族及占比（％）	
哈萨克斯坦	多民族	140+	哈萨克族	68	俄罗斯族	20
吉尔吉斯斯坦	多民族	80+	吉尔吉斯族	73.6	乌孜别克族	14.8
柬埔寨	多民族	20+	高棉族	80	占族	—
老挝	多民族	—	老泰语族系	—	孟-高棉语族系	—
缅甸	多民族	135	缅族	68	掸族	9
尼泊尔	多民族	30+	卡斯族	约1/3	—	—
巴基斯坦	多民族	72	旁遮普族	63	信德族	18
泰国	多民族	30+	泰族	75	泰国华人	14
塔吉克斯坦	多民族	80+	塔吉克族	68.4	乌孜别克族	24.8
土库曼斯坦	多民族	120+	土库曼族	94.7	乌孜别克族	2
乌兹别克斯坦	多民族	130+	乌孜别克族	80	俄罗斯族	5.5
越南	多民族	54	京族	86	侬族	约1.9

注：2008年11月，老挝六届国会六次会议审议确定，老挝全国只有一个民族，即老挝族，下分49个次级民族。

缅甸自古以来就是一个多民族的国家。缅族长期居于主体地位，在11世纪到19世纪期间建立了蒲甘、东吁、贡榜三个封建王朝。孟、掸、若开等少数民族也曾分别建立起自己的政权，或一度统治过缅族。因地理原因及社会经济发展差异，加上殖民统治时期的"分而治之"政策，缅族与少数民族之间在政治、文化、经济上存在不同程度的矛盾和隔阂。自1948年缅甸独立以来，缅甸少数民族地方武装与中央军队的矛盾日趋尖锐，以面积最大的两个少数民族邦掸邦和克钦邦（通称缅北）为甚。

古代阿富汗一直不断被各个民族所征服，从而出现了错综复杂的民族情况。占据比例最大、信仰伊斯兰教的普什图人不断强化成为主导，享受政治、经济等特权，与人口第二大的塔吉克族，以及地位较低的其他非伊斯兰少数民族存在较多矛盾，尤其是南部的普什图族和东北部的塔吉克族矛盾突出，形成了"南北对立"的民族局面。当前，阿富汗跨境民族问题不仅影响着阿富汗国内的政治、经济、文化生活，还在地区地缘关系中占有重要地位。

二、宗教及语言构成

亚洲水塔流域是一个多种宗教并存的地区。流域国家内部也呈多宗教混居格局，但基本具备占据人数优势的主体宗教（表 3-12）。域内主要宗教包括伊斯兰教、佛教和印度教。其中，中亚大湖区、伊朗高原等亚洲水塔西部流域国家主要信仰伊斯兰教，印度及长期受其影响的尼泊尔多信仰印度教，佛教则是中南半岛国家和中国境内的主要宗教，青藏高原本身也是藏传佛教的主要传播地。亚洲水塔流域多为世俗制国家，即宗教与政治分离，平行发展，宗教在政治上的影响力有限，只有伊朗和阿富汗两国实行伊斯兰政教合一体制。

表 3-12　亚洲水塔流域国家宗教及语言构成

国家	主要宗教	主要语言
阿富汗	伊斯兰教	普什图语和波斯语
孟加拉国	伊斯兰教	孟加拉语和英语
不丹	佛教	宗卡语和英语
中国	佛教等	汉语
印度	印度教等	印地语和英语
伊朗	伊斯兰教（什叶派）	波斯语
哈萨克斯坦	伊斯兰教	哈萨克语和俄语
吉尔吉斯斯坦	伊斯兰教	柯尔克孜语和俄语
柬埔寨	佛教	高棉语和英语
老挝	佛教	老挝语
缅甸	佛教	缅甸语
尼泊尔	印度教和佛教	尼泊尔语和英语
巴基斯坦	伊斯兰教	乌尔都语、旁遮普语、英语
泰国	佛教	泰语
塔吉克斯坦	伊斯兰教	塔吉克语和俄语
土库曼斯坦	伊斯兰教	土库曼语
乌兹别克斯坦	伊斯兰教	乌兹别克语和俄语
越南	佛教	越南语

资料来源：中华人民共和国外交部。

亚洲水塔流域同时也具有多语言并存、多语种人口混居的特征。西部流域的中亚大湖区以阿尔泰语系和印欧语系为主，东部的中国以汉藏语系为主。中南半岛地区包含南岛语系、南亚语系等，其他地区则混杂着印欧语系、德尔威语系等。受殖民统治和大国文化的影响，中亚大湖区国家通用俄语，原英属印度相关国家在上层社会通用英语，中南半岛则是汉语在中国海外的主要使用区。

三、教育水平

受自然地理环境的制约，以亚洲水塔为核心，域内社会经济发展水平整体呈"内低外高"之势。内陆地区教育发展较为迟缓，而相对远离亚洲水塔的近海地区具有较高的教育发展水平。

就基础教育而言，2018 年，仅有中国、泰国、越南三个国家和中西亚地区六个国家高于世界成人整体识字率（86.25%），而阿富汗、南亚次大陆国家和中南半岛内陆三国均低于世界平均水平（表 3-13）。成人识字率较低的阿富汗、巴基斯坦、不丹、尼泊尔等均是毗邻中国青藏高原的国家。

表 3-13   亚洲水塔流域国家教育水平

国家	成人识字率（%）	2019 年高等院校入学率（%）
阿富汗	31.45（2011 年）	9.71
孟加拉国	73.91（2018 年）	24.02
不丹	66.56（2017 年）	15.57
中国	96.84（2018 年）	53.76
印度	74.37（2018 年）	28.57
伊朗	85.54（2016 年）	60.39
哈萨克斯坦	99.78（2018 年）	61.75
吉尔吉斯斯坦	99.59（2018 年）	42.32
柬埔寨	80.53（2015 年）	14.74
老挝	84.66（2015 年）	14.45
缅甸	75.55（2016 年）	18.90
尼泊尔	67.91（2018 年）	13.33
巴基斯坦	57.01（2018 年）	12.22

国家	成人识字率（%）	2019 年高等院校入学率（%）
泰国	93.77（2018 年）	49.28（2016 年）
塔吉克斯坦	99.80（2014 年）	31.26（2017 年）
土库曼斯坦	99.70（2014 年）	14.23
乌兹别克斯坦	99.99（2018 年）	12.58
越南	95.75（2018 年）	28.64
世界	86.25（2018 年）	39.41

注：根据联合国教科文组织数据，高等院校入学率指大学在校生总数占中学之后五年学龄人口总数的百分比。

资料来源：联合国教科文组织。

从高等教育来看，亚洲水塔流域高等教育水平远低于世界整体水平。除中国、泰国和中西亚国家外，其余国家高等院校入学率均处于较低水平。2019年，世界高等院校入学率为 39.41%，而域内大多数国家维持在 10%—20%。高等院校入学率最低的阿富汗，仅为 9.71%。哈萨克斯坦和伊朗入学率领先其他国家，两国均在 60% 以上，接近一般发达国家水平。尽管印度入学率偏低，但中国和印度这两个人口大国始终是域内高等教育规模最大、高校科技产出最多、高教人才最密集的国家。

四、城镇化水平

亚洲水塔流域城镇化率整体偏低，但不同流域国家差异较大。截至 2019 年末，中国人口超过 14 亿，城镇化率在 60% 以上，其中西藏自治区人口总数350.56 万人。南亚次大陆地区的印度总人口超过 13.5 亿，其中 65% 左右均为农村人口，尤以接近亚洲水塔的印度北部地区人口密度最高；孟加拉国和巴基斯坦也是流域人口规模庞大的国家，而城市化率不足 40%（图 3-1）。中南半岛地区的越南、缅甸、柬埔寨等也都是人口密度较高、城镇化率较低的国家。与亚洲水塔南部国家相比，中亚大湖区国家和伊朗人口密度相对较低，但城市化发展较快，城镇化率较高（图 3-1）。总体而言，亚洲水塔流域人口多为农村人口，人口增长较快，城镇化率较低，地域差异明显，中亚大湖区城镇化率较高，而南亚次大陆、中南半岛地区城镇化率较低。

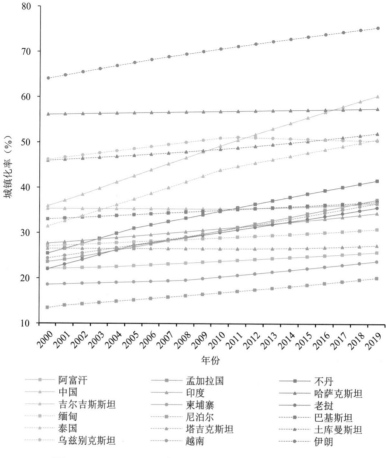

图 3-1   2000—2019 年亚洲水塔流域国家城镇化率

资料来源：世界银行，https://data.worldbank.org。

第四节   经济发展与经贸联系

亚洲水塔流域国家受地理环境和外部环境综合影响，经济基础较薄弱，发展水平较低，以农矿业经济为主，但发展速度较快，区域差异显著。除中国外，南亚次大陆经济实力较强，中南半岛经济发展较快，而中亚大湖区人均收入较高。域内各国对外经贸联系密切，但区级差异明显，对外投资和贸易高度集中于中国、印度、泰国、越南等少数国家。中国成为域内各国最主要的经贸伙伴，在域内经贸网络中扮演极核或枢纽角色。

一、经济基础

（一）整体经济基础薄弱，发展水平较低

亚洲水塔流域国家经济发展水平差异明显，多数下游国家包括印度与东部沿海国家增速较快，而位居欧亚大陆腹地的内陆国家增速迟缓，社会经济建设相对滞后。长期以来，亚洲水塔流域被视为全球经济发展的"洼地"。依据联合国世界发展指标划分，包括中国在内的 18 个流域内国家均为发展中国家。其中，阿富汗、孟加拉国、不丹、柬埔寨、老挝、缅甸、尼泊尔等七个联合国认定的最不发达国家分布于此（表 3-14）。

表 3-14　亚洲水塔流域国家收入情况（2019 年）

所属经济区域	国家	收入情况
南亚经济区	阿富汗	低收入国家
	孟加拉国	中低等收入国家
	不丹	中低等收入国家
	印度	中低等收入国家
	尼泊尔	中低等收入国家
	巴基斯坦	中低等收入国家
中西亚经济区	哈萨克斯坦	中高等收入国家
	吉尔吉斯斯坦	中低等收入国家
	塔吉克斯坦	低收入国家
	土库曼斯坦	中高等收入国家
	乌兹别克斯坦	中低等收入国家
	伊朗	中高等收入国家
东南亚经济区	柬埔寨	中低等收入国家
	老挝	中低等收入国家
	缅甸	中低等收入国家
	越南	中低等收入国家
	泰国	中高等收入国家
东亚经济区	中国	中高等收入国家

资料来源：世界银行，https://data.worldbank.org。

南亚次大陆均由低收入和中低收入国家组成。除印度外，其他国家尚处于工业化初期阶段，经济发展十分落后。除泰国、越南外，中南半岛其他国家也多属于经济落后、产业结构单一的农业国。相比之下，中亚大湖区和伊朗高原相关国家工业化进程较早，发展历史悠久，经济基础和收入水平总体较高，但后续增长动力不足，经济增长迟缓。

总体来看，亚洲水塔流域国家基本由经济欠发达国家和新兴经济体构成，社会经济发展水平总体偏低。中国、印度、越南、泰国等国社会经济快速发展，居民收入显著上升；伊朗、哈萨克斯坦等国经济基础较好，前期增速明显，但近年面临发展停滞与货物通胀等问题。而其他国家缺乏良好的经济基础和明显的区位优势，经济发展较慢，人口却快速增长，居民收入偏低。

（二）经济规模差异明显，南亚次大陆扩大领先优势

在亚洲水塔流域国家中，中国经济增速明显高于其他国家，GDP 占域内国家 GDP 总量的比重由 2000 年的 56.51% 上升至 73.34%，夯实了中国在域内经济的绝对领先地位。排名第二的印度，虽然也被视为潜在的新兴大国，但其GDP 所占比重由 2000 年的 21.85% 降至 14.74%。除中国外，只有土库曼斯坦、塔吉克斯坦、老挝和哈萨克斯坦 GDP 所占比重微幅上升，而包括越南、泰国、印度等在内的其他国家 GDP 占域内国家 GDP 之和的比重均有不同程度的下降（表 3-15）。

表 3-15   2000 年—2019 年亚洲水塔流域国家 GDP   单位：亿美元

所属区域	国家	2000	2005	2010	2015	2019	增长率（%）
中南半岛经济区	越南	312	576	1 159	1 932	2 619	739.4
	泰国	1 264	1 893	3 411	4013	5 435	330.0
	缅甸	89	120	495	678	761	755.1
	老挝	17	27	71	144	182	970.6
	柬埔寨	37	63	112	180	271	632.4

续表

所属区域	国家	2000	2005	2010	2015	2019	增长率（%）
南亚次大陆经济区	印度	4 684	8 204	16 756	21 036	28 689	512.5
	尼泊尔	55	81	160	214	306	456.4
	孟加拉国	534	694	1153	1951	3 026	466.7
	不丹	4	8	15	20	25	525.0
	巴基斯坦	820	1 201	1 772	2 706	2 782	239.3
	阿富汗	39	62	159	199	193	394.9
中西亚经济区	伊朗	1 096	2 265	4 868	3 850	4 560	316.1
	乌兹别克斯坦	138	143	467	818	579	319.6
	土库曼斯坦	29	81	226	358	420	1 348.3
	塔吉克斯坦	9	23	56	79	81	800.0
	吉尔吉斯斯坦	14	25	48	67	85	507.1
	哈萨克斯坦	183	571	1 480	1 844	1 817	892.9
东亚经济区	中国	12 113	22 860	60 872	110 616	142 799	1 078.9

资料来源：世界银行，https://data.worldbank.org。

　　比较三大经济区域，南亚次大陆经济区在三大经济区中的经济实力处于首要地位，经济增速也远高于其他地区，但仍然与中国的经济规模存在较大差距。中南半岛经济区则在近年来取代中西亚经济区，排名第三。与之对应的是，中西亚经济区居于末位（图 3-2）。中南半岛、南亚次大陆和中西亚三大经济区与中国的经济规模比重由 2000 年的 0.8：2.8：0.6：5.6 演化至 2019 年的 0.5：1.8：0.3：7.4，中南半岛经济区与中西亚经济区的差距较小，位于中南半岛经济区的越南等国经济发展迅速，未来或将成为流域新的经济增长点。

　　2000—2019 年，中南半岛经济区经济年均增长 9.27%，域内越南增速最快，泰国经济规模最高，老挝经济规模最小。南亚次大陆经济区年均增长 9.6%，印度成为域内经济增长引擎，不丹经济规模最低。中西亚经济区年均增长 9.0%，伊朗经济规模高于中亚大湖区五国，但受限于国际社会制裁，该国经济增长已停滞多年。塔吉克斯坦的经济规模最小，但也是经济增长最快的国家。中国的年均增长则达到 14%，遥遥领先于域内其他国家和地区。

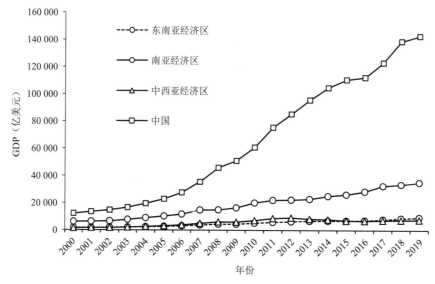

图 3-2　2000 年—2019 年亚洲水塔流域四大经济区经济增长情况

资料来源：世界银行，https://data.worldbank.org。

（三）人均收入参差不齐，中亚大湖区相对富裕

就人均 GDP 而言，中西亚经济区水平远高于中南半岛和南亚次大陆经济区。从经济区内部来看，中南半岛经济区的泰国人均 GDP 遥遥领先其他国家，在 2019 年接近 8 000 美元，远高于域内 2 300 美元的平均水平，也是域内唯一处于水平线之上的国家。越南和老挝也逐步逼近平均水平，缅甸人均 GDP 最低，尚未达到 1 000 美元（图 3-3）。

南亚次大陆经济区无论整体人均 GDP 还是单个国家 GDP 水平都低于流域其他国家和区域（图 3-4）。不丹是域内人均 GDP 最高的国家，20 年间由 718 美元升至 3 316 美元。印度人均 GDP 排名第二，增长稳定，高于平均水平。此外，孟加拉国线性增长态势最为明显，并于 2019 年超过了南亚次大陆国家人均 GDP 均值。其他国家离域内人均 GDP 均值仍有不小的距离，尤其是巴基斯坦与阿富汗两国。前者由于长期面临恐怖袭击侵扰，安全形势不容乐观，加之国内政局动荡，外部投资效益尚未显现而内需动力不足，社会经济发展呈现波动态势；后者则饱受战争摧残，使得原本脆弱的经济形势雪上加霜，人均 GDP 在 2012 年后呈现持续下滑的趋势。

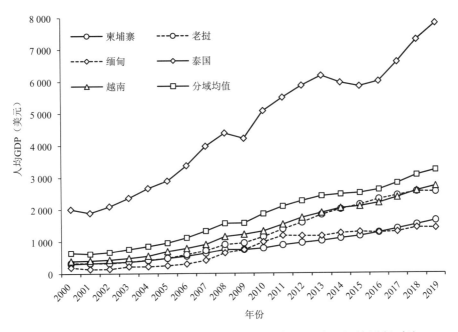

图 3-3　2000 年—2019 年亚洲水塔流域东南亚经济区经济增长对比

资料来源：世界银行，https://data.worldbank.org。

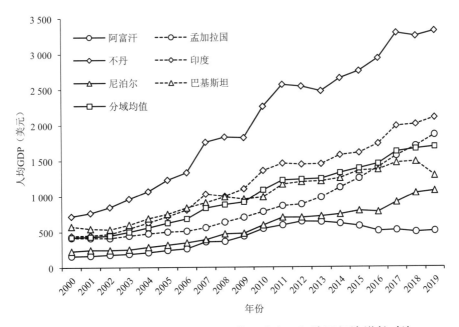

图 3-4　2000 年—2019 年亚洲水塔流域南亚经济区经济增长对比

资料来源：世界银行，https://data.worldbank.org。

与南亚次大陆经济区相反，中西亚经济区整体人均 GDP 远高于其他区域。哈萨克斯坦、伊朗和土库曼斯坦三国人均 GDP 高于域内均值。其中，哈萨克斯坦人均 GDP 在 2013 年接近 14 000 美元，达到该国 21 世纪人均 GDP 的高值（图 3-5）。然而，中亚大湖区国家和伊朗面临着基本同样的经济困境，多数国家都在 2012 年—2014 年内出现经济下滑，人均 GDP 开始不断回落，居民生活水平逐步下降。这与中亚大湖区国家和伊朗高度依赖油气资源的单一产业结构密切相关。全球油气议价权的争夺以及"伊核问题"等地缘政治因素的干扰，使得中西亚经济区国家面临着较大的对外经贸风险。

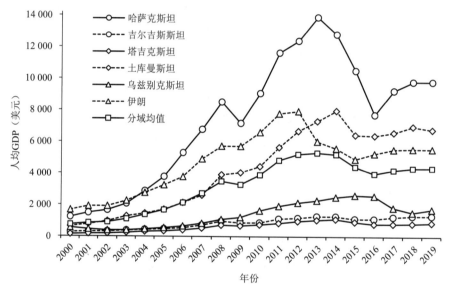

图 3-5 2000 年—2019 年亚洲水塔流域中西亚经济区经济增长对比

资料来源：世界银行，https://data.worldbank.org。

整体来看，2019 年，亚洲水塔流域国家人均 GDP 均值达 3 471 美元。其中，中南半岛经济区的人均 GDP 均值为 3 222 美元，南亚次大陆为 1 689 美元，而中西亚经济区为 4 338 美元，而同期中国人均 GDP 一举突破 10 000 美元大关，快速拉开了与其他区域的差距（图 3-6）。中南半岛和南亚次大陆经济区呈现整体上升态势，但与中国经济实力仍然存在较大差距。而中西亚国家人均 GDP 虽然高于域内均值，但增势不如其他区域。

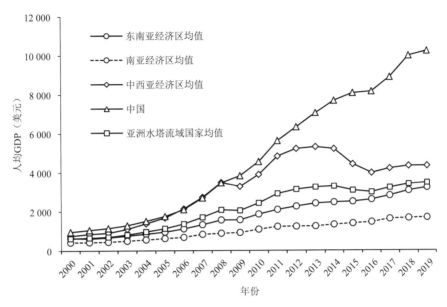

图 3-6　2000 年—2019 年亚洲水塔流域四大经济区经济增长对比

资料来源：世界银行，https://data.worldbank.org。

二、产业结构

亚洲水塔流域是传统的农业密集区域，但农业产值占比显著下降。长期以来，亚洲水塔流域国家的农业产值占 GDP 的比重远高于世界水平（表 3-16）。2000 年，域内农业产值占比最高的缅甸达 59％，是典型的农业国家。农业产值占比最低的哈萨克斯坦为 8.1％，而同期世界农业产值占比仅为 3.4％。2019 年，占比较高的缅甸、阿富汗等农业主导型国家分别降至 21.4％和 25.8％。除伊朗外，其他国家农业产值占比均有不同程度的滑落。与此同时，亚洲水塔流域服务业发展迅速，工业发展相对迟缓。多数国家工业产值占比不升反降，包括阿富汗、不丹、中国、印度等国都有一定程度的下滑。除乌兹别克斯坦之外的其他 17 个国家，服务业占比均达到新高。至 2019 年，已有印度、中国等 11 个国家的服务业产值占比超过该国产值的一半。由此可见，域内整体呈现服务业发展迅速、农业被逐步取代的发展态势，但不同国家产业结构演化模式仍然存在差异。工业基础较好的中国、泰国、印度等在软件、医疗、旅游、金融等具有较高附加值的服务业中取得发展，而一些工业基础薄弱的国家由于基础设施的大规模起步建设，在物流、通信等方面发展相对较快。

表3-16 亚洲水塔流域国家产业结构演变（2000年—2019年）

国家	农业产值占比（%）		工业产值占比（%）		服务业产值占比（%）	
	2000年	2019年	2000年	2019年	2000年	2019年
阿富汗	40.0	25.8	23.0	14.1	37.0	60.2
孟加拉国	22.7	12.7	22.3	29.6	55.0	57.7
不丹	24.3	15.8	36.4	36.1	39.3	48.2
中国	14.7	7.1	45.5	38.6	39.8	54.3
印度	21.6	16.7	27.3	24.2	51.1	59.1
伊朗	9.1	12.2	40.3	31.7	50.6	56.1
哈萨克斯坦	8.1	4.5	37.8	33.0	54.1	62.5
吉尔吉斯斯坦	34.2	11.7	29.2	28.5	36.6	59.8
柬埔寨	35.9	20.7	21.9	34.2	42.2	45.1
老挝	33.6	15.2	16.5	31.4	49.9	53.4
缅甸	59.0	21.4	8.9	38.0	32.1	40.7
尼泊尔	38.2	21.6	20.7	13.0	41.0	65.4
巴基斯坦	25.6	22.0	17.5	18.4	56.8	59.6
泰国	8.5	8.1	36.7	33.6	54.8	58.3
塔吉克斯坦	25.1	20.9	35.3	33.1	39.6	46.1
土库曼斯坦	22.5	10.8	41.1	42.0	36.4	47.2
乌兹别克斯坦	30.1	24.6	20.2	31.5	49.7	43.9
越南	24.5	14.0	36.7	34.5	38.7	51.6
全球	3.4	4.0	27.7	26.6	68.9	69.4

资料来源：世界银行，https://data.worldbank.org。

三、对外投资与贸易

（一）对外投资：地域分布高度集中，由少数国家主导

1. 净流入投资：泰国波动最大，印度超越泰国

依据世界银行对外直接投资数据，2003年—2019年，中国是域内对外直接

投资净流入额最高的国家。历年中国吸收的对外直接投资净流入额均超过域内总额的 60%。泰国在 2005 年之前是域内第二大投资流入地，但此后印度超越泰国，稳居第二位。越南流入资本逐年增长，是域内少数稳步增长的国家。与越南相比，泰国变动较大，下滑明显（表 3-17）。除此之外，哈萨克斯坦净流入资本量增长迅猛，尤其在 2017 年，流入投资额达到最高峰值 172.2 亿美元，比 2003 年的 24.83 亿美元增长了近 6 倍，一度超过越南和泰国（表 3-17）。然而，哈萨克斯坦的净流入资本规模变化巨大，由 2017 年的 43 亿美元降至 2018 年的 0.83 亿美元，一年内下滑了 50 倍左右。这与哈萨克斯坦居民债务减少、大规模投资项目饱和，以及受到国际能源地缘政治影响等诸多因素紧密相关。伊朗

表 3-17 亚洲水塔流域国家跨境投资净流入额变化（2003 年—2019 年）

单位：百万美元

国家	2003 年	2005 年	2010 年	2015 年	2016 年	2017 年	2018 年
阿富汗	58	271	191	169	94	52	119
孟加拉国	268	813	1232	2831	2333	1810	2422
不丹	3	6	75	6	12	−17	3
中国	57 901	104 109	243 703	242 489	174 750	166 084	235 365
印度	3 682	7 269	27 397	44 009	44 459	39 966	42 117
伊朗	2 877	2 889	3 649	2 050	3 372	5 019	2 373
哈萨克斯坦	2 483	2 546	7 456	6 578	17 221	4 713	83
吉尔吉斯斯坦	46	43	473	1 144	619	−107	144
柬埔寨	82	379	1 404	1 823	2 476	2 788	3 213
老挝	19	28	279	1 078	935	1 693	1 358
缅甸	249	235	901	4 084	3 278	4 733	1 610
尼泊尔	15	2	88	52	106	196	68
巴基斯坦	534	2 201	2 022	1 673	2 576	2 496	1 737
泰国	5 232	8 216	14 747	8 928	3 486	8 285	13 186
塔吉克斯坦	32	54	94	454	242	186	221
土库曼斯坦	226	418	3 632	3 043	2 243	2 086	1 985
乌兹别克斯坦	83	192	1 636	1 041	1 663	1 797	625
越南	1 450	1 954	8 000	11 800	12 600	14 100	15 500

资料来源：世界银行，https://data.worldbank.org。

的投资流入额总体排在哈萨克斯坦之后，在 2008 年—2016 年美国奥巴马政府时期吸纳外资规模较大，但在特朗普政府上台后，美国退出伊朗核协定并且重新制裁伊朗，严重影响了伊朗的投资环境。除此之外，其他国家流入资本规模较小，绝大多数国家都呈现一定程度增长态势，但阿富汗因长期战争动乱影响，成为唯一吸收外资资本总体下滑的国家。

2. 净流出投资：越泰印三国轮替引领

2003 年—2019 年，中国同样是域内对外直接投资净流出最高的国家。多年中国对外直接投资净流出额都超过域内总流入额的 50％，且中国投资净流出额占亚洲水塔流域对外投资流出总额的比重变动较大，在 2015 年达到最大值，占比超过 86％，最低时仅占域内的 34％。第二大对外投资国在印度、泰国和越南间交替（表 3-18）。早期越南对外投资额略高于印度，2006 年之后，印度对外投资快速发展，越南相对下滑，印度成为域内第二大对外投资国。该阶段泰国对外投资仍处于起步阶段，但此后除金融危机影响，泰国的对外投资发展相对迅猛，于 2012 年成为域内第二大对外投资国。到 2019 年，印度成为第二大对外投资国，泰国紧随其后，而越南对外投资额则急剧下滑。

表 3-18　亚洲水塔流域国家跨境投资净流出额变化（2003 年—2019 年）

单位：百万美元

国家	2003 年	2005 年	2010 年	2015 年	2016 年	2017 年	2018 年	2019 年
阿富汗	1	2	−1	2	14	11	39	26
孟加拉国	3	2	66	60	41	127	19	23
不丹	—	—	—	0	0	0	0	0
中国	8 456	13 730	57 954	174 391	216 424	138 293	143 027	97 703
印度	1 238	2 641	15 968	7 514	5 047	11 090	11 418	13 141
伊朗	−326	415	239	120	104	76	75	85
哈萨克斯坦	270	427	3 791	3 316	3 475	957	−4 639	−2 052
吉尔吉斯斯坦	0	0	18	135	40	−29	5	−58
柬埔寨	7	4	21	88	79	115	124	102
老挝	0	0	33	40	15	10	0	0
缅甸	—	—	—	0	0	0	0	0
尼泊尔	—	—	0	0	0	0	0	0

续表

国家	2003 年	2005 年	2010 年	2015 年	2016 年	2017 年	2018 年	2019 年
巴基斯坦	19	45	47	25	52	52	—21	—7
泰国	623	551	8 131	4 991	13 393	14 217	17 368	10 144
塔吉克斯坦	0	0	0	0	35	123	—28	23
土库曼斯坦	—	—	—	—	—	—	—	—
乌兹别克斯坦	—	—	—	5	6	9	2	3
越南	—	65	900	1 100	1 000	480	598	485

资料来源：世界银行，https://data.worldbank.org。

注：部分国家在部分年份无对外投资活动时值为 0。

除以上四大投资国外，哈萨克斯坦和伊朗的对外投资规模较高（表 3-18）。哈萨克斯坦在吸收投资和对外投资能力上相对于其他中小国家都保持领先地位。该国净流出资本远高于其他国家，尤其在 2011 年，流出投资额达到 51.78 亿美元，但该国在 2018 年净流出投资额为—46.39 亿美元，表明哈萨克斯坦企业及个人对外投资极不稳定，极易受内外部环境的干扰。伊朗对外投资发展势头较好，由早期的负增长转为正值，但该国对外投资亦不稳定。此外，巴基斯坦、孟加拉国和柬埔寨对外投资也有一定的进步，其他国家则处于起步阶段，如不丹、尼泊尔、土库曼斯坦等国家对外投资基本趋 0。

总体来看，亚洲水塔流域国家投资的区域差异明显。中国投资规模远高于其他国家。除中国外，印度、越南、泰国等快速发展的经济体位于前列梯队；哈萨克斯坦、伊朗、巴基斯坦等具有较大地区影响力的国家位于第二梯队；其他国家处于最后梯队。在流入和流出投资中，域内吸收外资的规模远高于对外投资，多数国家尚不具备对外投资的实力，成为东北亚及周边国家的投资重要目的地。

（二）对外贸易：印度规模领先，越南高度依赖外部

1. 贸易规模：印度紧随中国，领先其他国家

2000 年—2019 年，中国始终是域内进出口规模最大的国家，历年中国的贸易规模均达到域内的 50% 以上，且这一比例仍然在逐步上升。同时，中国也是贸易顺差最高的国家，由 2000 年的 287.9 亿美元升至 2019 年的 1 327.9 亿美

元。印度则取代泰国成为第二贸易大国，略高于中国的 1/5。尽管印度服务业
出口勃兴，但受限于工业、制造业产品的大规模进口，成为域内贸易逆差最大
的国家，2019 年达到 −725.7 亿美元，远高于排名第二的巴基斯坦。越南近年
对外贸易发展迅速，已超过泰国，成为第三贸易大国。整体来看，亚洲水塔流
域国家在世界对外贸易格局中所占的地位显著提升，贸易规模占全球的比重已
由 2000 年不足 6% 的水平升至 16% 以上，成为国际贸易领域举足轻重的群体
（表 3-19）。

表 3-19　亚洲水塔流域国家进出口贸易规模　　　　　　　单位：亿美元

国家	2000 年			2019 年		
	进口	出口	贸易逆差	进口	出口	贸易逆差
阿富汗	—	—	—			
孟加拉国	90.6	65.9	−24.7	648.6	463.6	−185.0
不丹	2.1	1.3	−0.8	12.2	8.6	−3.6
中国	2 243.1	2 530.9	287.9	24 961.5	26 289.4	1 327.9
印度	651.2	608.8	−42.5	6 015.8	5 290.2	−725.7
伊朗	216.9	235.3	18.4	798.1	652.5	−145.7
哈萨克斯坦	89.8	103.5	13.7	516.3	662.0	145.7
吉尔吉斯斯坦	6.5	5.7	−0.8	56.9	31.3	−25.6
柬埔寨	22.6	18.2	−4.4	169.2	165.5	−3.7
老挝	6.6	5.3	−1.3			
缅甸	—	—	—	208.1	208.8	0.6
尼泊尔	17.8	12.8	−5.0	141.8	26.6	−115.2
巴基斯坦	108.6	99.4	−9.2	565.3	281.5	−283.8
泰国	713.6	819.5	105.9	2 729.2	3 237.7	508.5
塔吉克斯坦	7.6	7.5	−0.2	34.1	12.4	−21.7
土库曼斯坦	14.0	16.0	2.0	—	—	
乌兹别克斯坦	26.7	33.9	7.3	266.2	170.3	−95.9
越南	179.2	168.1	−11.1	2 742.4	2 797.2	54.8
全球	79 389.9	79 655.7	265.9	2 4071.9	247 763.5	4 691.6

资料来源：世界银行，https://data.worldbank.org。

2. 贸易依存：越南成为对外依存度最高的国家

21 世纪初期，由于苏联解体不久，中亚大湖区经济基础薄弱和经济结构单一的塔吉克斯坦与土库曼斯坦具有最高的对外贸易依存度，主要出口农产品、贱金属等初始产品。同时，经济水平较高的泰国以贸易立国发展外向型经济，因而始终具有较高的对外贸易依存度。此后，尤其在 2010 年后，通过大规模招商引资和吸收产业转移，越南成为世界重要的"工厂"，同时又高度依赖海外的电脑、汽车等消费产品，一跃成为域内对外贸易依存度最高的国家，在 2019 年已经达到 201.17％，高度依赖世界经济体系（表 3-20）。中国虽然成为世界第一贸易大国，但其对外依存度维持在略高于 30％的水平，具有稳健的经济韧性和有利于国内外双循环的良好基础。

表 3-20　亚洲水塔流域国家商品贸易占 GDP 的比值变化（2000 年—2020 年）

单位：％

国家	2000 年	2005 年	2010 年	2015 年	2019 年	2020 年
阿富汗	—	45.98	34.95	43.35	40.64	39.29
孟加拉国	28.62	33.39	40.78	38.15	32.53	26.75
不丹	65.49	80.81	96.58	80.36	65.27	66.94
中国	39.15	62.20	48.86	35.74	32.06	31.57
印度	20.05	29.56	34.41	31.47	28.23	24.40
伊朗	38.91	42.52	34.25	29.93	41.64	45.36
哈萨克斯坦	75.73	79.13	61.52	41.50	52.33	48.91
吉尔吉斯斯坦	78.05	72.11	103.85	82.52	78.63	73.60
柬埔寨	91.08	111.54	106.15	120.79	129.59	140.83
老挝	49.97	52.46	53.37	64.66	63.91	60.03
缅甸	58.27	53.68	35.51	44.91	53.26	43.38
尼泊尔	43.26	38.69	37.43	30.27	38.93	31.83
巴基斯坦	24.25	34.49	33.42	24.49	26.40	25.80
泰国	103.56	121.02	110.30	103.90	88.66	87.40
塔吉克斯坦	169.66	96.83	68.27	52.31	54.49	55.63
土库曼斯坦	147.76	97.37	54.02	47.49	27.87	—

续表

国家	2000 年	2005 年	2010 年	2015 年	2019 年	2020 年
乌兹别克斯坦	40.07	58.82	40.96	24.25	59.91	55.11
越南	96.63	120.07	135.49	169.57	197.64	201.17
全球	38.83	44.69	46.35	44.47	43.95	42.05
占全球的比重%	—	45.98	34.95	43.35	40.64	39.29

资料来源：世界银行，https://data.worldbank.org。

四、区域经贸联系

（一）双边贸易关系：中国成为多数国家最大贸易伙伴

2004 年，亚洲水塔流域国家中有八个国家最大出口对象为中国，其中南亚次大陆经济区有两个国家，即巴基斯坦和印度；中西亚经济区有 4 个国家，即哈萨克斯坦、吉尔吉斯斯坦、乌兹别克斯坦和伊朗；中南半岛经济区有越南、泰国。印度则是阿富汗、不丹、孟加拉国这三个南亚次大陆国家的最大出口对象。此外，柬埔寨的最大出口对象为越南；老挝和中国的最大出口国为泰国。该年泰国向中国出口额达到 115.4 亿美元，是域内最大的出口贸易流。与此同时，2004 年有九个国家最大进口来源地为中国，具体包括巴基斯坦、哈萨克斯坦、吉尔吉斯斯坦、孟加拉国、缅甸、泰国、伊朗、印度、越南，共计三个南亚次大陆国家、三个中西亚国家、三个中南半岛国家。另外，阿富汗最大进口来源国为其邻国巴基斯坦；两个南亚次大陆国家不丹、尼泊尔最大进口国为印度；塔吉克斯坦和乌兹别克斯坦最大进口国为同属中亚大湖区的哈萨克斯坦；中国最大进口国则是泰国。2004 年，中国向泰国进口额达到 71 亿美元，是域内最大的进口贸易流（表 3-21）。

表 3-21　亚洲水塔流域国家域内最大贸易国演变（2004 年—2019 年）

国家	域内最大出口目标		域内最大进口来源	
	2004 年	2019 年	2004 年	2019 年
阿富汗	印度	巴基斯坦	巴基斯坦	巴基斯坦
巴基斯坦	中国	中国	中国	中国

续表

国家	域内最大出口目标		域内最大进口来源	
	2004 年	2019 年	2004 年	2019 年
不丹	印度	印度	印度	印度
哈萨克斯坦	中国	中国	中国	中国
吉尔吉斯斯坦	中国	哈萨克斯坦	中国	中国
柬埔寨	越南	泰国	泰国	中国
老挝	泰国	泰国	泰国	泰国
孟加拉国	印度	印度	中国	中国
缅甸	泰国	中国	中国	中国
尼泊尔	印度	印度	印度	印度
塔吉克斯坦	孟加拉国	乌兹别克斯坦	哈萨克斯坦	中国
泰国	中国	中国	中国	中国
土库曼斯坦	伊朗	中国	伊朗	中国
乌兹别克斯坦	中国	中国	哈萨克斯坦	中国
伊朗	中国	中国	中国	中国
印度	中国	中国	中国	中国
越南	中国	中国	中国	中国
中国	泰国	越南	泰国	越南

资料来源：联合国商品贸易统计司，https://comtradeplus.un.org。

　　2019 年，有 9 个国家最大出口对象为中国，包括南亚次大陆经济区的巴基斯坦和印度，中西亚经济区的哈萨克斯坦、土库曼斯坦、乌兹别克斯坦和伊朗，中南半岛经济区的缅甸、泰国和越南。印度是其邻国不丹和尼泊尔的最大出口对象。此外，阿富汗的最大出口对象为巴基斯坦；吉尔吉斯斯坦最大出口对象为哈萨克斯坦；塔吉克斯坦最大出口对象为乌兹别克斯坦；中国最大出口对象为越南。该年越南向中国出口额达到 755.9 亿美元，是域内最大的出口贸易流。与 2004 年相比，除中国外亚洲水塔流域国家缺少跨经济区最大双边贸易流。

　　2019 年，亚洲水塔流域 18 个国家中，有 13 个国家最大进口来源地为中国，所有中西亚经济区国家最大进口来源国均为中国。南亚次大陆经济区由于联系成本较高等原因，除尼泊尔、不丹及阿富汗外，印度、巴基斯坦、孟加拉国三个人口大国也将中国作为域内最大进口来源国。中南半岛经济区除老挝外最大进口国均为中国。中国的最大进口国为越南，进口额达到 414.34 亿美元。2019 年，越南向中国进口额达到 980 亿美元，是域内最大的进口贸易流。

总体来看，中国是亚洲水塔流域多数国家的最大贸易伙伴，且中国在出口方面的龙头地位更加明显。域内商品贸易发展迅速，不同经济区内部国家间的经济联系显著增强，但跨经济区的国际经济联系较弱。亚洲水塔流域国家仍未形成全域经济一体化基础。

（二）经贸网络拓扑结构：核心边缘结构显著

1. 贸易网络两极分化显著，具有典型的小世界特征

基于社会网络分析（Freeman，1978；Yang *et al*.，2014），利用 Gephi 软件测算统计亚洲水塔流域国际商品贸易网络特征（表 3-22）。首先，亚洲水塔流域商品贸易网络规模和密度呈现由扩大到稳定的变化特征。2004—2014 年，亚洲水塔流域商品贸易网络边数由 156 条升至 205 条，网络密度由 0.51 升至 0.67，显示该网络逐步发育为规模较大、密度较高的贸易网络。但在 2014—2019 年，亚洲水塔流域商品贸易网络边数由 205 条降至 203 条，网络密度由 0.67 微幅降至 0.663，表明该网络在发育至一定程度后开始进入稳定或者饱和阶段。

其次，亚洲水塔流域商品贸易网络具有典型而稳定的小世界特性。2004—2019 年，该网络平均聚类系数稳定在 0.7 左右，平均路径长度稳定在 1.1—1.2，显示亚洲水塔流域商品贸易网络具有局部集团化的特征。整个网络发育高集聚性、高连通性的小世界网络特征。

表 3-22   亚洲水塔流域商品贸易网络统计特征演变（2004 年—2019 年）

统计特征	统计指标	2004 年	2009 年	2014 年	2019 年
网络规模	节点数	18	18	18	18
	边数	156	170	205	203
	密度	0.51	0.556	0.67	0.663
	网络直径	2	2	2	2
小世界性	平均聚类系数	0.733	0.717	0.737	0.739
	平均路径长度	1.141	1.235	1.258	1.176

续表

统计特征	统计指标	2004 年	2009 年	2014 年	2019 年
	平均度中心性	8.667	9.44	11.389	11.278
	变异系数	0.505	0.465	0.455	0.429
	平均强度中心性	34.256	97.416	231.497	294.377
	变异系数	1.536	1.633	1.095	1.677
	基尼系数	0.628	0.679	0.686	0.694
中心性	平均邻近中心性	0.495	0.556	0.592	0.577
	变异系数	0.886	0.717	0.634	0.706
	基尼系数	0.078	0.056	0.061	0.071
	平均介数中心性	1.3	2.7	3.2	2
	变异系数	1.1768	1.245	1.333	1.125
	基尼系数	0.952	0.935	0.959	0.972

资料来源：作者基于联合国商品贸易数据库的测算所得；https://comtradeplus.un.org。

最后，节点在网络中的绝对地位不断凸显亚洲水塔流域商品贸易网络两极分化严重。度中心性、强度中心性和介数中心性指标的变异系数和基尼系数皆较高，尤其是介数中心性的基尼系数始终高于 0.9，表明亚洲水塔流域商品贸易网络呈现出强劲的离散趋势和极度不均衡特征。

2. 商品贸易网络等级层次涌现，核心-边缘结构不断夯实

2004 年—2019 年，亚洲水塔流域商品贸易网络始终呈现以中国为核心的单核圈层结构，且这种单核结构具有逐步极化趋势。中国位居节点中心性金字塔结构的顶端，商品贸易规模始终位居第一，且与其他国家间的差距逐步扩大（图 3-7）。2004 年—2019 年，网络次核心圈层与核心圈层类似，都具有稳定性特征，泰国、越南和印度始终是亚洲水塔流域商品贸易网络的次核心国家，但三国之间的位置有所变动。2004 年，泰国是次核心圈层中的首位国家，印度紧随其后。但在 2009 年，印度以微弱优势超过泰国成为次核心圈层的首位国家。2014 年，泰国再次成为首位国家，直到 2019 年次核心圈层首位国家地位被越南取代。越南则由 2004 年的第四位稳步升至 2019 年的第二位，成为域内贸易发展最快的国家；而印度由第二位降至第四位。值得一提的是，2014 年，伊朗凭借 679 亿美元的贸易额成为边缘圈层的首要国家，但受国际政治影响，这一数字在2019年下滑至301亿美元，成为域内贸易额下滑最大且唯一负增长的国家。

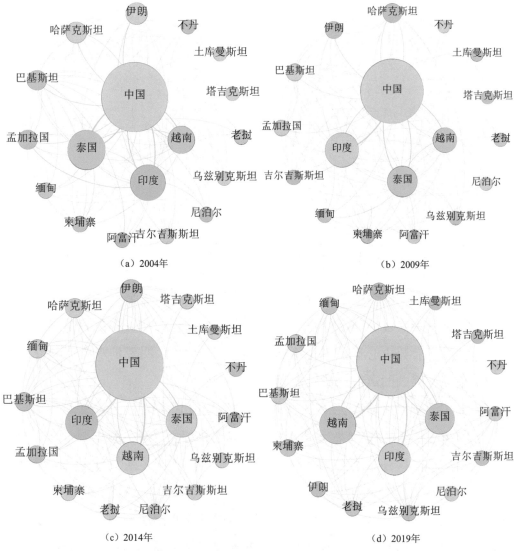

图 3-7　亚洲水塔流域国际贸易网络拓扑结构演化（2004 年—2019 年）

注：同一颜色代表位于同一经济区。节点大小与加权度中心线成正比。

总体来看，亚洲水塔流域商品贸易网络等级层次性涌现，以中国为核心的金字塔结构不断夯实。中南半岛国家在网络中的地位不断增强，南亚次大陆国家维持原有地位，中亚大湖区及伊朗高原区域国家在网络中的地位显著下滑。

3. 商品贸易网络社团划分具有较强的地理邻近性

2004 年，亚洲水塔流域商品贸易网络划分为四个社团，其中群体数量最大的是以伊朗-巴基斯坦-哈萨克斯坦为核心的"中西亚-南亚社团"，包括中西亚经济区七个国家及其地理相邻的巴基斯坦（图 3-8）。该阶段中国与印度构成贸易规模最大的"中国-南亚社团"，包括中国、南亚次大陆四国和缅甸。2009 年，"中国-南亚社团"逐步吸收中亚大湖区五国和伊朗，形成数量最大、强度最高的跨区社团。缅甸逐步融入中南半岛社团，与原先四个东南亚国家构成了完整的"中南半岛社团"。而巴基斯坦和阿富汗两个历史、文化、民族与经贸关系极为密切的国家单独形成一个小型社团。2014 年，中国与印度逐步分离，而与中南半岛国家形成规模庞大的"中国-东盟"社团，并吸收了部分中亚大湖区国家。印度与其周边南亚邻国构成"南亚社团"，阿富汗、巴基斯坦则因

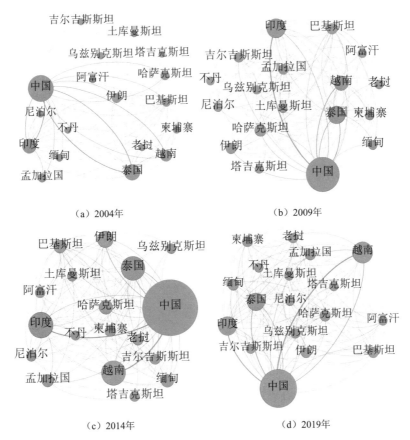

（a）2004 年　　　　　　　　　　（b）2009 年

（c）2014 年　　　　　　　　　　（d）2019 年

图 3-8　亚洲水塔流域国际贸易网络社团结构演化（2004 年—2019 年）

注：同一颜色代表位于同一贸易社团。

地理和文化邻近性与伊朗等形成新的社团。2019 年，亚洲水塔流域商品贸易网络仅被划分为两个社团，包括以中国为核心，以越南、印度、泰国为次核心的"环喜马拉雅社团"。该社团吸纳了中西亚所有国家和中南半岛所有国家。而阿富汗和巴基斯坦两个邻国因其经济关系的强粘性逐步分离出"环喜马拉雅社团"，并自成体系。

总体而言，亚洲水塔流域商品贸易网络社团具有两个明显的特征。一方面，网络社团数目有所降低，社团格局逐步聚拢，以中国为核心的社团逐步吸纳了域内国家。另一方面，遵循强地理邻近性，地理相邻的国家基本被划分为同一社团，而非相邻乃至跨经济区的国家在没有域内核心大国集散作用下逐渐分化。

（三）经贸网络空间结构："跨经济区＋经济区内"的"多拱"并存格局

2004 年—2019 年，亚洲水塔流域贸易体系逐步形成由以中国为绝对贸易核心，以中南半岛为局部贸易群，以印度为重要节点的"一超多强"格局。中国在整个贸易网络演化进程中占据主导地位，并与亚洲水塔流域国家形成紧密的经贸联系。与中国相比，印度发展明显迟缓，相对影响力有所衰退。伊朗则受限于经济制裁等影响，绝对影响力下降明显。而以越南、泰国为代表的中南半岛国家则逐步兴起为第二个贸易中心并维持向上发展的态势。空间分布上，亚洲水塔流域商品贸易网络相应呈现出由以中国为核心的跨经济区"多拱"格局向以中国为绝对核心、中南半岛为次核心的"跨经济区＋经济区内""多拱"并存格局转变（图 3-9）。

在双边贸易前 20 强中，有中国参与的双边贸易由 2004 年的 12 对升至 2019 年的 15 对，有中南半岛国家参与的双边贸易由 2004 年的 9 对升至 2019 年的 10 对，有南亚次大陆国家参与的双边贸易维持在 9 对水平，而有中西亚国家参与的双边贸易由 2004 年的 5 对降至 2019 年的 4 对。其中，中南半岛国家内部之间的双边贸易由 2004 年的 1 对升至 2019 年的 2 对，南亚次大陆国家内部双边贸易维持在 2 对水平，而中西亚经济区国家内部双边贸易由 2004 年的 1 对降至 2019 年的 0 对。强度最大的双边贸易依次呈现为"泰国–中国→中国–印度→中国–越南"的发展态势。尤其在 2019 年，前 5 位双边贸易流中有 4 对发生于中国与中南半岛国家之间，显示中南半岛国家在全域内的地位显著上升，逐渐发展成次级核心（表 3-23）。

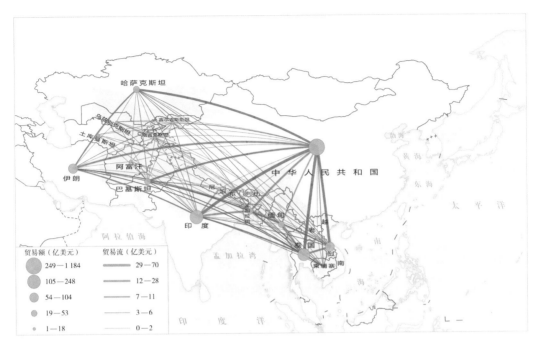

（a）2004年

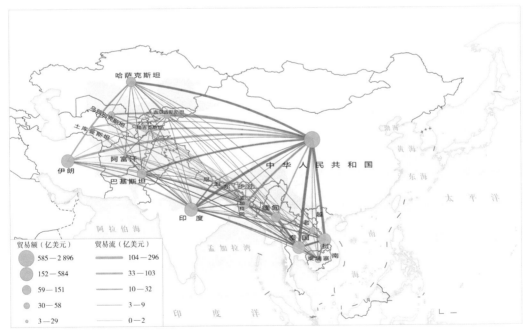

（b）2009年

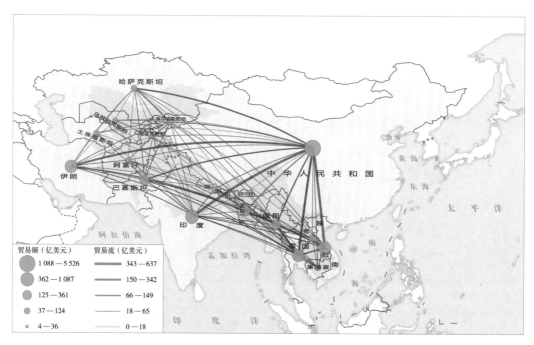

（c）2014年

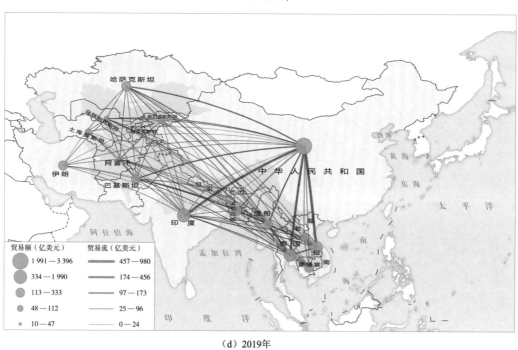

（d）2019年

图 3-9 亚洲水塔流域国际贸易网络的空间结构演化（2004 年—2019 年）

表 3-23　2004 年—2019 年亚洲水塔流域出口联系前 20 强贸易流

单位：亿美元

位序	2004 年		2009 年		2014 年		2019 年	
	出口对	出口额	出口对	出口额	出口对	出口额	出口对	出口额
1	泰国→中国	70.98	中国→印度	296.67	中国→越南	637.30	中国→越南	980.04
2	中国→印度	59.36	中国→越南	163.01	中国→印度	542.17	中国→印度	749.24
3	中国→泰国	58.02	泰国→中国	161.24	中国→泰国	342.89	中国→泰国	456.20
4	中国→越南	42.60	中国→泰国	133.07	泰国→中国	250.84	越南→中国	414.34
5	印度→中国	40.99	印度→中国	103.70	中国→伊朗	243.38	泰国→中国	280.68
6	越南→中国	28.99	中国→伊朗	79.19	越南→中国	149.28	中国→孟加拉国	173.35
7	中国→伊朗	25.55	哈萨克斯坦→中国	77.48	印度→中国	134.34	印度→中国	172.79
8	中国→巴基斯坦	24.66	中国→巴基斯坦	58.89	中国→巴基斯坦	132.44	中国→巴基斯坦	161.83
9	中国→哈萨克斯坦	22.12	中国→哈萨克斯坦	55.15	中国→哈萨克斯坦	127.10	中国→哈萨克斯坦	128.07
10	哈萨克斯坦→中国	19.67	越南→中国	54.03	中国→孟加拉国	117.82	中国→缅甸	123.31
11	中国→孟加拉国	19.06	中国→吉尔吉斯斯坦	52.28	哈萨克斯坦→中国	97.99	越南→中国	116.08
12	泰国→越南	18.73	泰国→越南	46.78	伊朗→中国	93.89	中国→伊朗	96.09
13	印度→孟加拉国	16.13	中国→孟加拉国	44.41	中国→缅甸	93.68	印度→孟加拉国	82.43
14	印度→伊朗	11.85	泰国→印度	32.22	泰国→越南	78.88	中国→柬埔寨	80.01
15	中国→缅甸	9.38	中国→缅甸	22.61	印度→越南	65.27	哈萨克斯坦→中国	78.23
16	泰国→印度	9.12	印度→孟加拉国	21.77	印度→孟加拉国	62.55	印度→尼泊尔	71.09
17	印度→尼泊尔	8.57	印度→伊朗	19.49	泰国→印度	56.15	泰国→印度	70.58
18	印度→越南	7.47	印度→越南	18.34	中国→吉尔吉斯斯坦	52.43	泰国→柬埔寨	69.49
19	泰国→柬埔寨	7.23	印度→泰国	17.11	泰国→柬埔寨	45.25	越南→印度	66.76
20	哈萨克斯坦→伊朗	7.12	泰国→老挝	16.43	印度→伊朗	44.04	中国→吉尔吉斯斯坦	63.12

资料来源：联合国商品贸易统计司，https://comtradeplus.un.org。

　　与中南半岛经济区相比，南亚次大陆地区的印度虽然是域内重要的次核心节点国家，但与其西部邻国巴基斯坦和阿富汗的贸易联系非常薄弱，与其东部邻国孟加拉国的贸易联系也远弱于中国与孟加拉国的贸易联系。因此，南亚次大陆经济区并未形成高度一体的贸易集团。而中西亚经济区国家内部差异较大，除哈萨克斯坦和伊朗之间形成较为紧密的经贸联系外，其余国家更多同外部国家产生经贸关系。

　　值得一提的是，亚洲水塔流域内部贸易关系发展与域内政治关系甚至水政治关系呈明显的相关性。置身于亚洲水塔核心流域或严重依赖亚洲水塔生态系统的国家，其双边经济联系明显受到长期历史恩怨和近年水冲突等地缘政治关系的制约，以印度河流域的印度和巴基斯坦，以及锡尔河流域的吉尔吉斯斯坦和塔吉克斯坦较典型。

参 考 文 献

［1］杜德斌、刘承良、胡志丁等："'亚洲水塔'变化对中国周边地缘政治环境的影响"，《世界地理研究》，2020 年第 2 期。

［2］姚檀栋、陈发虎、崔鹏等："从青藏高原到第三极和泛第三极"，《中国科学院院刊》，2017 年第 9 期。

［3］Fan，Y.，S. Ren，H. Cai，*et al*. 2014. The state's role and position in international trade：A complex network perspective. *Economic Modelling*，Vol. 39，No.5.

［4］Freeman，L. 1978. Centrality in social networks conceptual clarification. *Social Networks*，Vol. 1，No.3.

第四章 亚洲水塔环境变化及趋势

亚洲水塔的环境变化与中国的水资源利用和周边"一带一路"沿线国家的水安全有着紧密联系。有关证据表明由于气候变化、人口增长、水资源管理不善和其他地缘政治因素的威胁，全球水塔在许多情况下都处于危险之中（Im-merzeel *et al.*，2020）。全球 78 个"水塔"单元中，亚洲占 16 个。是全球最重要的水塔，但同时也是最脆弱、风险最大的水塔。在气候变暖背景下，亚洲水塔正在发生以失衡为特征的剧烈变化，其特征包括大气温度升高、冰川加速退缩、多年冻土退化、湖泊扩张以及冰川融化导致径流增加。亚洲水塔的失衡变化导致了青藏高原及周边地区水资源冲突和水灾害风险增加，出现了冰崩等新型灾害。作为全球气候变化的驱动机和放大器（潘保田、李吉均，1995），亚洲水塔的变化甚至会在大气圈和水圈中被放大，从而影响全球气候和水循环，并与南北极地的气候变化产生相互耦合作用。

第一节 亚洲水塔大气变化

随着人类社会活动与工业文明的发展，过去 50 年来人类经历了前所未有的全球变暖。以青藏高原为核心的亚洲水塔地区更是全球变暖最强烈的地区（陈德亮等，2015）。在全球每 10 年升温 0.17℃ 的背景下，这一地区每 10 年升温幅度高达 0.3—0.4℃，其升温幅度是同期全球其他地区平均值的 2 倍。在快速升温的背景下，亚洲水塔正在发生剧烈变化，呈现整体失衡特征。按照巴黎气候大会设定的全球升温 2 摄氏度的上限预测，亚洲水塔域内某些地区的升温可能将高达 4 摄氏度。如此剧烈的气候变化会对这一地区生态环境和人类活动产生怎样的严重后果存在很大的不确定性和不稳定性。

一、亚洲水塔正在经历超常的气候变暖

亚洲水塔被誉为"第三极"，平均海拔超过 4 000 米，面积超过 500 万平方千米，被誉为地球系统科学的最佳"实验室"。而"泛第三极"是从第三极向西、向北扩展，涵盖青藏高原、帕米尔高原、伊朗高原，兴都库什、高加索、喀尔巴阡等山脉的亚欧高地及其水文过程影响区，面积 2 000 多万平方千米，与 30 多亿人的生存环境有关。

亚洲水塔的气候十分复杂。它主要受亚洲季风和中纬度西风相互作用的影响，并且对气候变化高度敏感，可以对地方区域和大陆尺度的大气环流产生重要影响。自 1961 年以来，青藏高原北部发生了整个高原地区中最严重的变暖。然而北部高原的暖化与先前预期的变暖趋势对海拔的依赖性相反。进一步的研究分析表明（Guo and Wang，2012），自 20 世纪 80 年代中期以来，青藏高原北部年平均气温迅速升高的主要影响因子源自夏季地表气温的升高。此外该地区夏季的气温与臭氧相关，这一结果具有统计学意义。这种相关性与太阳辐射和臭氧层的消耗率有关。进一步的讨论表明，亚洲水塔北部高原产生的显著性变暖与辐射产生的热动力相关，而这正是平流层臭氧消耗明显产生的结果。近 2 000 年来温度变化在波动中逐渐上升，且近代温度有加速升高的趋势。总体上青藏高原各种尺度上的气候变化要早于中国其他地区，变化幅度也较大。

在自然因素和人类活动的双重影响下，全球正在经历以气温升高为主要特征的气候变化过程。青藏高原在全球气候变化背景下，表现出了更高的升温率，其升温率约是全球同期平均升温率的两倍。青海是青藏高原地区升温率最高的，其中柴达木盆地升温尤为明显，升温率每 10 年增加 0.49℃。

这些年来，中国科学家一直在密切关注亚洲水塔失衡的问题。通过提取亚洲水塔冰芯中稳定的氧同位素，科学家们可以得到长期的温度记录（Yao et al.，2007），并推断出过去 1 000 年青藏高原的温度变化。冰芯合成记录表明，从公元 1000 年到 19 世纪末，青藏高原整体温度的变化没有下降趋势，并且与

北半球平均气温的年际变化相似。该研究揭示了青藏高原中世纪暖期和小冰期（LIA）的存在，而且亚洲水塔在 20 世纪变暖是相对突然的，并且比过去一千年来的任何时候的平均气温都更高。

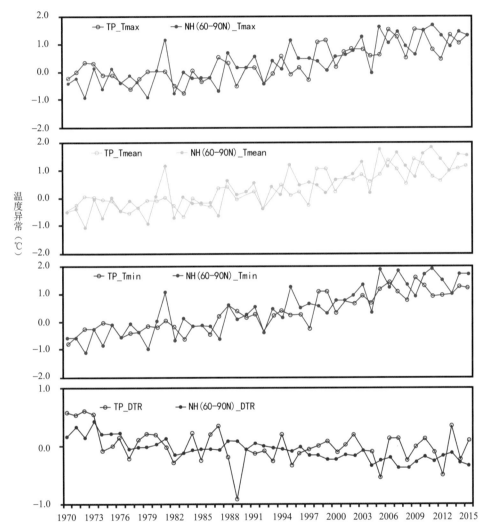

图 4-1　亚洲水塔与北半球高纬度（60°N—90°N）地区年温度时间序列（1970 年—2015 年）

注：TP 指青藏高原，NH 指北半球

资料来源：Yao *et al*. （2019）。

通过冰芯重建的温度记录，科学家完成了综合分析推断，为 20 世纪的气候变暖提供了有力证据。从 19 世纪末到 20 世纪末，温度急剧上升，冰芯的氧同位素的综合记录也说明了青藏高原小冰期存在，但小冰期不是过去一千年来最冷的时期，只是一个相对较冷的时期，其变化趋势和北半球的其他地区相似。在过去千年时间尺度上，青藏高原的温度变化整体上呈波动上升趋势，但出现了时间长度不等的冷、暖变化。其中，公元 3 到 5 世纪、15 到 19 世纪较为寒冷，12 世纪中叶至 14 世纪末较为温暖。20 世纪以来气候快速变暖，近 50 年来的变暖达到每 10 年 0.3—0.4 摄氏度，是过去两千年中最温暖的时段（图 4-1）。

　　基于观测数据与气候驱动数据，研究人员利用生态系统模式对未来气温变化进行了多场景的模拟研究。为了对未来气候作出评估，IPCC 第五份评估报告提出并采用了四个温室气体浓度情景，从低至高代表不同路径浓度（Representative Concentration Pathway，RCP），排列分别为 RCP2.6、RCP4.5、RCP6.0 和 RCP8.5，其中后面的数字表示到 2100 年的辐射强度水平，分别对应不同强度的辐射从 2.6 瓦/平方米 到 8.5 瓦/平方米。RCP8.5 的场景假设是人类沿当前排放强度，无任何减排措施的情况。这一场景指出，到 2100 年时空气中的二氧化碳浓度要比工业革命前的浓度高 3—4 倍。另外两个场景假设 RCP6.0 和 RCP4.5，它们是指通过一定的减排措施，自 2080 年以后人类的碳排放开始降低，仅仅允许达到一定限制的排放数值。RCP2.6 则是四个场景中最理想的排放情况，它假设人类社会在应对气候变化之中采用更多积极有效的方式，使得未来 10 年后温室气体排放开始下降。此场景下到 21 世纪末，温室气体排放不仅达到碳中和，而且为负值，这是一种最为积极乐观的假设。在以上四个场景的假设中，唯有 RCP2.6 的场景是到 2100 年大气气温不会上升 2 摄氏度。然而 IPCC 报告认为如果 21 世纪末气候升温高于 2 摄氏度，全球变暖上升太快使得人类难以适应，生态系统对于全球气候变暖的响应趋势也会使人类付出更大的代价。

　　基于以上多种排放场景的假设，在亚洲水塔进行的模式模拟研究结果表明，在未来温室气体中等排放情景（RCP4.5）下，相对于 1960—1990 年的基准值，到 2050 年青藏高原气温可能将上升 3.2℃；而在全球温室气体高排放情景（RCP8.5）下，升温幅度将达 3.5℃。在温室气体中等排放和高排放情景下，到 2100 年青藏高原的升温幅度可分别达 3.9℃和 6.9℃（图 4-2）。模拟结果显示，21 世纪高原降水以增加为主，极端天气气候事件增加；高原未来冻土面积缩小，冻土活动层厚度增加，积雪日数和积雪深度减少，冰川将以退缩为主（张

人禾等，2015）。这一变化趋势模拟的结果也与亚洲水塔过去 30 年的变化趋势
保持一致。

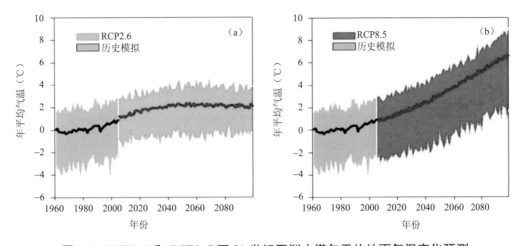

图 4-2　RCP2.6 和 RCP8.5 下 21 世纪亚洲水塔年平均地面气温变化预测

注：包含由 24 个全球气候模式预估结果的平均基准期（1961 年—2005 年）

参考资料：Su *et al*.（2013）。

基于不同排放场景，除了气候平均状态的变化，21 世纪亚洲水塔的变化还
表现为极端天气气候事件变化。相对于 1961—1990 年，利用多个气候模式在
SRES（Special Report on Emissions Scenarios）情景下的预估结果（江志红等，
2009）表明，21 世纪末青藏高原霜冻天数将减少，其减少幅度为 10%—30%；
热浪天数（日最高气温高于 32 摄氏度且持续 3 天以上的天数）将显著增加（增
幅为 10 倍以上），暖夜天数（给定时段内日最低气温大于 90% 的所有天数）也
将增加 4 倍以上。极端降水事件在气候变暖的背景下也将出现强度增强和频次
增多，降水强度将增加 10%—26%，最大连续五天降水量将增加 25%—45%，
极端降水贡献率（R95T）的增幅则为 40%—60%。与高温有关的极端事件（日
最低气温最低值、日最高气温最高值、高于 20 摄氏度的暖夜数、高于 25 摄氏
度的夏日数、暖期、暖夜、暖日）均增加，并且 RCP8.5 情景比 RCP4.5 情景
的增幅更大；而与低温有关的极端事件（霜冻日数、冰冻日数、冷期、冷夜、
冷日）均减少，RCP8.5 情景比 RCP4.5 情景的减少幅度更大；与降水有关的极
端事件（总湿日降水量、平均日降水强度、极端降水日数、连续五日降水量）
增加，而 RCP8.5 情景比 RCP4.5 情景的增幅更大；由于温度和降水的增加，

植被生长季长度也表现出增加，RCP8.5 情景比 RCP4.5 情景的增幅更大。

二、亚洲水塔的变化通过大气圈扩展到全球

亚洲水塔是东亚海陆气相互作用最敏感的地区之一。亚洲水塔大气水分循环的结构特征不仅反映了西风气流与"大三角扇形"影响雨季风水气流的相互作用，而且凸显出该区域为全球能量、水汽交换的关键区。

亚洲水塔占中国面积的四分之一，其总辐射量为世界之最，由此形成了一个"嵌入"对流层中部大气的巨大热源。这个热源可以伸展到自由大气中，超越了世界上任何超级城市群落所产生的中空热岛效应，对全球与区域大气环流系统变化的动力"驱动"产生了难以估计的影响（徐祥德等，2019）。隆升的高原地形和强大的表面辐射加热形成了局地上升对流和高耸对流层中部的中空"热源柱"。这种"热力驱动"下高原高、低层互为反环流，且类似台风的"自激反馈"机制为亚洲水塔水汽"汇流"与抽吸提供了动力。亚洲水塔热源驱动机制有助于世界屋脊大气"热岛""湿岛"的形成和维持，促使暖湿气流从低纬海洋向高原输送、汇聚。作为全球最高的大地形，其南侧有来自印度洋、中国南海等"大三角扇形区"异常显著的暖湿气流，中东部强对流区亦构成了东亚季风活跃期内青藏高原及周边地区的特殊水循环过程。

中国区域低云量、总云量极值区均与青藏高原大江大河的源头（长江、澜沧江、雅鲁藏布江等）、中东部冰川集中区的空间分布几乎吻合，这表明亚洲水塔形成的关键因素与世界屋脊特有的云降水结构不可分割。此外，亚洲水塔对流活动与全球大气云降水活动亦存在显著关联。通过西风与季风协同作用，中低纬海洋水汽源与高原冰川、湖泊、河流系统构成相互影响机制，实现了亚洲水塔特殊的跨半球、全球性的大气水分循环过程。

亚洲水塔与全球大气水分循环过程具有重要的互反馈作用。这一陆地-海洋-大气能量与水分交换过程和机制在气候变化背景下的响应对全球自然和气候环境都会产生深远的影响。在全球变暖背景下，西风与季风协同作用的高原热力驱动机制发生变化，进而改变高原大气水汽输送结构及其区域水汽供应状况。亚洲水塔的水汽含量和降水变化趋势的空间分布异质性可能缓解或加剧高原不

同区域水资源失衡。全球变暖背景下，西风与季风协同作用变化亦可导致高原不同区域冰川和积雪变化趋势的差异。进而可能会改变亚洲水塔地区的生态系统格局，也可能会引发下游地区极端天气灾害事件和相关气候环境的变异。

从跨赤道经向环流的视角可发现，夏季南北半球跨赤道气流低层强偏南、高层强偏北气流出现的赤道经度恰与青藏高原和北美落基山两大地形单元对应。青藏高原纬向与经向环流圈结构以及与区域-全球大气环流的相关机制，印证了"世界屋脊"隆起大地形的"热驱动"及其对流活动在全球能量和水分循环中的作用。高原特殊跨半球的纬向和经向大气垂直环流图表明亚洲水塔大气动力过程对全球尺度大气环流变化贡献显著。

作为地球"第三极"，亚洲水塔是气候变化的敏感区。降水和气温作为影响高原地区自然生态系统最活跃、最直接的气候因子，对生态环境具有显著影响。亚洲水塔生态地位重要而特殊，从有气象要素记录开始，科学家就对高原气候变化展开了大量研究。降水增多、降水强度大且平均、出现降水极端事件等，这些都是气候变化敏感区对全球变暖的响应表现。气温的升高、降水时空分布的不均导致极端气候事件增加的概率大大提高。青海地区暴雨自20世纪90年代初开始增多，今后暴雨、干旱等极端天气事件发生概率可能会增加。

另外，亚洲水塔大气成分的变化对高原气候和环境也有重要影响。如大气环流输送到高原上空的黑碳气溶胶沉降到冰川和积雪表面后，由于降低反照率导致增温，加剧了冰川和积雪的融化。亚洲水塔上空为一显著的臭氧低谷区，臭氧的持续减少也是大气对流层中下层增温趋势产生的一个重要原因。因此，对亚洲水塔未来气候与环境变化的预估，高原上空大气成分的变化也是需要考虑的重要因素。此外，气候变暖在亚洲水塔引发的变化就像涟漪一样，通过大气圈和水圈扩展到全球，与南极、北极变化协同联动，进而影响全球气候变化和水循环过程。

三、植被生长对亚洲水塔产生蒸发降温效果

由于夏季亚洲大陆上方被巨大的热低压控制，海洋上是高气压，气流由高压区吹向低压区，进而形成夏季风，并携带了大量水汽，带来丰富的降水。

目前，亚洲水塔和周围地区的大气环流模式呈现以夏季的印度季风和冬季的西风为主要特征。这两个循环系统，受到巨大地形地貌的影响，对现有冰川的分布起到了气候控制的作用。东亚季风也影响着亚洲水塔东部边缘的冰川，例如明亚贡嘎和东祁连山的冰川，但是亚洲水塔的内部受印度季风和西风的影响相对较小，而受大陆气候的影响更大。亚洲水塔东南部和帕米尔东部地区拥有较高密度的冰川分布。这一现象的形成来源于印度季风和西风带来的较高降水量；而亚洲水塔内部的冰川分布较为稀疏，因为这里主要受到大陆气候影响。

由于亚洲水塔西部西风急流和西南部印度夏季风的作用，局地水汽对降水的贡献约为 18%。从年循环的角度来看，每年 5 月—6 月西风急流输送主导目标区的水汽供给，7 月—8 月印度夏季风和东亚夏季风的贡献显著，9 月印度夏季风和东亚夏季风成为主导水汽来源。自 1979 年以来，每年 5 月亚洲大陆和印度洋间的经向海陆热力梯度增加，导致南亚夏季风爆发提前。来自北印度洋的异常西南风增强了向高原东南部的水汽输送，进而造成近 40 年来高原东南部每年 5 月降水显著增加。西风和印度季风控制的水汽输送存在时空差异。印度季风水汽传输印度北部区域的对流活动对亚洲水塔南部降水具有重要影响。

亚洲水塔变化正在引发季风环流的重新调整，进而影响中国东部和亚洲土壤环境。亚洲夏季风影响世界一半以上的人口，而亚洲水塔在其中起着关键作用。通过对亚洲水塔陆地表面过程的准确模拟（例如 ET 和显热通量），研究人员可以准确地量化分析土地-气候耦合机制，从而分析其对亚洲季风系统的影响。预测模型显示（Shen *et al.*，2015），在未来气候变暖的情景下，亚洲水塔内植被生产力将继续提高，而不同于北极生态系统的是，亚洲水塔内部由于植被蒸散导致的降温会继续，而其主要成因来自土壤冰融化所提供的水。

归一化植被指数（NDVI）在较大时空尺度上客观反映植被覆盖程度和植被生长状况。依据青藏高原月植被指数统计结果，近 17 年 NDVI 的月平均值随着季节更替而相应地发生改变（卓嘎等，2018）。由于高原冬半年时段长，降水较少且天气寒冷，1 月—3 月 NDVI 值较小，基本维持在 0.15 左右，4 月以后随着气温升高和降水增加，植被开始返青，尤其以高原东南部较为显著，NDVI 值也迅速增大，不同类型植被生长旺盛，在 8 月 NDVI 值达到最大值（0.339

3），9 月后随着农作物的成熟，大部分植被开始落叶，植被覆盖逐渐减少，NDVI 值急剧下降，至次年 2 月下降为全年中的最低值（0.157 2）。2000 年—2016 年，多年平均的标准误差为 0.002 1，最大误差值出现在 6 月，仅达到 0.003 8。由此可见，高原植被指数月际变化的标准误差均非常小，NDVI 能很好地反映呈"单峰型"的年变化规律。

　　将青藏高原多年平均的各像元年最大合成 NDVI 插值到各气象站点上，得到了 NDVI 和降水量、气温的关系。无论年降水量还是年平均气温，总体上均与年最大合成 NDVI 呈较好的正相关，通过 P<0.10 显著性水平检验。年降水量较年平均气温在空间尺度上与植被指数有更好的对应，降水量增加显著地促进了高寒草甸植被的生长。温度升高在一定程度上可以满足植被正常生长所需的热量供应，适当增温可促进高原植被生长，但是温度过高时会改变植物群落的小气候环境，直接或间接影响到植被的生长发育和生物量生产，对植被覆盖起到抑制作用。分别计算各高原观测站年降水量和年平均气温与对应植被指数的相关系数。结果显示，年降水量和植被指数在青藏高原大部分区域呈正相关，尤其是青藏高原东北部（包括青海大部、西藏大部以及川西高原北部），说明降水对草原植被生长有利；负相关区主要位于青海东南部、西藏北部和东南部以及川西高原南部。年平均气温和植被指数的正相关区主要位于青海省大部、西藏自治区西北部和川西高原南部；负相关区位于高原西南部，尤其是西藏自治区中东部，说明气温对植被的生长在特定区域具有不利的影响。

　　综上所述，无论不同季节、生长季或年最大合成的植被状况，亚洲水塔植被均呈现逐渐增加的趋势。植被减少的速率大于植被增加的速率，并且气候变化的初始状态会导致不同植被类型对气候变化的敏感性存在差异。降水量、气温与植被覆盖均存在着正、负相关的区域。气温与植被覆盖的正相关区主要位于高原东北部，负相关区位于西南部，降水量对植被覆盖的影响较气温明显，并且植被指数和气候要素的相关存在着区域性差异。

第二节　亚洲水塔水文变化

受气候变暖严重影响，亚洲水塔水环境发生重大变化：一方面，亚洲水塔区域冰川退缩、湖泊扩张、冰湖溃决、洪水频发；另一方面，冰川退缩改变水循环，使得下游中亚大湖区沙漠绿洲出现荒漠化等特殊地表过程，进而加重了亚洲水塔生态环境恶化。从中亚沙漠区沿泛第三极一直延伸到中国东部，人类排放的气溶胶叠加于特殊沙尘暴过程，成为地球上环境和人类健康的最大威胁。

一、水循环变化呈现冰川退缩、湖泊扩张、洪水频发

青藏高原特殊的跨区域、跨半球大气水分循环可构建起"世界水塔"独特的大气-水文功能体系。从全球水循环视角来看，低纬热带海洋是亚洲水塔大气水分循环的重要水汽源区。在热力驱动下，高原大气通过全球尺度水分循环可维持一个持续"供水源"与"存储水"的水循环系统。青藏高原上星罗棋布的冰川、积雪和湖泊作为"蓄水池"系统，储存着大量水资源，可起到"水塔存储池"作用；河流水网与江河源可作为"输水管道"，将亚洲水塔的水向外输送出去，并通过高原高层大气中水分输送的渠道影响整个世界的水环境。

（一）湖泊扩张，数量增多

湖泊是大气圈、水圈和冰冻圈联系的关键纽带，在全球变暖条件下对地表水循环过程具有重要的影响。作为地球上最重要的高海拔地区之一，亚洲水塔湖泊数量众多，对全球变化具有敏感的响应。亚洲水塔中面积大于 1 平方千米的湖泊有 1 000 多个。降水增加、冰川融水和冻土融化极大改变了青藏高原的湖泊面积和水量（朱立平等，2018）。受冰川融水补给影响，亚洲水塔湖泊数量明显增多，80% 以上的湖泊在扩张。面积大于 1 平方千米的湖泊数量从 20 世纪 70 年代的 1 081 个增加到 2010 年的 1 236 个，湖泊面积从 4 万平方千米增加到近 5 万平方千米（47 400 平方千米）。2003 年—2009 年，亚洲水塔湖泊水位平

均以每年 0.14 米的速率上升,湖泊水量以每年 8.0Pg 的速率增加。亚洲水塔的湖泊变化存在显著的南北差异,北部湖泊水位显著上升,南部的雅鲁藏布江流域湖泊水位显著下降。

相关研究表明,1976 年—2010 年,亚洲水塔中部江湖源的色林错、纳木错、巴木错、蓬错、达如错和兹格塘错 6 个湖泊的面积扩张了 20.2%,尤其在 1999 年以后表现出显著的加速扩张。其中,受冰川融水补给的色林错、纳木错和蓬错湖泊水位在 1999 年—2010 年分别上涨了 1 米、0.7 米和 1.1 米左右,较非冰川补给湖泊上涨更明显。1972 年—2017 年,色林错的面积增加了 710.5 平方千米,水储量增加了 24.9 千兆吨,面积达到了 2 396 平方千米,已经超过纳木错成为西藏最大的湖泊。

自 2009 年以来,青海省三江源地区大于 50 平方千米的湖泊群面积呈增加趋势,柴达木盆地湖泊面积呈现波动增加趋势,作为中国最大的内陆高原咸水湖的青海湖也在不断扩大水体面积。据青海省气象科学研究所遥感监测显示,2020 年 9 月下旬,青海湖水体面积为 4 588.81 平方千米,较去年同期增大 59.51 平方千米,较 2001 年—2019 年同期平均增大 232.92 平方千米,其水体面积为 2001 年遥感监测以来的最大值。

(二)冰川消退,灾害频发

过去 50 年,亚洲水塔冰川整体上处于亏损状态,冰川储量减少了 20% 左右(图 4-3)。青藏高原及其相邻地区的冰川面积由 5.3 万平方千米缩减至 4.5 万平方千米,退缩了约 15%,其中喜马拉雅山及藏东南地区冰川末端退缩幅度最大。自 1976 年以来,藏东南冰川退缩幅度平均每年达 40 米,有的冰川每年退缩甚至超过 60 米;唐古拉中东段、念青唐古拉西段和喜马拉雅冰川末端退缩速率相当,平均每年约为 20 米—30 米;向西至各拉丹冬地区每年约为 17 米,普若岗日冰原每年退缩 4 米左右。

在未来全球升温 1.5 摄氏度的情景下,青藏高原及周边地区将升温约 2.1 摄氏度,这将导致 21 世纪末青藏高原及周边地区冰川的冰储量减少到目前的 64%。而在全球升温 2℃ 的情景下,亚洲水塔的气温将增加约 4℃,青藏高原及周边地区冰川冰储量减少比例在中亚地区达到 80%,在青藏高原西部地区高达约 98%。冰川融化导致湖泊面积扩大、河流径流量增加，从表面上看似乎是好事，但其实背后掩盖了残酷的真相。气候变暖导致温度升高、极端降水频发、雪线上移、冰川消退等环境变化，改变了高原地区水文地质条件和地表孕灾环境，增加了灾害发生的频率、规模和复杂性。变暖加快了冰川融化速度，导致冰体温度升高；而变湿则增大了冰川的物质积累，加快了冰川运动速度。在气候变暖背景下，过去相对稳定且运动速度相对缓慢的冰川，已经变得不稳定，并有可能出现大幅度的剧烈运动和强烈消融，进而引发冰崩、冰川跃动、冰湖溃决、冰川泥石流等各种冰川灾害。从阿汝错冰崩、雅鲁藏布江冰崩堵江和樟藏布冰湖溃决灾害可以看出，亚洲水塔正在失衡。随着气候持续变暖，亚洲水塔上的冰川将变得更加不稳定，发生冰川灾害的风险也将增加。

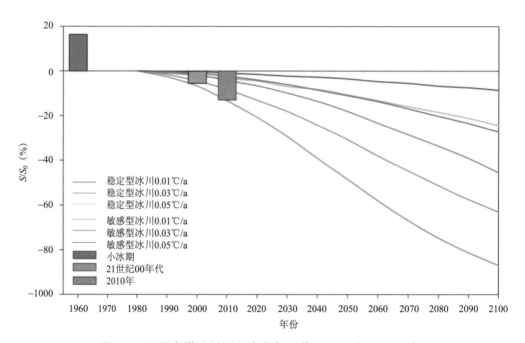

图 4-3　亚洲水塔冰川面积变化与预估（1960 年—2000 年）

资料来源：陈德亮等（2015）。

（三）积雪消融，降水趋多

积雪作为亚洲水塔水圈的重要组成部分，是调节印度季风降水的一个活跃因子。随着亚洲水塔发生变化，积雪对印度季风的调制作用机制可能正在发生转型。1990 年之前，亚欧大陆中部（包括欧洲东部、西西伯利亚、中亚和喜马拉雅山脉西部）春季积雪与印度夏季降水之间存在显著负相关关系，但在 1990 年之后该负相关关系逐渐消失，这是气候变暖背景下地球系统发生重大变化的一个强烈信号。

近 50 年来，亚洲水塔的积雪呈现先增加后减少的变化：1960 年—1990 年，亚洲水塔的积雪日数和雪水当量均呈增加趋势，积雪天数增加了 13 天，雪水当量增加了 1.5 毫米；1990 年后出现减少趋势，1990 年—2004 年积雪天数减少了 20 天，雪水当量减少了 1.2 毫米（图 4-4）。

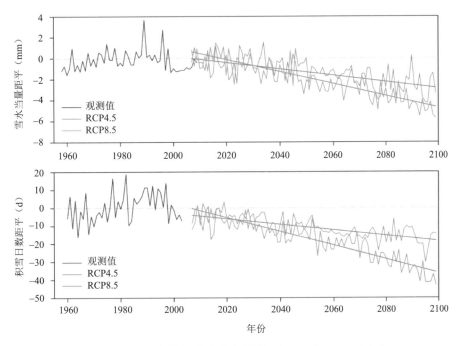

图 4-4　亚洲水塔积雪变化与预估（1960 年—2100 年）

资源来源：Ma and Qin（2012）。

在 RCP4.5 和 RCP8.5 两种气候变化情景下，区域气候模式对亚洲水塔 21 世纪积雪变化的预估结果表明，相对于 1986 年—2005 年，高原和全国平均的积雪日数均呈下降趋势，RCP8.5 情景的下降趋势显著高于 RCP4.5，高原的下降趋势显著高于全国平均。在 RCP8.5 情景下，高原的下降趋势为 3.7 天／十年，超过全国平均（2 天／十年）。对于雪水当量来说，两种情景下也为下降趋势，亚洲水塔区域的下降趋势要明显强于全国平均。此外，RCP8.5 情景下雪水当量的下降趋势为0.5毫米/十年，要大于RCP4.5情景下的下降趋势（0.3毫米/十年）。

亚洲水塔降水量在南部和北部的变化方式呈现大致相反的趋势，近期表现为北部明显增加，南部有减小趋势，但高原降水量与温度的对应关系整体上表现为暖湿和冷干的组合特征，并在过去2000年中，整体上呈变湿的趋势。公元8世纪初至10世纪末为一个持续时间较长的干旱期，而13世纪末至16世纪末为相对湿润期。近期降水量总体呈现增加趋势，每10年增加2.2%（图4-5）。

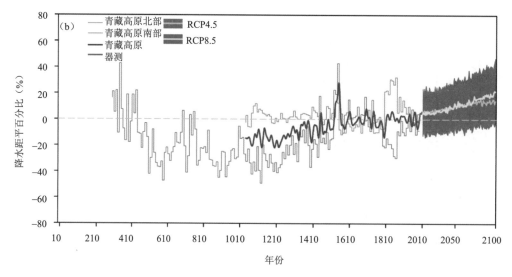

图4-5　亚洲水塔降水量变化及预测

资料来源：陈德亮等（2015）。

二、水循环变化对下游大湖区沙漠绿洲产生严重威胁

受冰川融水径流量上升影响，20世纪70年代以来亚洲水塔流域河流径流量有不同程度的增加。雅鲁藏布江、印度河上游年径流量呈增加趋势。在中国西北干旱地区和中亚干旱区，高山冰川融水对河川径流起到了"削峰填谷"的作用，"水塔"功能尤为突出。在干旱年份，冰川融水对河川径流的补给能够在一定程度上缓解下游地区的干旱；在湿润年份，这种补给作用又使得河川径流量的变化趋于平缓。这些地区的工农业生产和生态系统均依靠高原河水来维持

和支撑。然而，冰川消退后，以季节性冰川融水补给为主的河流能够提供的淡水量也会随之减少。换言之，亚洲水塔冰川融化意味着未来几十年下游地区居民可能会面临淡水资源短缺的问题。

冰川退缩改变水循环，使得下游中亚大湖区沙漠绿洲未来命运堪忧。根据预测，在未来气候变化情境下，亚洲水塔冰川面积将持续缩减。到 2100 年，冰川面积可能减少 45%，其中敏感型冰川区减幅更大，约为 86%。冰川面积缩减将导致冰川融水补给减少，削弱"水塔"功能，对下游地区生态环境和社会经济发展产生严重影响。冰川退缩改变水循环，对下游中亚大湖区沙漠绿洲的未来命运造成严重威胁。具体而言，冰川融水减少将导致河流径流量减少，湖泊水位下降，湖泊面积缩小，甚至干涸消失；地下水位下降，沙漠化扩张，绿洲面积缩减，生态环境恶化；农业生产用水短缺，影响粮食安全和社会稳定。研究表明，冰川退缩对下游大湖区沙漠绿洲的影响具有滞后效应，未来几十年甚至几百年内，这种影响将持续显现。

三、水汽输送成为未来气候多暖湿的主要水体响应加强

亚洲水塔正在经历着加速的水循环过程，理解其变化机理的关键环节是水汽输送。水汽是水循环的纽带，其输送过程是水量在全球范围内重新分配的关键。研究表明，在全球气候变暖的背景下，大气水汽含量不断增加，水汽输送路径和强度也发生着显著变化。

水汽输送增强的原因包括：气温升高导致大气水汽承载能力增加。温度每升高 1 摄氏度，大气中可容纳的水汽量约增加 7%。全球气候变暖导致大气环流发生改变，影响水汽输送路径和强度。亚洲水塔自身地形抬升阻挡了来自海洋的暖湿气流，导致水汽在高原地区聚集，形成降水。

水汽输送增强影响水循环，从而导致降水量增加，径流量增加，水体蒸发量增加，水循环加速。水汽输送增强还会导致冰川融化速度加快，湖泊面积扩大，地下水位上升。水汽输送增强更会导致土壤水分含量增加，植被覆盖率提高，生态环境改善。

水循环加强的典型表征就是亚洲水塔降水量和径流量呈增加趋势。观测数

据表明，自20世纪70年代以来，亚洲水塔降水量和径流量整体呈增加趋势。尽管河流径流量在20世纪80年代到21世纪初略呈现减少趋势，但是21世纪初以来，一些河流径流量出现增加趋势。以雅鲁藏布江、怒江和澜沧江为例，20世纪60年代为丰水期，20世纪70年代和80年代为枯水期，除澜沧江以外，20世纪90年代以来为丰水期（图4-6）。冰川、冻土的加速消融可能是引起20世纪90年代以来亚洲水塔南部河流径流量增长的主要原因。

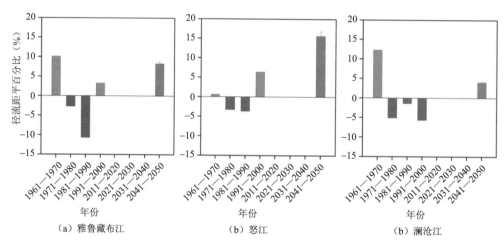

图4-6　亚洲水塔河流径流量变化与预估

资源来源：Ma and Qin（2012）。

第三节　亚洲水塔冰川冻土变化

20世纪以来，随着全球气候的波动变暖，全球大多数冰川处于退缩趋势。20世纪80年代以来，冰川后退明显加剧；虽仍有个别冰川在前进，但高原冰川基本上转入全面退缩的状态。综合运用冰芯记录、冰川变化实地观测、卫星遥感数据分析等方法发现近10年是过去2 000年来最温暖的时段。全球气候变暖和印度季风与西风交互作用是造成亚洲水塔冰川退缩及其区域差异的重要原因。

一、冻土退化显著

随着气候变暖，亚洲水塔多年冻土活动层以每年 3.6 厘米—7.5 厘米的速率增厚，同时冻土层上限温度也以每 10 年约 0.3 摄氏度的幅度升高（图 4-7）。虽然亚洲水塔的降水量和 NDVI 总体上呈增加趋势，但局部地区沙漠化面积扩大、程度加剧，以江河源区尤为突出，水土流失总体呈现先加剧后略微减轻的趋势。

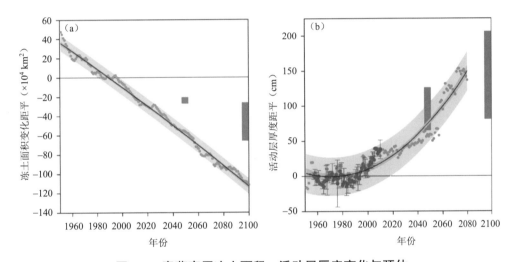

图 4-7　青藏高原冻土面积、活动层厚度变化与预估

注：基准期为 1981 年—2000 年。

资源来源：Ma and Qin（2012）。

未来亚洲水塔多年冻土面积将进一步缩小，在近期将减少约 39%，在远期将减少 81%；活动层厚度将进一步增厚，近期活动层厚度将由当前的 0.5 米—1.5 米增至 1.5 米—2.0 米，到远期将增至 2.0 米—3.5 米。

通过经验统计冻土模型发现，冻土对气候变化的响应预估结果表明（Li *et al.*，1999），在较为乐观的碳排放场景下，若 21 世纪末亚洲水塔气温平均升高 1.1 摄氏度，多年冻土总的消失比例不会超过 19%，但在较高排放场景中，2099 年高原气温平均升高 2.9 摄氏度。亚洲水塔多年冻土相应地将发生显著性变化，消失比例高达 58%。其东部、南部的多年冻土大部分将消失，主要多年冻土区将仅存于高原西北部区域（77°E—93°E，32°N—37°N）。

通过物理统计模型，结果表明（Nan *et al*.，2005）亚洲水塔年均气温增加 0.02 摄氏度的情形下，50 年后多年冻土面积约为 109.4×10⁴平方千米，面积缩小约 8.8%，100 年后多年冻土面减少 13.4%；如果升温率为 0.052 摄氏度/年，亚洲水塔多年冻土面积在 50 年后退化 13.5%，与气温年增加 0.02 摄氏度的场景经 100 年后的变化情形相当，而未来 100 年亚洲水塔多年冻土将发生更显著的退化，整个高原面上多年冻土退化面积达 46%。

利用驱动通用陆面模式（Community Land Model 4.0，CLM4.0），对 21 世纪亚洲水塔多年冻土变化进行预估得到图 4-8。图中六条有色线条表示六个解释性 SRES 标志情景，灰色阴影区表示自 SRES 以来公布情景的百分之八十的范围，虚线表示 SRES 之后情景的全部范围，排放包括二氧化碳、甲烷、一氧化二氮和含氟气体。包含的典型场景为 A1，该场景假设的全球变化模式为：经济快速增长；全球人口到 2050 年将达到 90 亿，然后逐步下降；新的高效技术迅速普及；世界-地区之间的收入和生活方式融合；全球范围内广泛的社会和文化互动。A1 气候变化场景下还包括三种技术重点不同的倾向性情况：A1FI-强

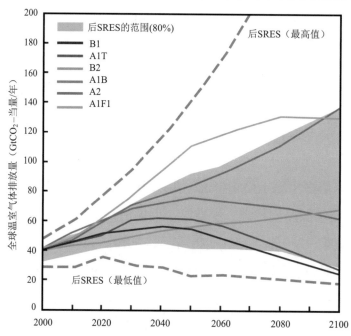

图 4-8　无气候政策出台情况下全球温室气体排放量（二氧化碳当量）

资料来源：Pachauri and Reisinger（2008）。

调大量化石燃料；A1B－平衡强调所有能源；A1T－强调非化石能源。

　　使用 A1 气候变化模式的模拟结果表明，在 SRES A1B 温室气体排放情景下，亚洲水塔近地层多年冻土面积到 21 世纪中期（2030 年—2050 年）将减少大约 39％，而到 21 世纪末期（2080 年—2100 年）将减少约 81％。从 1952 年—2100 年，近地层多年冻土面积将经历线性趋势的显著减小过程，其速率为每 10 年减少 9.9×10^4 平方千米。当前，亚洲水塔的活动层厚度为 0.5 米—1.5 米，到 21 世纪中期将增至 1.5 米—2.0 米，到 21 世纪末期将增至 2.0 米—3.5 米。

二、沙漠化加剧

　　亚洲水塔的土地沙漠化在气候变化背景下正在强烈发展，土地沙漠化区域分异明显。2015 年，亚洲水塔沙漠化土地面积为 392 913 平方千米，占高原土地总面积的 15.1％，主要包括沙质沙漠化土地、砾质沙漠化土地和风蚀残丘三种类型。沙漠化土地集中分布在高原的北部和西部地区，其他地区零散分布。自东南向西北，沙漠化土地面积逐渐增大，沙漠化程度不断加重，可以划分为雅鲁藏布江半干旱高山宽谷沙漠化区、藏北青南高寒高原面沙漠化区、柴达木干旱盆地沙漠化区、黄河上游半干旱河流盆地沙漠化区和"三江"流域湿润半湿润高山沙漠化区。青藏高原土地沙漠化是在气候干暖化的背景下，人类过度利用土地与脆弱的生态环境、贫乏的土地资源之间不协调的产物（李森等，2001）。

三、冰川显著性退缩

　　亚洲水塔及其周边地区拥有全球除两极地区以外最多的冰川系统，而在气候变化背景下，亚洲水塔的冰川正在经历超乎寻常的收缩，包括了冰川长度和面积的减少以及冰川质量平衡受到破坏而降低（Kang *et al.*，2010）。20 世纪以来，亚洲水塔的冰川开始退缩。从 20 世纪 90 年代至今，冰川退缩幅度在增加。过去 30 年间，亚洲水塔及其相邻地区的冰川面积由 5.3 万平方千米缩减至 4.5 万平方千米，退缩了约 15％。作为全球中纬度地区海拔最高的地域，亚洲水塔受全球气候变暖影响明显。自 20 世纪 90 年代开始，其冰川退缩的主要特征是：原来就处于退缩的冰川，退缩幅度正在加剧；原来处于前进状态的冰川，大多数逐渐由前进状态转入后退状态，且退缩幅度越来越大。冰川的退缩幅度在大陆性冰川区较小，在海洋性冰川区较大，在高原最边缘的藏东南和喀喇昆仑山地区，冰川退缩幅度最大。

其中，收缩最大的冰川地区是喜马拉雅山（不包括喀喇昆仑），且收缩量的分布并不均匀：从喜马拉雅山脉到大陆内部，收缩通常减少，而在帕米尔东部的冰川收缩并不显著。造成不同区域冰川收缩不同的主要原因除了温度升高外，还包括了降水的差异：喜马拉雅山的降水减少，而帕米尔东部的降水增加，并伴随着不同的大气环流模式。第五次 IPCC 报告表明，近几十年喜马拉雅山地区冰川退缩非常强烈，与黑碳排放密切相关（Li *et al.*，2016）。黑碳气溶胶等工业污染沉降在冰川表面，造成冰川反照率降低，在一定程度上加速了冰川消融，而冰川的消融会使黑碳在冰川表面富集，吸收更多热量，形成恶性循环。

四、积雪覆盖天数和深度巨变

亚洲水塔积雪以短期积雪为主，积雪期在 1 个月及以下时间段内的积雪空间分布范围最广，占积雪总面积的 72.91%；积雪期越长，多年平均积雪率（SCR）越高，SCR 呈"高原四周山脉高，而羌塘高原、江河源区、柴达木-黄湟高中盆地等地低"的特点。2000 年—2019 年，积雪面积呈反复的先波动增加再波动减少，距平变化率为−15.97%—11.52%。横断山区、帕米尔高原以及羌塘高原大部分地区的 SCR 呈明显减少趋势；高原四周极大/大起伏高山/极高山区、江河源丘状高山原和江河上游中/大起伏高山区的 SCR 呈显著增加趋势（叶红等，2019）。

亚洲水塔冬季积雪分布最广，秋季和春季积雪范围次之，夏季积雪范围最小。2000 年—2019 年，亚洲水塔东部和南部冬季积雪显著增加，秋季和春季积雪显著减少，整体夏季积雪显著减少。近 20 年，亚洲水塔积雪与气温、降水的相关程度均较强，积雪覆盖范围与气温呈负相关关系，与降水呈正相关关系。

2000 年—2014 年，亚洲水塔积雪覆盖的天数和深度在高原北部和西北地区均减少，而在西南边缘和东南部的数量均增加（Huang *et al.*，2016）。实地观测数据和多源遥感卫星图像分析表明，1951年—1997年，亚洲水塔积雪覆盖度呈小幅上升趋势，而1997年—2012年则有小幅下降趋势。应用陆地表面模型（Guo *et al.*，2012），结合观测气象数据模拟结果显示：1981年—2010年，亚洲水塔积雪平均深度每十年增加了0.15米。

第四节　亚洲水塔生物变化

在亚洲水塔地区，气候变暖会延长植被生长期，导致区域植被绿化度增加，从而导致蒸散量（ET）的增加。生长季节的植被活动增加可能减弱了地表增温（Shen *et al.*，2015）。数据观测表明，植被增加引发的反照率降低可导致地表多余能量通过蒸发而消散，使得每日最高温度和昼夜温度范围降低。

一、寒带生态系统总体趋势变好

气候变暖使得亚洲水塔寒带、亚寒带东界西移，南界北移，温带区扩大，从而导致生态系统总体趋向变好，局部变差。亚洲水塔草地生态系统的空间格局发生了重要变化，表现为高寒草原分布面积增加，而高寒草甸和沼泽草甸显著萎缩；草地植被物候总体表现为返青期提前，枯黄期推后，生长期延长。

一是，亚洲水塔草地净初级生产力呈总体增加态势。1982年—2011年的30年间，草地生产力共计增长了约20%，但存在区域上的不平衡。最近10年，亚洲水塔的西部地区变暖变干，草地生产力呈减少态势。二是，亚洲水塔湿地面积总体上呈减少态势。1990年—2006年，亚洲水塔湿地面积以每年0.13%的速率减少，总面积减少了约3000平方千米，呈现出持续退化状态。

气候变暖还改变了亚洲水塔农作物物候和农区种植制度。过去50年来，农作物超过0摄氏度的生育期平均每10年延长4天—9天；超过10摄氏度的生育期平均每10年延长4天。20世纪70年代中期以来，冬小麦适种范围明显增加，分布海拔上限升高了约130米，春青稞种植上限升高了550米。两季作物适宜种植的潜在区域扩大，复种指数增加，拓展了农牧业结构调整空间，有利于增加农牧民收入。

气候变暖也导致亚洲水塔森林生态系统发生了显著变化。随着亚洲水塔降水不断增加和气温持续上升，区域气候条件有所改善。1998 年以前，亚洲水塔森林资源整体上缩减，表现为森林面积的减小和蓄积量的显著降低；1998 年以后，森林面积和蓄积量均开始呈较大幅度增长。天然林保护工程的实施是实现森林面积与蓄积量双增长的主要原因，同时也使得老龄林比例减少，幼中龄林比例增加。

二、人类活动对环境产生多方面的重要影响

人类活动对亚洲水塔环境的影响是多方面的，可概括为正面影响和负面影响。人类活动的负面影响主要是由人口和经济增长、矿产资源开发、农牧业发展、城镇化、旅游业发展、交通设施建设和周边地区污染物排放等引起的。其中，亚洲水塔农牧业发展对生态系统格局和功能的变化产生了一定影响；矿产开发和城镇发展对局部地区的环境质量影响较大；每辆汽车每年平均消耗能源及相应的碳排放量高于全国均值；城市人均污水排放高于全国均值；周边地区污染物排放的影响在不断加剧；人类活动引发的灾害风险增加。

人类活动对于亚洲水塔产生的正面影响主要是：不断实施的生态环境工程逐步改善环境质量。亚洲水塔能源消费以清洁能源为主，产业结构以服务业为主，人类活动对自然资源和生态系统的扰动以及对环境变化的影响总体有限，其污染物环境背景值明显低于人类活动密集区，与北极相当，仍为全球最洁净的地区之一（Wang *et al.*，2010）。

三、亚洲水塔变化对下游居民的水资源利用产生连锁效应

黄河、长江、恒河、印度河等河流在亚洲水塔河源区产流量占其流域径流总量最高比例超过 30%。其中，近年黄河流域承载了中国 9% 的人口和 7% 的国内生产总值；长江流域承载了中国 33% 的人口和 21% 的国内生产总值；恒河流

域承载了印度 42% 的人口和 33% 的国内生产总值；印度河流域承载了巴基斯坦 88% 的人口和 92% 的国内生产总值。因此，亚洲水塔对流域下游的水资源安全和经济社会发展具有至关重要的意义。

亚洲水塔变化引起的水资源连锁效应与下游几十亿人民生活和社会发展息息相关，是下游地区实现联合国可持续发展目标的重要影响因素之一。在全球变化背景下，亚洲水塔下游流域水资源开发利用强度不断提高，水安全问题日益复杂和突出，亚洲水塔变化给下游地区水治理带来新的挑战。亚洲水塔变化改变河源区下泄径流，导致冰湖溃决等极端水文事件频发，威胁到下游地区供水安全、防洪安全和生态安全。随着社会经济发展，下游流域的水资源开发利用需求逐步加大，不同国家/区域之间、不同部门之间用水竞争明显增加。在一些农业灌溉等人类用水活动剧烈的流域，上游用水可能加重下游水文干旱事件。

在短期内，下游河流未来主要的风险是冰雪融水增加导致的洪水灾害。随着气候变暖，春季冰川融水径流的洪峰提前，秋季融水补给季节延长，容易导致冰碛湖溃决引起洪灾。长期来看，随着全球气候变暖，冰川不断萎缩，冰川融水对河流的补给将逐渐减少，引发干旱和供水危机（姚檀栋等，2010）。亚洲水塔下泻径流形成的洪水脉冲给下游湖泊和洪泛平原带来肥沃的有机质，给河口三角洲地区带来泥沙补给，是维持下游土壤肥力和渔业资源的关键因素。因此，亚洲水塔河源区下泻径流变化还可能影响到下游农业和渔业生产。

参 考 文 献

[1] 陈德亮、徐柏青、姚檀栋等："青藏高原环境变化科学评估：过去、现在与未来"，《科学通报》，2015 年第 32 期。

[2] 冯雨雪、李广东："青藏高原城镇化与生态环境交互影响关系分析"，《地理学报》，2020 年第 7 期。

[3] 江志红、陈威霖、宋洁等："IPCC AR4 模式对中国地区极端降水指数模拟能力的评估及其未来情景预估"，《大气科学》，2009 年第 1 期。

[4] 李森、董玉祥、董光荣等："藏高原土地沙漠化区划"，《中国沙漠》，2001 年第 4 期。

[5] 李悦绮、钟若嵋："1979 年— 2018 年青藏高原气温与湿度特征分析"，《气候变化研究》，2020 年第 9 期。

[6] 潘保田、李吉均："青藏高原：全球气候变化的驱动机与放大器：Ⅱ. 青藏高原隆起的基本过程"，《兰州大学学报：自然科学版》，1995 年第 4 期。

[7] 徐祥德、董李丽、赵阳等："青藏高原'亚洲水塔'效应和大气水分循环特征"，《科学通报》，2019 年第 64 期。

［8］姚檀栋、姚治君：“青藏高原冰川退缩对河水径流的影响”，《自然杂志》，2010 年第 1 期。

［9］叶红、易桂花、张廷斌等：“2000—2019 年青藏高原积雪时空变化”，《资源科学》，2021 年第
12 期。

［10］张人禾、苏凤阁、江志红等：“青藏高原 21 世纪气候和环境变化预估研究进展”，《科学通报》，
2015 年第 32 期。

［11］朱立平、彭萍、张国庆等：“全球变化下青藏高原湖泊在地表水循环中的作用”，《湖泊科学》，
2020 年。

［12］卓嘎、陈思蓉、周兵：“青藏高原植被覆盖时空变化及其对气候因子的响应”，《生态学报》，
2018 年第 9 期。

［13］Immerzeel, W., Lutz, A., Andrade M. *et al.*, 2020. Importance and vulnerability of the world's
water towers. *Nature*, Vol. 577, No. 7790, pp. 364-369.

［14］Gardner, A., Moholdt, G., Cogley, J. *et al.*, 2013. A reconciled estimate of glacier contribu-
tions to sea level rise: 2003 to 2009. *Science*, Vol. 340, No. 6134, pp. 852-857.

［15］Guo, D., Wang, H., 2012. The significant climate warming in the northern Tibetan Plateau and
its possible causes. *International Journal of Climatology*, Vol. 32, No. 12, pp. 1775-1781.

［16］Guo, D., Wang, H., 2012. The significant climate warming in the northern Tibetan Plateau and
its possible causes. *International Journal of Climatology*, Vol. 32, No. 12, pp. 1775-1781.

［17］Huang, X., Deng, J., Ma, X. *et al.*, 2016. Spatiotemporal dynamics of snow cover based on
multi-source remote sensing data in China. *The Cryosphere*, Vol. 10, No. 5, pp. 2453-2463.

［18］Ji, Z., Kang, S., 2013. Projection of snow cover changes over China under RCP scenarios. *Cli-
mate Dynamics*, Vol. 41, pp. 589-600.

［19］Kang, S., Xu, Y., You, Q. *et al.*, 2010. Review of climate and cryospheric change in the Tibet-
an Plateau. *Environmental Research Letters*, Vol. 5, No. 1, pp. 1-8.

［20］Li, C., Bosch, C., Kang, S. *et al.*, 2016. Sources of black carbon to the Himalayan-Tibetan
Plateau glaciers. *Nature Communications*, Vol. 7, No. 1, p. 12574.

［21］Li, X., Cheng, G., 1999. A GIS-aided response model of high-altitude permafrost to global
change. *Science in China Series D: Earth Sciences*, Vol. 42, No. 1, pp. 72-79.

［22］Liu, X. D., Cheng, Z. G., Zhang, R., 2009. The A1B scenario projection for climate change
over the Tibetan Plateau in the next 30-50 years. *Plateau Meteorology*, Vol. 28, No. 3,
pp. 475-484.

［23］Ma, L., Qin, D., 2012. Temporal-spatial characteristics of observed key parameters of snow cov-
er in China during 1957-2009. *Sciences in Cold and Arid Regions*, Vol. 4, No. 5, pp. 384-393.

［24］Nan, Z., Li, S., Cheng, G., 2005. Prediction of permafrost distribution on the Qinghai-Tibet
Plateau in the next 50 and 100 years. *Science in China Series D: Earth Sciences*, Vol. 48, No. 6,
pp. 797-804.

［25］Ni, J., 2000. A simulation of biomes on the Tibetan Plateau and their responses to global climate
change. *Mountain Research and Development*, Vol. 20, No. 1, pp. 80-89.

［26］Pachauri, R. K., Reisinger, A., 2008. Climate change 2007. *Synthesis report. Contribution of
Working Groups I, II and III to the fourth assessment report.*

［27］Pu, Z., Xu, L., Saloonson, V. *et al.*, 2007. MODIS/Terra observed seasonal variations of snow
cover over the Tibetan Plateau. *Geophysical Research Letters*, Vol. 34, No. 6.

［28］Ren, J., Jing, Z., Pu, J., Qin, X., 2006. Glacier variations and climate change in the central

Himalaya over the past few decades. *Annals of Glaciology*, Vol. 43, pp. 218-222.

[29] Shen, M., Piao, S., Jeong, S. J. *et al.*, 2015. Evaporative cooling over the Tibetan Plateau induced by vegetation growth. *Proceedings of the National Academy of Sciences*, Vol. 112, No. 30, pp. 9299-9304.

[30] Shi, Y. F., Liu, S. Y., 2000. Estimation on the response of glaciers in China to the global warming in the 21st century. *Chinese Science Bulletin*, Vol. 45, pp. 668-672.

[31] Su, F., Duan, X., Chen, D. *et al.*, 2013. Evaluation of the global climate models in the CMIP5 over the Tibetan Plateau. *Journal of Climate*, Vol. 26, No. 10, pp. 3187-3208.

[32] Wang, H., 2014. A multi-model assessment of climate change impacts on the distribution and productivity of ecosystems in China. *Regional Environmental Change*, Vol. 14, No. 1, pp. 133-144.

[33] Wang, H., Prentice, C., Ni, J., 2013. Data-Based Modelling And Environmental Sensitivity of Vegetation in China. *Biogeosciences*, Vol. 10, No. 9, pp. 5817-5830.

[34] Wang, X., Gong, P., Yao, T. *et al.*, 2010. Passive air sampling of organochlorine pesticides, polychlorinated biphenyls, and polybrominated diphenyl ethers across the Tibetan Plateau. *Environmental Science & Technology*, Vol. 44, No. 8, pp. 2988-2993.

[35] Xu, B., Cao, J., Hansen, J. *et al.*, 2009. Black soot and the survival of Tibetan glaciers. *Proceedings of the National Academy of Sciences*, Vol. 106, No. 52, pp. 22114-22118.

[36] Yao, T., Duan, K., Thompson, L. *et al.*, 2007. Temperature variations over the past millennium on the Tibetan Plateau revealed by four ice cores. *Annals of Glaciology*, Vol. 46, pp. 362-366.

[37] Yao, T., Thompson, L., Yang, W. *et al.*, 2012. Different glacier status with atmospheric circulations in Tibetan Plateau and surroundings. *Nature Climate Change*, Vol. 2, No. 9. pp. 663-667.

[38] Yao, T., Xue, Y., Chen, D. *et al.*, 2019. Recent third pole's rapid warming accompanies cryospheric melt and water cycle intensification and interactions between monsoon and environment: Multidisciplinary approach with observations, modeling, and analysis. *Bulletin of the American Meteorological Society*, Vol. 3, No. 100, pp. 423-444.

[39] Yin, Y., Tang, Q., Liu, X. *et al.*, 2017. Water scarcity under various socio-economic pathways and its potential effects on food production in the Yellow River basin. *Hydrology and Earth System Sciences*, Vol. 21, No. 2, pp. 791-804.

第五章　亚洲水塔流域水供给

　　水资源是发展国民经济不可缺少的重要自然资源，也是制约社会经济发展及生态安全的关键因素。目前，全球80多个国家约15亿人口面临淡水不足，其中26个国家约3亿人口完全生活在缺水状态。亚洲水塔流域国家对水资源的需求也已超过水资源所能负荷的程度，濒临水资源枯竭的危机，成为关系到国家经济、社会可持续发展和长治久安的重大战略问题（杜德斌等，2020）。亚洲水塔流域国家水资源分布高度不均，不丹、老挝等国人均淡水资源占有量超过1万立方米，而乌兹别克斯坦和土库曼斯坦人均淡水资源占有量仅分别为244立方米和504立方米，取水问题严重。

　　跨界河流在亚洲分布广泛，其流域面积占亚洲大陆面积的65%，拥有的淡水仅占全球的36%，人口却集中了全球的60%。包括孟加拉国、柬埔寨、哈萨克斯坦、巴基斯坦、塔吉克斯坦、泰国、乌兹别克斯坦和越南在内的八个亚洲水塔流域国家30%以上的水资源依靠跨界河流，而孟加拉国、巴基斯坦、柬埔寨、乌兹别克斯坦和越南等亚洲水塔流域国家65%以上的水资源来自于境外，对境外水源依存度相当高。总体来讲，亚洲水塔流域跨界水的竞争利用、冲突协调和跨界生态环境保护将成为国际关注的焦点。

第一节　研究数据及研究方法

　　水资源评估的手段主要分为水文模型模拟和基于观测数据两大类。从数据获取手段来讲，主要包括站点实测、遥感、再分析数据等，其中，遥感数据又可分为成像遥感数据以及非成像遥感数据（包括雷达高度计、重力卫星数据）。

一、评估模型

（一）水资源评估模型

目前陆地水储量监测方法主要有以下几种：（1）通过传统的地面基站观测覆盖范围较小的地表水、土壤湿度和地下水等；（2）利用被动微波遥感、作物植被指数法或热红外卫星获取地表十几厘米厚度的土壤湿度；（3）基于水文气象观测资料的水文模型推算；（4）利用重力反演与气候实验卫星（Gravity Recovery and Climate Experiment，GRACE）反演中大型空间尺度的陆地水量变化。GRACE 数据常用于水文数据模型检验。随着 GRACE 背景模型和处理技术的改进以及数据时序的增加，GRACE 的监测精度得到很大提升，在全球尺度上可达 0.9 毫米—10 毫米等效水高（Wahr *et al.*，2004），区域尺度上达 20 毫米等效水高（Klees *et al.*，2008），流域尺度上达 10 毫米—15 毫米等效水高（Velicogna *et al.*，2006）。此外，GRACE 数据能够全面覆盖且观测尺度统一，弥补了传统地形复杂、地面设置观测站点分布不均匀、遥感卫星获取土壤水厚度不足、水文参数模型不精确和气象观测资料不全面等问题。同时，GRACE 还具有长时间序列的优势，为大中规模的陆地水储量（面积至少大于 20 万平方千米）的定量长期研究提供了一种新的研究思路和方法（Wahr *et al.*，1998），解决了大规模、大尺度水文数据获取难度大的问题，是目前空间分辨率最高的重力探测方式，对研究区域用水、大规模水文过程的发现、水管理政策的制定等都具有非常重要的科学意义和社会经济价值。

（二）GRACE 地球重力卫星

GRACE 重力卫星计划的工程管理由美国喷气推进实验室（Jet Propulsion Laboratory，JPL）负责，科学数据的处理、分发与管理由美国喷气推进实验室、得克萨斯大学空间研究中心（Center for Space Research，CSR）和德国地学研究中心（Geo Forschungs Zentrum，GFZ）共同承担。此外，GFZ 与法国空间大地测量研究小组（Space Geodesy Research Group，GRGS）还分别提供时间分辨率为 7 天和 10 天的重力场模型。GRACE 的数据主要分成四个不同的等级：Level-0、Level-1A、Level-1B 和 Level-2。Level-0 数据是最初、最原始的数据，是没有经过任何处理的传感器直接获取的数据信息，主要是由德国宇航中心（Deutsches Zentrum Für Luft-und Raumfahrt，DLR）和德国遥感数据中心接收并进行初步转换。对 Level-0 数据进行初步的、没有任何损坏行为的校正并且标注上时间，即得到 Level-1A 数据。Level-1A 数据产品并不对外发布。这些数据再经过一系列不可逆转的处理，转换成采样率为 5 秒的可编辑数据产品，即成为 Level-1B 数据。Level-1B 数据主要包括了星间距离、速度、加速度、每颗卫星所受非重力摄动加速度、姿态估计、轨道等数据信息。再对 Level-1B 数据进行处理即可得到用球谐系数表示的月重力场估值 Level-2 数据。Level-2 数据主要包括 GRACE 卫星精密轨道数据、地球重力场球谐系数和 GPS 信号延迟/折射率数据，Level-2 重力场模型数据在科学数据系统 SDS（Science Data System）接收 Level-0 数据之后的 60 天内发布。

传统方法致力于采用机器学习对全球任意格网点上的陆地水储量变化进行逐一外推或预测，其模型驱动数据（即机器学习中的气象/水文输入数据）同陆地水储量变化在空间上严格对应，旨在利用气象/水文观测变量同陆地水储量变化之间的经验关系来实现数据的构建。本节采用的数据来自于美国加州理工学院（Humphrey and Gudmundsson，2019），他们利用降水重构法重构了 GRACE 时期以外的陆地水储量变化序列数据集（表 5-1），补充了 GRACE 与 GRACE-FO 卫星中间一年多的数据间断期，为区域长期的陆地水储量变化分析提供了完整的时间序列。因研究尺度较长，本研究选取了 1979 年—2018 年的数据集，主

表 5-1　基于气候驱动重构的 GRACE 数据集

重构的 GRACE 集名称	时间尺度	空间分辨率	驱动数据	训练数据	单位
JPL-MSWEP	1979 年—2016 年		MSWEP		
JPL-GSWP3	1901 年—2014 年	0.5°×0.5°	GSWP3	GRACE JPL	
JPL-ERAI	1979 年至今		ERA-Interim		毫米等效水高
GSFC-MSWEP	1979 年—2016 年		MSWEP		
GSFC-GSWP3	1901 年—2014 年	0.5°×0.5°	GSWP3	GRACE GSFC	
GSFC-ERAI	1979 年至今		ERA-Interim		

资料来源：Humphrey and Gudmundsson（2019）。

要包括 JPL-ERAI 和 GSFC-ERAI。通过对两组数据模拟结果的比较，找到适合于亚洲水塔流域的研究数据。

（三）跨部门影响模型比较计划

跨部门影响模型比较计划（The Inter-Sectoral Impact Model Intercomparison Project，ISI-MIP）由德国波茨坦气候影响研究所（Potsdam Institute for Climate Impact Research，PIK）和国际应用系统分析研究所（International Institute for Applied Systems Analysis，IIASA）组织发起，目的在于探讨全球变化对地表过程和人类社会的影响。该计划选用第 5 阶段的多模式比较计划（Coupled Model Intercomparison Project Phase 5，CIMP5）中参数符合各种影响模型需求的全球气候模式，并进行降尺度和偏差修正。空间上统一降尺度到 $0.5° \times 0.5°$ 的网格，时间上利用线性插值补全了全球气候模式直接输出的缺失日期数据。

趋势偏差纠正方法是 ISI-MIP 通过对数据进行修正的统计误差修正方法。该方法利用分位数映射法，基于传递函数将模拟的历史数据分布映射到观测值的分布，并据此校正未来的预测，以更好地匹配观测数据的概率分布，同时保留了数据中的长期趋势（Hempel *et al*.，2013）。每个模式的模拟数据包括历史模拟（1850 年—2005 年）和未来预估（2006 年—2099 年）两部分。

关于水资源的研究，ISIMIP 主要研究手段是将典型二氧化碳排放路径（RCPs）驱动的气候模式与水文模型耦合。基于 SSP2 情景，本节使用 ISIMIP2b 协议中提供的四个全球气候模式（GFDL-ESM2M、HadGEM2-ES、IPSL-CM5A-LR 和 MIROC5）（表 5-2）对应的四种排放情景数据（RCP2.6 SOC（根据 SSP2 和 RCP2.6 改变取水和土地利用）、RCP4.5 SOC（根据 SSP2 和 RCP4.5 改变取水量和土地利用）、RCP6.0 SOC（根据 SSP2 和 RCP6.0 改变取水量和土地利用）和 RCP8.5 SOC（根据 SSP2 和 RCP8.5 改变取水量和土地利用）），并与全球水文模型（WaterGAP2 模型）耦合获得全球尺度数据，其空间分辨率为 $0.5° \times 0.5°$，时间分辨率为月，时间长度为 2006 年—2099 年。

在不实施有效气候变化减缓措施的情况下，人类活动导致温室气体浓度达到的四种情景，在一定程度上代表人类未来可能面临的最好到最差的气候状态。

因此，本文以 RCP2.6、RCP4.5、RCP6.0 和 RCP 8.5 排放情景下的水储量变化作为研究对象，旨在揭示不同气候状态下的亚洲水塔水储量变化，为应对未来气候变化提供最低和最高的"底线"。未来预估的不确定性采用四个模式结果间的标注差来评估。各模式的详情请见网站 https：//www. isimip. org。分析过程以年尺度为主，故将所得月尺度数据经求和或平均后得到年时间尺度的序列。

表 5-2　气候系统模式

模式名称	机构缩写	机构全称
GFDL-ESM2M NOAA	GFDL	美国国家海洋与大气管理局和美国地球物理流体动力学实验室
HadGEM2-ES	MOHC	英国气象局哈德利中心和西班牙国家气象局
IPSL-CAM5-LR	IPSL	法国皮埃尔西蒙拉普拉斯研究所
MIROC5	MIROC	日本海洋与地球科学技术厅、大气和海洋研究所（东京大学）和国家环境研究所

资料来源：ISIMIP，https：//www. isimip. org。

（四）极端气候指标数据集

本研究所使用的极端气候指数数据集，是由哥白尼气候变化服务机构制作（https：//cds. climate. copernicus. eu/cdsapp ♯！/dataset/sis-extreme-indices-cmip6？tab＝overview）。该数据集提供了基于气候变化检测和专家组（ETCCDI）定义的与温度和降水相关的极端气候指数（表 5-3 和表 5-4）。这些指数是根据 CMIP6 结果计算得出。

表 5-3　极端气温指标的定义与分类

指数代码	指数名称	定义	单位
		强度指数	
TNn	日最低气温的极低值	月内日最低气温的最小值	℃
TNx	日最低气温的极高值	月内日最低气温的最大值	℃
TXn	日最高气温的极低值	月内日最高气温的最小值	℃
TXx	日最高气温的极高值	月内日最高气温的最大值	℃
DTR	气温日较差	年内日最高气温与最低气温的差值	℃

续表

指数代码	指数名称	定义	单位
		持续时间指数	
CSDI	冷持续日数	日最低气温<10%分位值的连续6天的日数	d
WSDI	暖持续日数	日最高气温>90%分位值的连续6天的日数	d
GSL	生长季长度	日平均气温首次出现至少连续6日>5℃，以及首次在7月1日后（北半球）的日平均气温至少连续6日<5℃的总日数	d
		频率指数	
FD0	霜冻日数	年内日最低气温<0℃的日数	d
ID0	冰冻日数	年内日最高气温<0℃的日数	d
SU25	夏季日数	年内日最高气温>25℃的日数	d
TR20	热夜日数	年内日最低气温>20℃的日数	d
Tn10p	冷夜日数	日最低气温<10%分位值的日数	d
Tn90p	暖夜日数	日最低气温>90%分位值的日数	d
		频率指数	
Tx10p	冷昼日数	日最高气温<10%分位值的日数	d
Tx90p	暖昼日数	日最高气温>90%分位值的日数	d

表5-4 极端降水量指标的定义与分类

指数代码	指数名称	定义	单位
		强度指数	
R95p	强降水量	每年日降水量大于第95%分位值的降水量之和	mm
R99p	极强降水量	每年日降水量大于第99%分位值的降水量之和	mm
Rx1day	单日最大降水量	每月最大1日降水量	mm
Rx5day	连续5日最大降水量	每月连续5日最大降水量	mm
PRCPTOT	雨日降水总量	雨日（日降水量≥1mm）降水总量	mm
SDII	年均雨日降水强度	日降水量≥1mm的总量与总日数之比	$mm \cdot d^{-1}$
		持续时间指数	
CDD	持续干燥日数	日降水量<1mm的最长连续日数	d
CWD	持续湿润日数	日降水量≥1mm的最长连续日数	d
		频率指数	
R10	中雨日数	每年日降水量（PRCP）≥10mm的总日数	d
R20	大雨日数	每年日降水量（PRCP）≥20mm的总日数	d

二、研究方法

(一) 线性趋势分析

趋势分析是指时间序列的气候要素在长时期内呈现出来的持续增加或者减少的变化分析。本节采用一次线性方程表示极端气候指数的变化趋势，即：

$$Y(t) = at + b \qquad 式5\text{-}1$$

式中，Y 为极端气候指数；t 为时间（1979 年—2018 年）；a 为线性趋势项；a×10表示极端气候指数每十年的变化量，即年际倾向率，单位为毫米/年等。当 a>0 时，表示极端气候指数随时间递增，当 a<0 时，表示极端气候指数随时间递减，绝对值越大，表明变化趋势越明显。式中 a 根据最小二乘法原理求得。而变化趋势的显著性使用 F 检验法进行显著性检验，显著性水平取 $\alpha = 0.05$。

与时间变化相比较，陆地水储量（Terrestrial Water Storage，TWS）的空间分布特征能更加直接地反映出研究区水储量变化的空间格局状态。文中利用 TWS 的线性趋势表征陆地水储量变化趋势的空间分布规律及其变化显著地区。

(二) 决策树

决策树是遥感分类中一种分层次处理结构，具有简单、明确、直观的特点，常用于栅格数据的分类（李春兰，2019）。本节使用决策树法分析基于像元尺度的 TWS 在空间上的变化特征。若 Trend>0，表示该像元代表的 TWS 呈增加的变化趋势，同时对同一像元进行了显著性检验，若显著性 p 值<0.05，则该像元的 TWS 变化呈显著增加趋势，否则呈不显著增加趋势。同理，若 Trend<0，表示该像元代表的 TWS 呈减少的变化趋势，若显著性 p 值<0.05，该像元的 TWS 变化呈显著减少变化趋势，否则呈不显著减少变化趋势。

将各因子数据图层的空间分辨率统一重采样为 1 千米×1 千米后，依据式 5-1，在 ArcGIS 中进行相应的空间运算，得到研究区多年平均供水量的空间分布图层。

（三）多集合模式

在分析全球升温 1.5 摄氏度和 2 摄氏度时，常用多集合模式（Multi-Model Ensemble，MME），因为它通过逐点平均多模型的模拟结果，弥补了单一模型的偏差，从而提高模拟的精度水平（Jiang *et al.*，2016b），因此，本节利用 MME 确定 TWS 的时间和空间变化趋势。MME 的计算方法主要有两种，即非加权平均和加权平均，而本节主要使用操作最简单的非加权平均来计算 MME（Kim *et al.*，2018）。

（四）流域年平均降水量模型

若流域有长期年降雨量资料，则流域的多年平均降水量计算公式如下：

$$\bar{P} = \frac{1}{n} \sum_{i=1}^{n} P_i \qquad\qquad \text{式 5-2}$$

其中，P_i 为第 i 年降水量，n 大于等于 20 年。

（五）泰勒图

泰勒图是由卡尔·泰勒（Karl E. Taylor，2001）首次提出的一种对不同模型进行比较评估的方法，可以较为全面并且直观地同时评估多个模式模拟气象能力。泰勒图使用三种不同的统计量（相关系数、均方根误差和标准差）来量化模型的模拟值与观测值之间的对应程度。泰勒图的原理是将几个不同模式数据与观测数据进行对比。假设观测值为 O，目前需要比较模式 X 和模式 Y 对于观测资料 O 的模拟能力。下面以模式 X 为例，判断模式 X 相对于观测数据 O 的模拟能力，首先分别算出观测资料 O 和模式 X 各自的标准差，然后算出模式 X 和观测资料 O 之间的三种评估指标。

$$\sigma_O = \left[\frac{1}{N} \sum_{n=1}^{N} (O_n - \bar{O})^2 \right]^{1/2} \qquad\qquad \text{式 5-3}$$

$$\sigma_X = \left[\frac{1}{N} \sum_{n=1}^{N} (X_n - \bar{X})^2 \right]^{1/2} \qquad\qquad \text{式 5-4}$$

$$R = \frac{\frac{1}{N} \sum_{n=1}^{N} (X_n - \bar{X})(O_n - \bar{O})}{\sigma_X \sigma_O} \qquad\qquad \text{式 5-5}$$

$$RMS = \left\{ \frac{1}{N} \sum_{n=1}^{N} \left[(X_n - \bar{X})(O_n - \bar{O}) \right]^2 \right\}^{1/2} \qquad \text{式 5-6}$$

以上公式中 X_n 和 O_n 为模式 X 和观测资料 O 第 n 序列，$\bar{X}$ 和 $\bar{O}$ 分别为模式 X 和观测资料 O 的平均值。

观测资料 O 与模式 X 的均方根误差、标准差和相关系数之间满足以下关系式。

$$RMS^2 = \sigma_O^2 + \sigma_X^2 - 2\sigma_O \sigma_X R \qquad \text{式 5-7}$$

相同的方法可以算出模式 Y 和观测资料之间的相关系数、均方根误差和标准差。

第二节　亚洲水塔流域水资源供给的时空特征

亚洲水塔流域国家面临着相似的挑战，即社会经济增长导致的用水需求不断增加。由于季节性降水模式，该地区水资源可获得性存在显著差异。其水资源可用性的不确定性与气候变化密切相关，也依赖于流域范围内水资源管理能力和机制。水资源包括逐年可更新的地表水、地下水、土壤水，也包括更新周期很长的深层地下水、冰川、海洋、湖泊等永久储量中允许开发利用的部分。

一、流域国家可再生淡水资源赋存特征

联合国粮农组织农业与水信息系统（AQUASTAT）数据库的可再生内陆淡水资源是指某国国内的可再生资源（内陆河流及降雨产生的地表水），也就是不包含过境河流水量和湖泊中的非可再生部分。可再生水资源是由全球水循环更新的内陆水域，是人类可用的主要水源。

各国水资源禀赋存在较大差异，可再生淡水总量从中国的 2 813 亿立方米到土库曼斯坦的 1.41 亿立方米不等（表 5-5 和表 5-6），高度集中于中国、印度及缅甸三国。三者拥有整个亚洲水塔流域可再生淡水总量的 3% 以上。而中亚大湖区可再生淡水总量不到整个流域的 3%。人均可再生内陆淡水资源同样也

存在较大差异，从吉尔吉斯斯坦的 7 894.23 立方米/人到土库曼斯坦的 244.02
立方米/人不等，相对集中于不丹、老挝、缅甸等国家，且以中南半岛和部分中
亚大湖区人均淡水量居多。

表 5-5　亚洲水塔流域国家可再生淡水资源总量和人均量（2017 年）

国家	可再生淡水资源总量（10 亿立方米）	人均可再生内陆淡水资源（立方米）
阿富汗	47.15	1 299.03
孟加拉国	105	657.6
不丹	78	104 618.22
中国	2 813	2 029
印度	1 446	1 080.19
伊朗	128.5	1 592.83
哈萨克斯坦	64.35	3 567.51
吉尔吉斯斯坦	48.93	7 894.23
柬埔寨	120.6	7 533.07
老挝	190.4	27 383.73
缅甸	1 003	18 788.9
尼泊尔	198.2	7 174.11
巴基斯坦	55	264.55
泰国	224.5	3 243.76
塔吉克斯坦	63.46	7 146.18
土库曼斯坦	1.405	244.02
乌兹别克斯坦	16.34	504.5
越南	359.4	3 799.29

表 5-6　亚洲水塔流域国家可更新的淡水资源

国家	可更新淡水资源总量（立方米/年）	人均可使用更新淡水资源量（立方米/人/年）	更新年份
阿富汗	1.64	2 154	2000
孟加拉国	35.87	253	2008
不丹	0.34	480	2008
中国	578.9	42.5	2007

续表

国家	可更新淡水资源总量 （立方米/年）	人均可使用更新淡水 资源量（立方米/人/年）	更新年份
印度	761.0	627	2010
伊朗	93.3	1 243	2004
哈萨克斯坦	21.10	1 339	2010
吉尔吉斯斯坦	8.00	1 441	2006
柬埔寨	2.20	146	2006
老挝	3.50	544	2005
缅甸	33.23	658	2000
尼泊尔	9.50	318	2006
巴基斯坦	183.50	993	2008
泰国	57.31	841	2007
塔吉克斯坦	11.50	1 625	2006
土库曼斯坦	28.00	5 409	2004
乌兹别克斯坦	56.00	2 015	2005
越南	82.00	921	2005

资料来源：Gleick *et al.*（2014）。

二、流域陆地水储量时空变化特征

陆地水储量（TWS）对水文循环起到调节作用，是全球水资源可用性的关键决定因素。

（一）亚洲水塔流域陆地水储量年尺度时空变化特征

1. 亚洲水塔流域陆地水储量时间变化特征

1980 年以来，亚洲水塔流域水储量变化波动较大，振幅为 40 毫米左右，在 80 年代和 20 世纪初期，出现严重亏损，90 年代出现了盈余，即表现为亏损-盈余-亏损的变化特征。从变化趋势来看，总体流域陆地水储量呈减少的变化特征，其中，GSFC 的变化趋势通过了 0.05 的显著性检验。总体来看，亚洲水塔流域陆地水储量整体以－0.24 毫米/年呈显著减少趋势（图 5-1）。

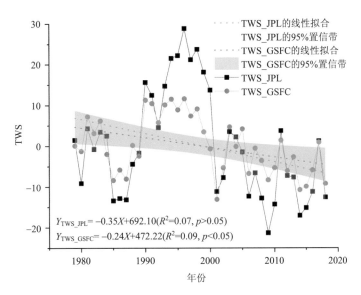

图 5-1 "亚洲水塔"周边流域群陆地水储量年尺度时间变化（1980 年—2020 年）

2. 亚洲水塔流域陆地水储量空间变化特征

为了识别亚洲水塔流域及其水储量显著变化区域内水储量的年内变化过程，对 GRACE 水储量的各月水储量数据求取多年平均态。受地质地形等因素的影响，亚洲水塔流域水文特征差别较大，水储量的空间分布也存在较大分异（图 5-2）。1979 年—2018 年，亚洲水塔流域水储量的多年均值亏损与盈余参半，东南部大部分区域水储量为正值，表明水储量多年盈余，具体包括红河流域、澜沧江-湄公河流域、怒江-萨尔温江流域和伊洛瓦底江流域。流域西北部大部分区域水储量为负值，水储量多年亏损，主要包括恒河-布拉马普特拉河-梅格纳河流域、伊犁河流域、楚河流域、咸海流域、赫尔曼德河等流域北部，哈里鲁德河和穆尔加布河整个流域。印度河流域东南部水储量多正值，表明 1979 年—2018 年，该区域水储量多盈余，而西北部水储量多负值，表明该区域水储量多亏损。

1979 年—2018 年，无论是降水充沛的湿润地区还是降水严重不足的干旱地区，亚洲水塔流域大部分区域呈水储量下降趋势，减少部分占总水塔群面积的62.3%，其中 32.1% 显著减少；剩余的 37.7% 呈增加趋势，其中 11.1% 呈显著增加趋势。其水储量变化趋势遵循自东向西减小、中部增加的带状分布。中部的伊犁河流域、楚河流域、塔拉斯河流域以及恒河-布拉马普特拉河-梅克纳河流域大部分区域水储量呈显著增加趋势。西部的咸海流域、哈里鲁德河流域、穆尔加布河流域、赫尔曼德河流域、印度河流域东北部，东部的红河流域、澜沧江-湄公河流域、伊洛瓦底江流域和怒江-萨尔温江流域大部分区域水储量呈显著减少趋势（图5-2）。

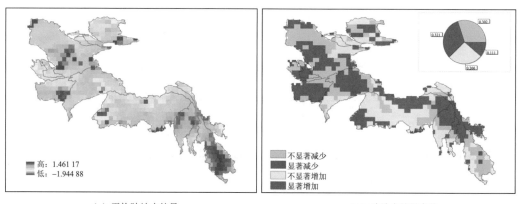

（a）平均陆地水储量　　　　　　　　（b）陆地水储量变化

图5-2　1979年—2018年"亚洲水塔"周边流域群陆地水储量年尺度变化趋势

（二）亚洲水塔流域陆地水储量季节尺度时空特征

为进一步了解亚洲水塔流域季节性水储量变化及分布，根据气候变化划分四季：3月—5月为春季，6月—8月为夏季，9月—11月为秋季，12月—次年2月为冬季。在春、夏、秋、冬四季中，由于受气候、水文、地质地貌、人类活动等因素的影响，亚洲水塔流域的季节平均水储量变化在空间分布上有明显的不均匀性和集聚性规律。整体来看，水储量夏季盈余，秋冬两季亏损（秋季亏损程度高于冬季），春季处于相对平衡状态，这与全球变暖以及春季消融期提前有一定的关系。在秋季整个水塔亏损最为严重，尤以流域西北部亏损最为显著。夏季水储量整体呈现盈余状态，主要是因为温度升高和积雪消退加速了冰川的消融速度，此时水储量增加主要受冰雪融水汇入研究区的影响，最大盈余量出现在流域的南部。秋季由于降水稀少，并且农业用水增加，陆地水储量迅速减少（图5-3和图5-4）。

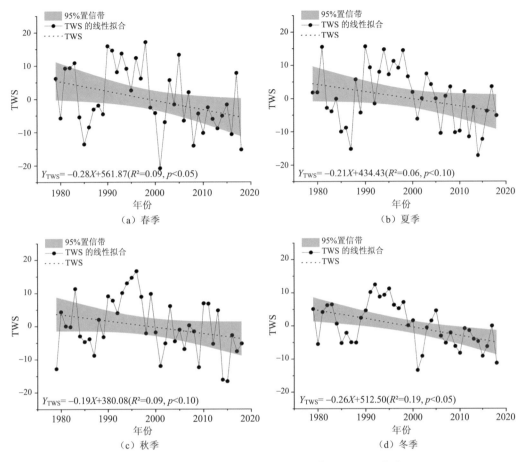

图 5-3　亚洲水塔群陆地水储量季节尺度时间变化

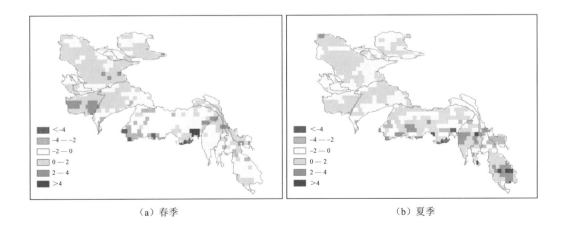

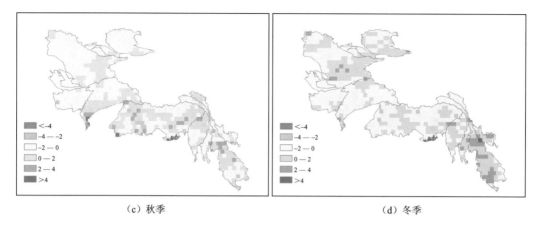

　　　　　　　（c）秋季　　　　　　　　　　　　　　　（d）冬季

图 5-4　亚洲水塔群陆地水储量季节尺度空间分布

（三）亚洲水塔流域陆地水储量月尺度时空分布特征

　　亚洲水塔流域陆地水储量变化年内分配不均，其中 1 月、5 月—8 月和 10 月水储量为盈余状态；5 月开始由亏转盈，主要受冰川融水注入的影响；8 月达到峰值 0.4 毫米等效水高；2 月—4 月、9 月和 11 月—12 月水储量处于亏损状态；2 月亏损最为严重，达到 −0.15 毫米等效水高（图 5-5）。这种变化可能与春季降水增加以及农作物耕种有关，跨流域调水逐渐用于农作物的灌溉，从而导致水储量变化幅度小。总体来看，在全球变暖背景下，亚洲水塔流域受春季冰川融水和夏季降水的影响，导致水储量年内变化存在两个明显的拐点，分别为 2 月和 8 月。这两个月份的水储量变化最为敏感。

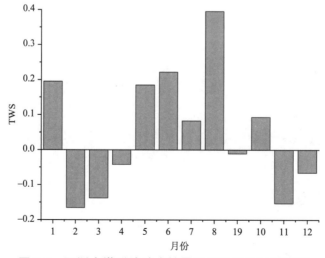

图 5-5　亚洲水塔群陆地水储量平均月尺度时间变化

　　1980 年以来，亚洲水塔流域水储量整体呈减少趋势，除 7 月、8 月和 9 月未通过显著性检验外，其余月份水储量呈显著减少趋势。其中，1 月、2 月、3 月、5 月、6 月、11 月和 12 月，通过了 0.05 的显著性检验，4 月和 10 月通过了 0.10 的显著性检验（图 5-6）。

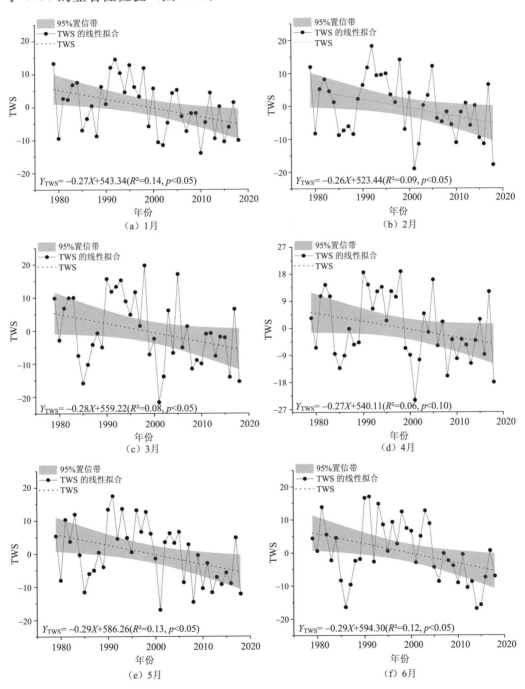

$Y_{TWS}= -0.27X+543.34(R^2=0.14, p<0.05)$

（a）1月

$Y_{TWS}= -0.26X+523.44(R^2=0.09, p<0.05)$

（b）2月

$Y_{TWS}= -0.28X+559.22(R^2=0.08, p<0.05)$

（c）3月

$Y_{TWS}= -0.27X+540.11(R^2=0.06, p<0.10)$

（d）4月

$Y_{TWS}= -0.29X+586.26(R^2=0.13, p<0.05)$

（e）5月

$Y_{TWS}= -0.29X+594.30(R^2=0.12, p<0.05)$

（f）6月

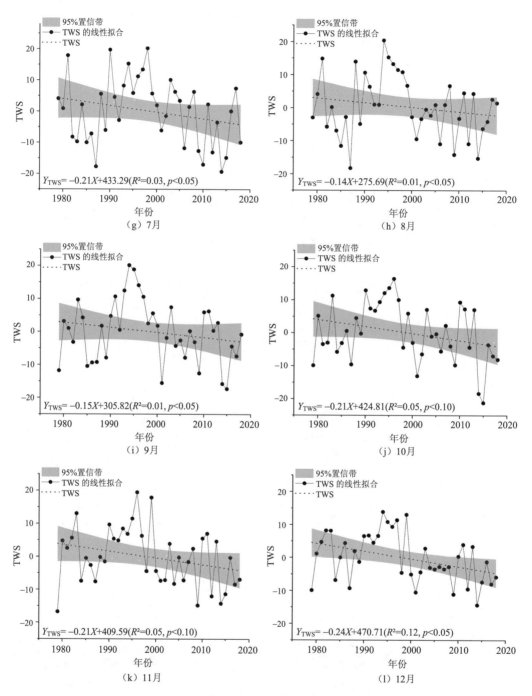

图 5-6　亚洲水塔群陆地水储量月尺度时间变化趋势

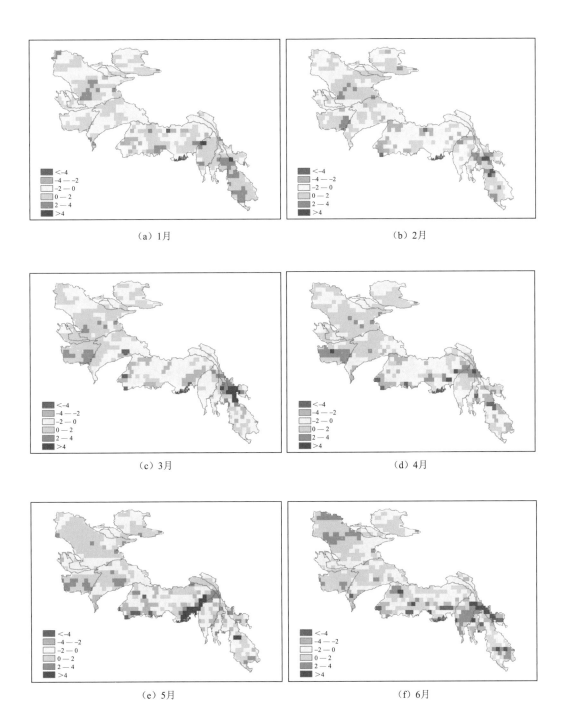

（a）1月 　　　　　　　　　　　　　　　（b）2月

（c）3月 　　　　　　　　　　　　　　　（d）4月

（e）5月 　　　　　　　　　　　　　　　（f）6月

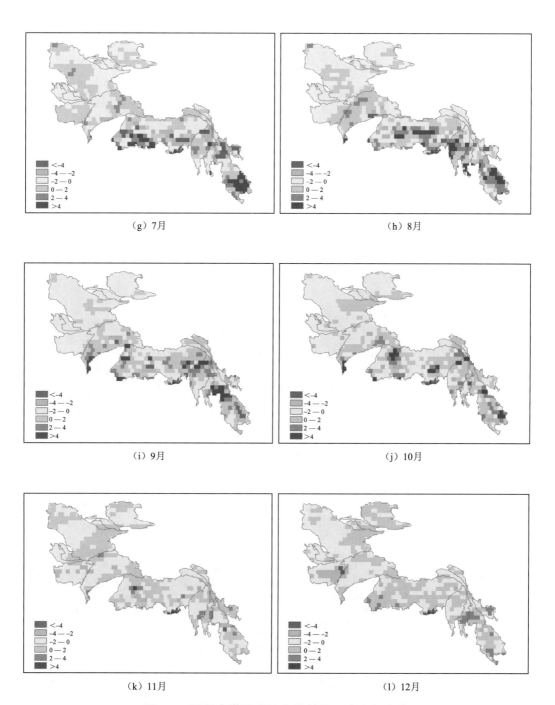

（g）7月　　　　　　　　　　　　　　　　（h）8月

（i）9月　　　　　　　　　　　　　　　　（j）10月

（k）11月　　　　　　　　　　　　　　　（l）12月

图 5-7　亚洲水塔群陆地水储量月尺度空间变化

月尺度流域水储量空间分布高度不均衡，不同流域月尺度水储量差异显著。1月的红河流域、澜沧江-湄公河流域、怒江-萨尔温江流域、伊洛瓦底江流域水储量处于盈余状态，其余流域水储量盈余和亏损参半（图5-7）。2月的恒河-布拉马普特拉河-梅格纳河流域、怒江-萨尔温江流域、伊洛瓦底江流域大部分由盈余转为亏损，而咸海流域、赫尔曼德河流域和伊犁河流域盈余部分明显增多。3月的恒河-布拉马普特拉河-梅格纳河流域、怒江-萨尔温江流域、伊洛瓦底江流域几乎全部亏损，澜沧江-湄公河流域南部由盈余转为亏损，北部则由亏损转为盈余。红河流域、赫尔曼德河流域、穆尔加布河流域、哈里鲁德河流域和咸海流域，水储量盈余部分明显增加。4月的伊洛瓦底江流域北部、恒河-布拉马普特拉河-梅格纳河流域东北部、印度河流域中部、伊犁河流域东南部由亏损转为盈余。哈里鲁德河流域东南部主要由盈余转为亏损。5月的咸海流域北部盈余，南部出现亏损，穆尔加布河流域、哈里鲁德河流域出现严重亏损。伊洛瓦底江流域和澜沧江-湄公河流域北部由亏损转为盈余。6月的伊洛瓦底江流域和澜沧江-湄公河流域南部由亏损转为盈余、恒河-布拉马普特拉河-梅格纳河流域西北部分由亏损转为盈余。7月的印度河流域东北部出现盈余，咸海流域北部出现大量亏损。8月的印度河流域除东北部外，大部分区域出现盈余。穆尔加布河流域、哈里鲁德河流域、楚河流域、塔拉斯河流域几乎全部亏损。赫尔曼德河流域、伊犁河流域和红河流域仅东南部盈余，其余大部分区域属于亏损。咸海流域西南部小部分区域出现盈余，其余大部分为亏损状态。伊洛瓦底江流域、怒江-萨尔温江流域和澜沧江-湄公河流域北部小部分出现亏损，南部大部分区域出现盈余。9月的穆尔加布河流域、哈里鲁德河流域、楚河流域、塔拉斯河流、伊犁河流域、赫尔曼德河流域和咸海流域几乎全部亏损。印度河流域中部出现亏损，其余大部分区域出现盈余。恒河-布拉马普特拉河-梅格纳河流域东北部和西南部存在盈余。伊洛瓦底江流域北部出现盈余。10月的澜沧江-湄公河流域和伊洛瓦底江流域大部分区域出现盈余，印度河流域东南大部呈现盈余。11月的咸海流域东南部和西北部以及红河流域出现明显盈余。12月的咸海流域东南部、印度河流域北部以及楚河流域、伊犁河流域和恒河-布拉马普特拉河-梅格纳河流域大部分区域表现为盈余。

三、典型流域水储量的时空变化特征

（一）咸海流域水储量的时空变化特征

1. 咸海流域水储量的时间变化特征

1979—2018 年，咸海流域陆地水储量变化呈显著下降趋势，变化速率为 -0.54 毫米/年（$p<0.05$），研究结果明显高于吕叶等（2021）人的研究。从变化幅度来看，咸海流域陆地水储量变化最大值出现在 1993 年，为 26.82 毫米等效水柱高，最小值出现在 2008 年，达到 -26.00 毫米等效水柱高，变化幅度最高达 52.82 毫米等效水柱高（图 5-8）。一方面可能是因为研究时段不同，另一方面是数据处理存在一定差异，如咸海流域的研究范围不同、GRACE 数据来源机构不同，其对咸海流域陆地水储量的反演依然存在不确定性。

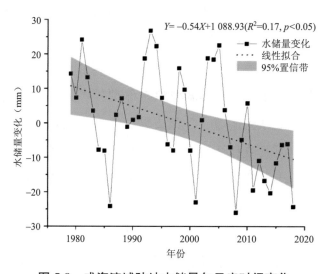

图 5-8　咸海流域陆地水储量年尺度时间变化

2. 咸海流域水储量的空间变化特征

1979 年—2018 年，咸海流域陆地水储量总体呈显著下降趋势（图 5-9），减少部分占流域总面积的 87.1%，其中 39.9% 呈显著减少；剩余的 12.9% 呈增加趋势，其中 3.1% 呈显著增加趋势。空间分布来看，仅东北部少量盈余；其中，流域北部和西部水量亏损程度大于南部地区，特别是在土库曼斯坦及乌兹别克

斯坦境内的咸海地区，陆地水储量的亏损更为显著，而水储量的盈余则主要出现在流域东部山区，研究结果同吕叶等（2021）人的研究结果一致。吕叶等（2021）人认为咸海流域西北部陆地水储量亏损最为严重，一方面是因为苏联解体后乌兹别克斯坦继续强化农业经济，阿姆河中下游农业灌溉面积继续扩张，加之持续升温的影响，区域蒸散发耗水增加（吕叶等，2021）。另一方面可能与降水量的变化相关。研究表明，2002 年—2016 年咸海流域降水量整体呈减小趋势，减小速率约为－1.14 毫米/年；减少最明显的区域在咸海流域南部（－8.22 毫米/年）；降水增加最明显的地区在锡尔河流域和阿姆河流域的下游，增幅可达 2.67 毫米/年（吕叶等，2021）。2003 年—2013 年，陆地水储量在中亚大湖区呈下降趋势。山区气候变化通过影响冰川和积雪变化而对陆地水储量产生影响，导致陆地水储量呈下降趋势（图 5-9）。2002 年以后，中亚大湖区明显变暖，由于温度升高，雪水当量和等效水高都显示出下降的趋势，导致该地

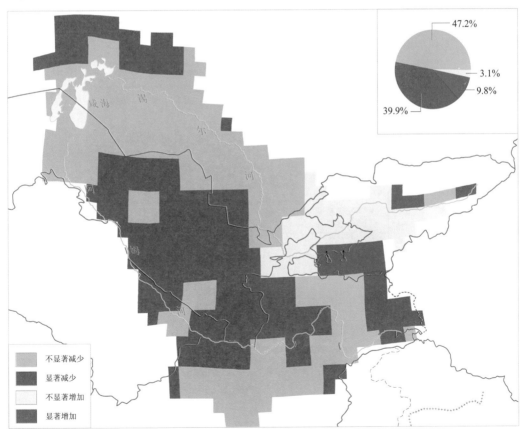

图 5-9　咸海流域群陆地水储量年尺度空间变化

区的地表水储量持续下降（周启鸣等，2021）。

研究表明，2002 年—2016 年，阿姆河流域和锡尔河流域水储量均呈显著下降趋势，变化速率分别为−2.91 毫米/年和−5.18 毫米/年（2002 年—2008 年，$p<0.05$，2008 年后 $p<0.01$）。除阿姆河流域中游水储量变化呈 1.79 毫米/年的小幅增加外，其他五个分区陆地水储量均呈减小趋势。其中，阿姆河下游减小幅度最大，变化速率达−7.36 毫米/年，阿姆河上游和锡尔河上游分别以−7.28 毫米/年、−3.81 毫米/年幅度减小。锡尔河流域的上、中、下游陆地水储量减小幅度为：上游<下游<中游。咸海流域陆地水储量呈减少态势不是单一因素造成的。降水减少、温度升高导致蒸散增加，灌溉农业的发展、耕地面积的增加导致水资源耗散，综合因素导致咸海流域整体的陆地水储量呈减少趋势（吕叶等，2021）。

（二）恒河-布拉马普特拉河-梅克纳河流域

1. 恒河-布拉马普特拉河-梅克纳河流域水储量的时间变化特征

1979 年—2018 年，恒河-布拉马普特拉河-梅克纳河流域水储量变化呈波动上升变化趋势（图 5-10），变化速率为 0.73 毫米/年（$p<0.05$）。水储量在1980 年、1986 年、1990 年、1998 年、2003 年、2008 年、2014 年出现较高峰值，基本以 5—6 年为一个周期。

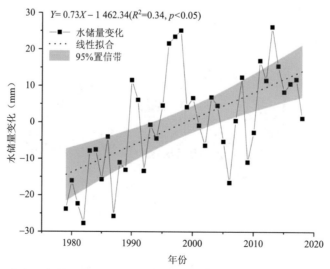

图 5-10　恒河-布拉马普特拉河-梅克纳河流域陆地水储量年尺度时间变化

2. 恒河-布拉马普特拉河-梅克纳河流域水储量的空间变化特征

1979—2018 年，恒河-布拉马普特拉河-梅克纳河流域陆地水储量总体呈增加趋势（图 5-11），增加部分占流域总面积的 76.8%，其中 29.5% 呈显著减少；剩余的 23.2% 呈减少的变化趋势，其中 8.1% 呈显著减少趋势。空间分布上表现为东北部-西北部减小、北部和西南部增加的块状分布，即流域东北部-西北部低海拔地区出现水储量亏损，北部的高山区和西南部呈现盈余。尽管流域西北部，即布拉马普特拉河流经的区域平均降水量超过 1 500 毫米，有的区域甚至超过 2 000 毫米，但由于灌溉过度抽取地下水，地下水储量损失率为 −40 毫米/年（Rodel *et al.*，2009），进而导致该区域水储量减少。总之，雅鲁藏布江和恒河流经的地区多盈余，布拉马普特拉河流经的地区多亏损。

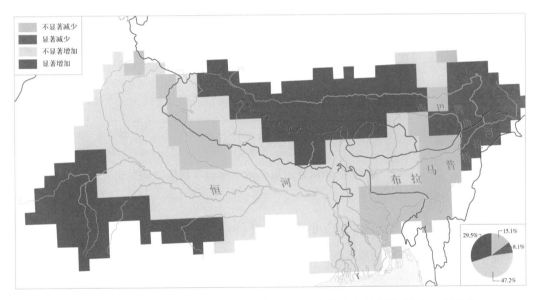

图 5-11　恒河-布拉马普特拉河-梅克纳河流域陆地水储量年尺度空间变化

（三）狮泉河-印度河流域水储量的时间变化特征

1. 狮泉河-印度河流域水储量的时间变化特征

1979 年—2018 年，狮泉河-印度河流域水储量变化波动较大，振幅为 80 毫米左右。在 19 世纪 80—90 年代出现盈余，20 世纪初期出现严重亏损，即表现为先盈余再亏损的波动变化特征。其中，2000 年—2002 年属于历史最低值，低于 40 毫米等效水柱高。1995 年—1996 年属于历史最高值，超过 40 毫米等效水柱高。研究表明，1980 年—2016 年，印度河流域年降水量在 1995 年跌到最大值 784.2 毫米，2002 年跌到最小值 271.9 毫米（赵建婷等，2020）。水储量变化与降水量变化趋势较为一致，也就是说水储量变化受降水量变化的影响较大。从变化趋势来看，狮泉河-印度河流域水储量呈显著下降变化趋势，变化速率为 0.65 毫米/年（$p<0.05$）。

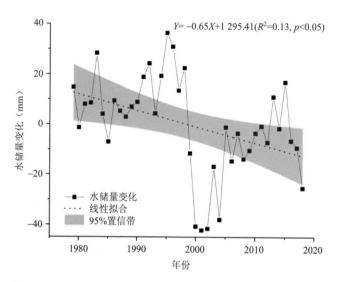

图 5-12　狮泉河-印度河流域陆地水储量年尺度时间变化

2. 狮泉河-印度河流域水储量的空间变化特征

1979 年—2018 年，狮泉河-印度河流域陆地水储量总体呈减少趋势，减少部分占流域总面积的 76%，其中 43% 呈显著减少；剩余的 24% 呈增加趋势，其中 6% 呈显著增加趋势（图 5-13）。空间分布上表现为东北-西南部增加、西北大部减少的块状分布，即流域西北大部分地区亏损，东北-西南部呈现盈余，与降水量的降水区域范围较为一致（赵建婷等，2020）。

受夏季风的影响，46% 的积雪和 32% 的冰川融水流入印度河流域，特别是靠近冰川出口位置的小盆地受冰川融水影响最大（Scott et al.，2019）。印度河流域上游拥有除极地地区外最广泛的冰川系统，超过 70% 的冰川融水，占整个印度河灌溉系统的 50% 以上。研究表明，印度河、喀布尔河和杰赫勒姆河的径流量在夏季、冬季和年尺度上都呈减少的变化趋势。印度河平原塔尔杜布地区的季风前地下水位呈减少趋势。

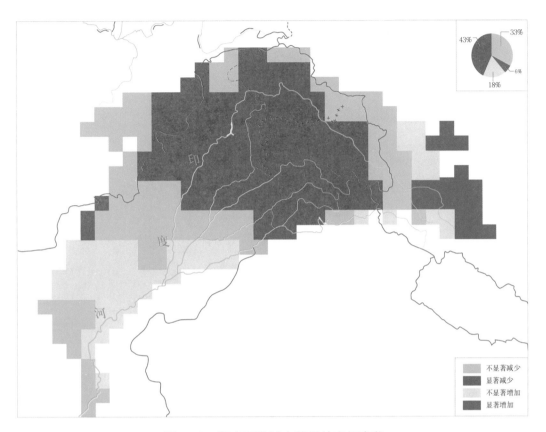

图 5-13　印度河流域水储量的空间变化

（四）澜沧江-湄公河流域水储量的时空变化特征

1. 澜沧江-湄公河流域水储量的时间变化特征

1979 年—2018 年，澜沧江-湄公河流域水储量变化波动较大，振幅为 90 毫米左右，2000 年以后开始出现大幅度的波动，基本上是前 20 年水储量平均变化振幅的两倍（图 5-14）。

2. 澜沧江-湄公河流域水储量的空间变化特征

1979 年—2018 年，澜沧江-湄公河流域陆地水储量总体呈减少变化趋势，减少部分占流域总面积的 65.1％，其中 22.1％呈显著减少；剩余 34.9％呈增长变化趋势，其中 3.1％呈显著增加趋势。空间分布上表现为西北部-西南部小部分增加，其余大部分呈减少趋势。即流域西北部-西南部小部分盈余，其余大部

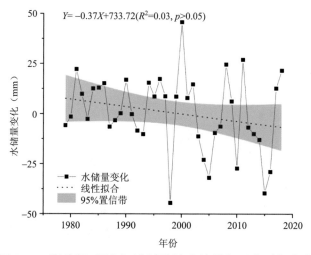

图 5-14　澜沧江-湄公河流域陆地水储量年尺度时间变化

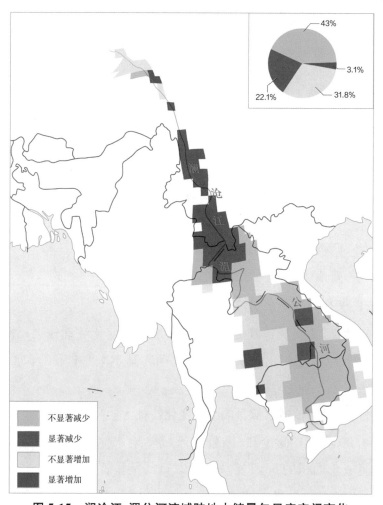

图 5-15　澜沧江-湄公河流域陆地水储量年尺度空间变化

分呈现亏损。澜沧江和湄公河流经的地区多亏损，锡河、蒙河和洞里萨河等河流流经地区多盈余（图 5-15）。

四、未来水资源供给时空变化特征

（一）亚洲水塔流域水资源供给模拟能力评价

图 5-16 中，横坐标上的点是观测值，A—E 代表了不同模式模拟数据。图中与观测值接近说明模型模拟结果的相关系数高，标准差接近，均方根误差小，则认定该模式模拟的效果比其他模式好。

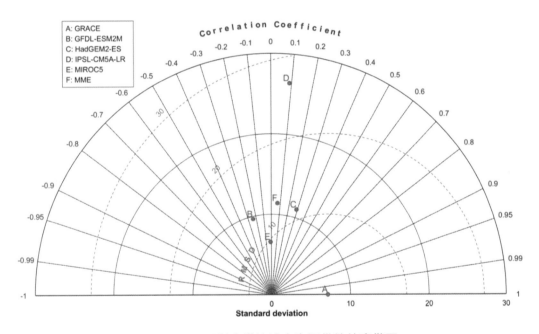

图 5-16　亚洲水塔流域水资源供给的泰勒图

图 5-17 为亚洲水塔流域未来水储量的箱线图，位于箱线图内的横线表示中位数，上下框线分别表示上、下四分位数，延长的上下限分别表示最大值与最小值。分析中位数可预测序列的大致趋势，分析上、下四分位数及上、下限与中位数的跨度则可得出预测序列是否稳定。模型对水储量都存在一定的高估，总体来看模型 E 相对实际比较接近。

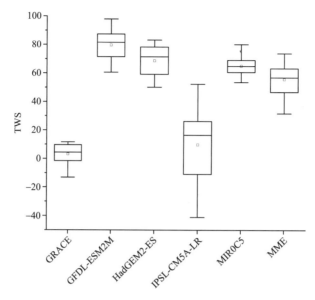

图 5-17 亚洲水塔流域水资源供给箱线图

（二）亚洲水塔流域未来水资源供给时间变化特征

沃佐斯基等（Warszawski *et al.*，2014）人利用 ISI-MIP 气温数据计算出全球升温 1.5℃ 和 2.0℃ 的时间段，分别为 RCP2.6 排放情景下的 2020 年—2039 年和 RCP4.5 排放情景下的 2040 年—2059 年。中国的科学家在 2017 年再次计算也得出同样的结论（王安乾等，2017；王艳君等，2017）。基于此，以下研究分为四个阶段：近期（2020 年—2039 年）、中期（2040 年—2059 年）、中长期（2060 年—2079 年）和长期（2080 年—2099 年）。以 1986 年 2005 年为基准期，对未来 TWS 变化展开定量模拟，一方面可以研判亚洲水塔流域未来 TWS 的中长期动态变化趋势，另一方面科学把握全球升温 1.5℃ 和 2.0℃ 时间段内 TWS 的响应变化规律。

四种气候模式和 MME 模拟下，亚洲水塔流域在未来时期水储量变化都呈现减少的变化趋势，但不同模式变化存在一定的差异性（图 5-18）。其中，IPSL-CM5A-LR 模拟的水储量总体最低，其次是 GFDL-ESM2M 和 HadGEM2-ES，模拟最多的是 MIROC5。本节选取 MME 的模拟结果进一步分析。

总体来看，不同 RCP 气候情景下 TWS 变化各异，在 RCP8.5 和 RCP2.6

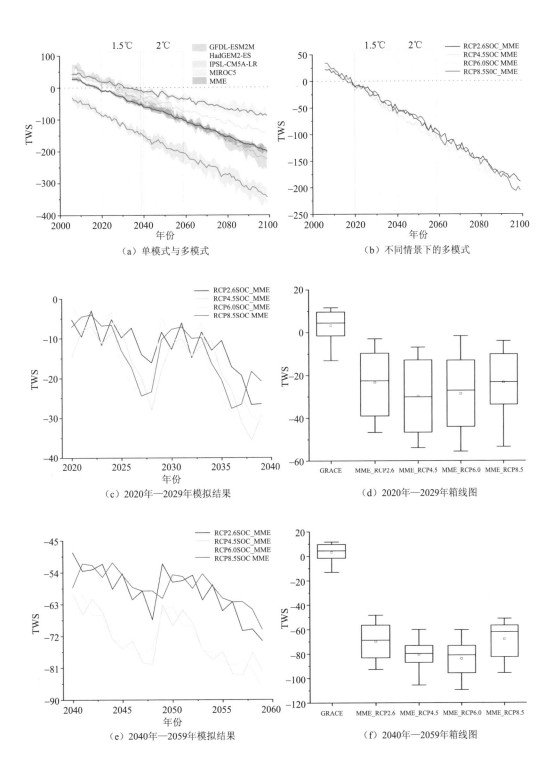

（a）单模式与多模式

（b）不同情景下的多模式

（c）2020年—2029年模拟结果

（d）2020年—2029年箱线图

（e）2040年—2059年模拟结果

（f）2040年—2059年箱线图

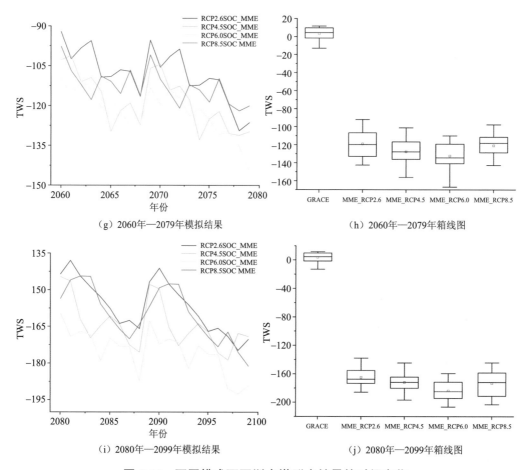

（g）2060年—2079年模拟结果　　　　（h）2060年—2079年箱线图

（i）2080年—2099年模拟结果　　　　（j）2080年—2099年箱线图

图 5-18　不同模式下亚洲水塔群水储量的时间变化

情景下，TWS 减少较缓慢，在 RCP4.5 和 RCP6.0 情景下，TWS 减少较快。
从不同时间段来看，全球升温 1.5 摄氏度（2020 年—2039 年）期间，RCP6.0
情景下，TWS 减少最快，且变化幅度最大约 52 千克/平方米；RCP2.6 情景下，
TWS 不仅减少缓慢，且变化幅度最小达 34 千克/平方米；RCP4.5 和 RCP8.5
趋于二者之间。在全球升温 2 摄氏度（2040 年—2059 年）期间，RCP8.5 情景
下，TWS 减少缓慢，且变化幅度最小约 38 千克/平方米；RCP4.5 情景下的
TWS 减少最快，且变化幅度最大约 46 千克/平方米；RCP2.6 和 RCP6.0 趋于
二者之间。需要注意的是，RCP2.6 和 RCP8.5 排放情景下 TWS 变化比较接
近。2060 年—2079 年，RCP8.5 情景下，TWS 减少缓慢，且变化幅度最小约
45 千克/平方米；RCP6.0 情景下的 TWS 减少最快，且变化幅度最大约 57 千克/

平方米；RCP2.6 和 RCP4.5 趋于二者之间。2080 年—2099 年，RCP2.6 情景下，TWS 不仅减少缓慢，且变化幅度最小为 42 千克/平方米；RCP8.5 情景下的 TWS 减少最快，且变化幅度最大可达 50 千克/平方米；RCP6.0 和 RCP8.5 趋于二者之间。总之，在低排放情景和高排放情景下，亚洲水塔流域 TWS 减少放缓，且变化幅度较小，中度排放情景下，则正好相反。

（三）亚洲水塔流域未来水资源空间变化特征

1. 不同碳排放情景

在 RCP2.6 排放情景下，2020 年—2039 年、2040 年—2059 年与 2060 年—2079 年三个时间段内水储量亏损面积大于盈余面积（图 5-19），且在最后一阶段，显著减少面积占整个水塔流域面积的 17.1%，主要集中在伊犁河流域和咸海流域的西北部、恒河-布拉马普特拉河-梅克纳河流域的西南部。而在 2080 年—2099 年期，水储量盈余面积大于亏损面积，且显著增加面积约占流域总面积的 7.7%，主要集中在恒河-布拉马普特拉河-梅克纳河流域的东南-西北轴线两侧。在 RCP4.5 排放情景下，四个时间段内水储量亏损面积均大于盈余面积，且在第一阶段，显著减少面积占流域总面积的 20.8%，主要集中在印度河流域、赫尔曼德河流域、哈里鲁德河流域和穆尔加布河流域，以及恒河-布拉马普特拉河-梅克纳河流域的西南部。在 RCP6.0 排放情景下，2020 年—2039 年与 2060 年—2079 年两个时间段内水储量亏损面积大于盈余面积，且在前一阶段，显著减少面积占水塔流域总面积的 19.1%，主要集中在伊犁河流域和恒河-布拉马普特拉

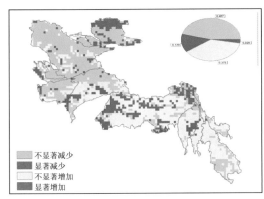

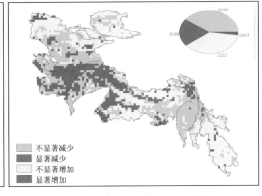

（a）2020 年—2039 年 RCP2.6 情景　　　　　　（b）2020 年—2039 年 RCP4.5 情景

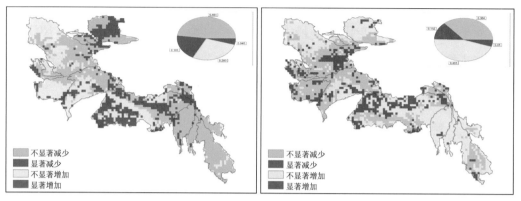

（c）2020 年—2039 年 RCP6.0 情景　　　　　　　　（d）2020 年—2039 年 RCP8.5 情景

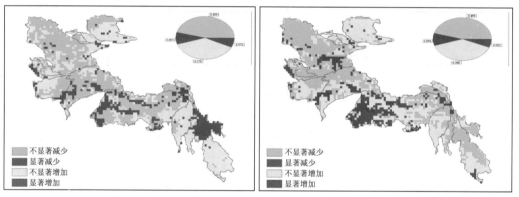

（e）2040 年—2059 年 RCP2.6 情景　　　　　　　　（f）2040 年—2059 年 RCP4.5 情景

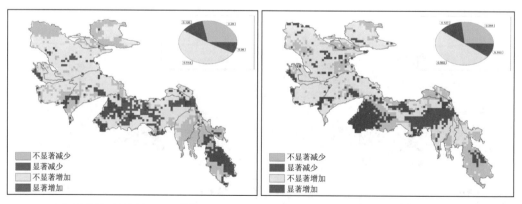

（g）2040 年—2059 年 RCP6.0 情景　　　　　　　　（h）2040 年—2059 年 RCP8.5 情景

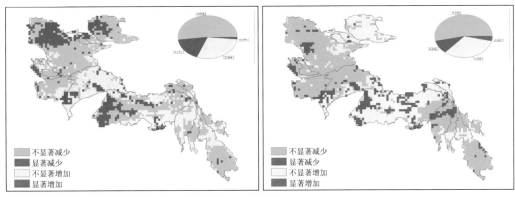

（i）2060 年—2079 年 RCP2.6 情景　　　　　　　　　（j）2060 年—2079 年 RCP4.5 情景

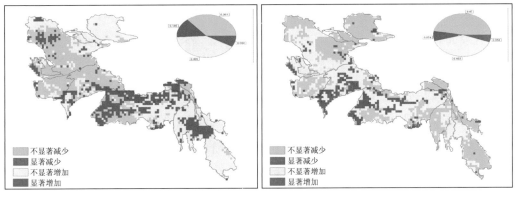

（k）2060 年—2079 年 RCP6.0 情景　　　　　　　　　（l）2060 年—2079 年 RCP8.5 情景

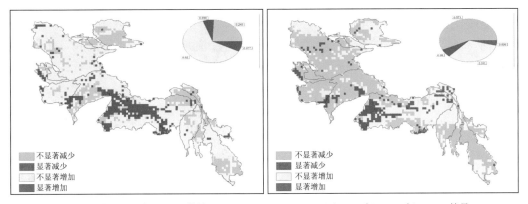

（m）2080 年—2099 年 RCP2.6 情景　　　　　　　　　（n）2080 年—2099 年 RCP4.5 情景

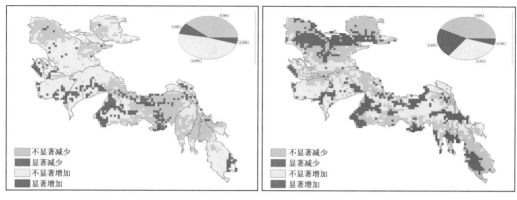

（o）2080年—2099年 RCP6.0 情景　　　　　　（p）2080年—2099年 RCP8.5 情景

图 5-19　不同碳排放情景下亚洲水塔流域水储量空间变化趋势（2020—2099 年）

河-梅克纳河流域，而在 2040 年—2059 年与 2080 年—2099 年两个时间段内水储量盈余面积大于亏损面积，且在后一阶段，显著增加面积占总面积的 8.0％，主要集中在印度河流域、赫尔曼德河流域、哈里鲁德河流域、穆尔加布河流域，以及恒河-布拉马普特拉河-梅克纳河流域的西南部和澜沧江-湄公河流域东南部。在 RCP8.5 排放情景下，2020 年—2039 年与 2040 年—2059 年两个时间段内水储量盈余面积大于亏损面积，且在后一阶段，显著减少面积占总面积的 10.3％，主要集中在恒河-布拉马普特拉河-梅克纳河流域的东南部和伊洛瓦底江流域北部，而在 2060 年—2079 年与 2080 年—2099 年两个时间段内水储量亏损面积大于盈余面积，且在后一阶段，显著增加面积占总面积的 22.3％，主要集中在伊犁河流域南部、楚河流域、塔拉斯河流域、咸海流域、恒河-布拉马普特拉河-梅克纳河流域的西南部、怒江-萨尔温江流域南部、伊洛瓦底江流域南部和澜沧江-湄公河流域南部。

2. 不同时间段

2020 年—2039 年，仅在 RCP8.5 情景下水储量的盈余面积与亏损面积相当，剩余三个情景下水储量的亏损面积大于盈余面积。随着碳排放强度增加，水储量亏损面积也逐渐增大，在 RCP6.0 情景下达到最大，亏损面积约占流域总面积的 67.2％，其中 19.1％的面积通过了 0.05 水平的显著性检验，主要集中在伊犁河流域、恒河-布拉马普特拉河-梅克纳河流域和怒江-萨尔温江流域北部。2040 年—2059 年，在 RCP2.6 和 RCP4.5 情景下，水储量亏损面积大于盈余面积，均占总面积的 55％，且 9.1％以上面积通过了 0.05 显著性检验，主要集中在咸海流域西南部和恒河-布拉马普特拉河-梅克纳河流域西南部；在 RCP6.0 和 RCP8.5 情景下，盈余面积大于亏损面积，且盈余面积在 60％以上，主要集中在恒河-布拉马普特拉河-梅克纳河流域和伊洛瓦底江流域北部。2060 年—2079 年，所有情景下水储量亏损面积均大于盈余面积，且在 RCP2.6 排放情景下，亏损面积达到峰值，为总水储量的 68.8％，主要集中在伊犁河流域、楚河流域、塔拉斯河流域、咸海流域和恒河-布拉马普特拉河-梅克纳河流域。2080 年—2099 年，在 RCP2.6 和 RCP6.0 情景下，水储量亏损面积大于盈余面积，RCP4.5 和 RCP8.5 情景下，亏损面积大于盈余面积。

（四）未来 15—30 年水资源供给不足的热点地区

根据国际公认的标准，人均水资源量大于 1 700 立方米为极低风险缺水，低于 1 700 立方米为低风险缺水，低于 1 300 立方米为中风险缺水，低于 1 000 立方米为高风险缺水，低于 500 立方米为极高风险缺水。本节使用的未来人均水资源供给量数据来源于环境署水资源中心（2016 年，Transboundary Waters Assessment Programme，http://twap-rivers.org/indicators），由可用供水量除以流域内指定时间段内的总人口来表征。

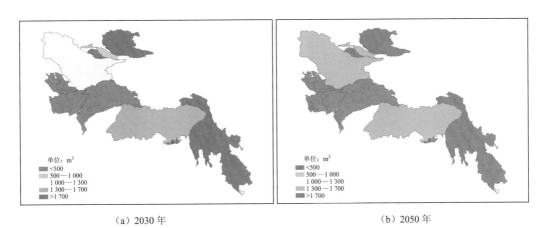

（a）2030 年　　　　　　　　　　　（b）2050 年

图 5-20　亚洲水塔流域及其流域国别单元时间尺度水资源分布

无论是 2030 年还是 2050 年，未来亚洲水塔流域东南部人均水资源供给充沛，西北部人均水资源供给相对匮乏（图 5-20）。总体来看，人均水资源供给从东南向西北，从东北向西南逐渐递减。从流域尺度来看，红河流域、澜沧江-湄公河流域、怒江-萨尔温江流域、伊洛瓦底江流域、伊犁河流域和塔拉斯河流域人均水资源供给量大于 1 700 立方米，恒河-雅鲁藏布江-梅克纳河流域的人均水资源供给可达 1 300 立方米—1 700 立方米，属于水资源供给丰富的区域。楚河流域的人均水资源供给量达 500 立方米—1 000 立方米，属于高风险缺水情况。印度河流域、赫尔曼德河流域、哈里鲁德河流域、穆尔加河流域的人均水资源供给量小于 500 立方米，属于水资源供给匮乏区域和极高风险缺水情况。相比2030 年，咸海流域人均水资源供给量在 2050 年从中度水平进入匮乏水平，亟待给予更多重视。从国家尺度来看，无论是 2030 年还是 2050 年，流域内某些国家和地区的风险程度较高。总体上是以亚洲水塔为核心向周围辐射状递减变化，即水资源变化对下游国家造成严重影响。中南半岛等国家人均水资源供给充沛，中西亚地区和南亚次大陆部分国家人均水资源供给相对匮乏。相比 2030年，变化比较明显的是，印度河流域的阿富汗，人均水资源供给量从 1 000 立方米—1 300 立方米变为 500 立方米，由高风险变为极高风险。

虽然节水技术和需求管理措施可能在减轻日益增长的水需求方面发挥了重要作用，但是未来水资源仍将面临重大压力，特别是咸海流域和印度河流域，在今后 15—30 年仍是水资源供给不足的热点地区。

第三节　亚洲水塔流域水资源供给的气候变化因素

大量研究表明，气候变化导致亚洲水塔及其流域水储量发生显著失衡。亚洲水塔流域陆地水储量与区域气候变化水循环及人类水资源利用密切相关。其中，气候变暖、季风变化，极端气候变化及降水相态变化成为亚洲水塔及其流域水资源供给水平变化的关键气候因子。

一、亚洲水塔流域水储量与"平均态"气候变化的关系

亚洲水塔流域水储量与平均气温存在显著的负相关关系（表 5-7），且相关

程度中等（相关系数为−0.423），满足置信度为 0.01 的相关性检验。即气温升高往往导致水储量显著减少。而流域群水储量与平均降水量存在不显著的正相关关系（相关系数为 0.272），可能是因为流域内水储量补充除直接降水外，还会通过地表径流和地下径流补充，但是水储量的重新分配需要一定的时间，陆地水储量的变化较水资源补给具有一定的滞后性。这说明逐渐增加的年平均气温是导致亚洲水塔流域水储量直接减少的重要驱动因素。

表 5-7　1979 年—2018 年"平均态"气候变化与流域群水储量的年际相关系数

指标	平均降水量	平均气温
TWS	0.272	−0.423**

注：** 为 0.01 显著性

前人研究表明，气温变化对水储量的影响相对复杂，与地形及水储量的存在形式有关，特别是在冰冻圈区域，温度升高引起冰冻圈组成要素（如冰川、积雪）融化，冰冻圈区域的水储量相对减少，但是与之相邻的冰雪补给区域水储量有可能增加（穆大鹏，2014）。秦国斌等（Chun et al.，2020）人将降水量数据进行了信号分离，发现印度河-恒河-布拉马普特拉河流域降水量呈减少变化趋势，研究结果与本节关于"水储量减少的发生位置"的结果一致。

二、亚洲水塔流域水储量与"极端态"气候变化的关系

（一）亚洲水塔流域水储量与极端气温事件的关系

1. 亚洲水塔流域水储量与极端气温事件强度指数的关系

通过计算 1979 年—2018 年极端气温指数与 TWS 之间的年际相关系数（表 5-8)可知，表征暖的极端气温强度指数（TNx、TXx、WSDI、GSL、SU、TR、Tn90p 和 Tx90p）与 TWS 普遍呈负相关关系，表征冷的极端气温强度指数（TXn、FD、ID、Tn10p 和 Tx10p）与 TWS 普遍呈正相关关系。其中，极端气温事件强度指数中的 TNx 对 TWS 的影响最大。

表 5-8　1979 年—2018 年极端气温指数与流域群水储量的年际相关系数

指数类型	指数	TWS
强度指数	TNn	−0.034
	TNx	−0.323*
	TXn	0.04
	TXx	−0.03
持续时间指数	DTR	0.045
	CSDI	−0.007
	WSDI	−0.502**
频率指数	GSL	−0.116
	FD	0.421**
	ID	0.296
	SU	−0.429**
	TR	−0.351*
	Tn10p	0.289
	Tn90p	−0.462**
	Tx10p	−0.410**
	Tx90p	−0.493**

注：＊＊为 0.01 显著性，＊为 0.05 显著性。

资料来源：哥白尼气候变化服务机构，https://cds.climate.copernicus.eu/cdsapp#!/dataset/sis-extreme-indices-cmip6? tab=overview。

为进一步了解极端气温事件对 TWS 的影响，本节选择了极端气温事件强度、持续事件和频率三个指标，以及与 TWS 相关系数最大的三个指标——日最低气温的极高值（TNx）、暖持续日数（WSDI）和暖昼日数（Tx90p），结合小波分析法分析极端气温事件与 TWS 在时频域上的关系（图 5-21）。图中黑色细实线为小波边界效应影响锥，粗黑实线表示通过置信水平为 0.05 的红噪声检验，"←""→"分别表示极端气温指数与 TWS 反相位变化和同相位变化，即负相关关系和正相关关系。"↓""↑"分别表示极端气温指数落后 TWS 相位 90°和超前相位 90°。

由图 5-21 可知，TNx 与 TWS 高能区存在两个显著的负相关关系的共振周期，即在 1981 年—1982 年和 2000 年—2007 年分别存在 1 年—3 年的共振周期，在低能区存在两个显著负相关的共振周期，相关系数在 0.8 以上，即在 1980 年—1987 年和 1997 年—1999 年分别存在 0 年—2 年和 5 年的共振周期，其中 5 年的共振周期，TNx 比 TWS 落后 $90°$。

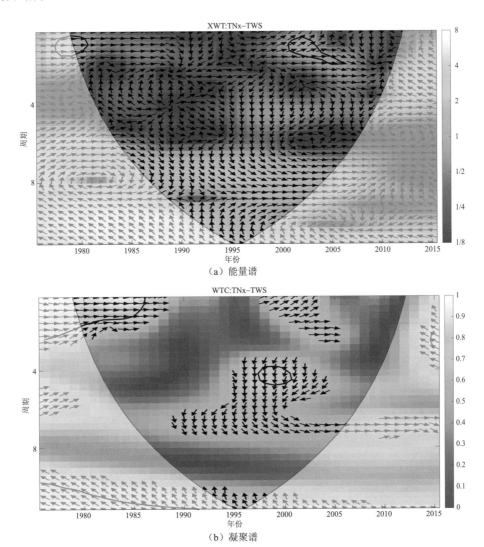

（a）能量谱

（b）凝聚谱

图 5-21　1979 年—2018 年 TNx 与 TWS 的交叉小波能量谱和小波凝聚谱

资料来源：https://cds.climate.copernicus.eu/cdsapp#!/dataset/sis-extreme-indices-cmip6? tab=overview。

2. 亚洲水塔流域水储量与极端气温事件持续时间指数的关系

由表 5-8 可知，极端气温事件的持续时间指数中暖持续日数（WSDI）对 TWS 的影响最大。可能原因是：亚洲水塔流域的水资源主要来源于冰雪融合补给，暖持续日数的增加，一方面可以加速冰雪融化，另一方面难以长期维持新雪的积累。由图 5-22 可知，WSDI 与 TWS 高能区不存在共振周期，在低能区存在一个显著负相关的共振周期，相关系数在 0.8 以上，即在 2000 年—2009 年存在 1 年—4 年的共振周期，WSDI 比 TWS 超前 180°。

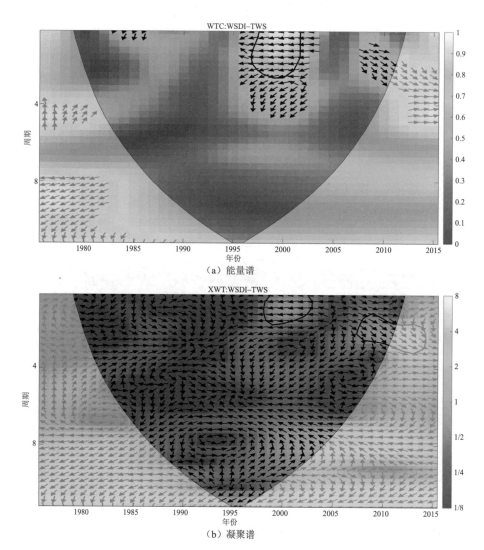

（a）能量谱

（b）凝聚谱

图 5-22　1979 年—2018 年 WSDI 与 TWS 的交叉小波能量谱和小波凝聚谱

资料来源：https://cds. climate. copernicus. eu/cdsapp＃！/dataset/sis-extreme-indices-cmip6？tab＝overview。

3. 亚洲水塔流域水储量与极端气温事件频率指数的关系

由表 5-8 可知，极端气温事件频率指数中主要是 Tx90p 对 TWS 的影响最显著。由图 5-23 可知，Tx90p 与 TWS 高能区存在两个显著的共振周期，在 1999 年—2003 年、2006 年—2010 年分别存在 0 年—2 年、2 年—4 年的共振周期，在低能区存在三个显著（1 个正和 2 个负）相关的共振周期，相关系数在 0.8 以上，即在 1982 年—1985 年、1998 年—2006 年和 2008 年—2010 年分别存在 4 年、0 年—4 年和 2 年—3 年的共振周期，其中 4 年的共振周期 Tx90p 比 TWS 落后 45°；0 年—4 年的共振周期，Tx90p 比 TWS 落后 135°；2 年—3 年的共振周期，Tx90p 比 TWS 超前 90°。

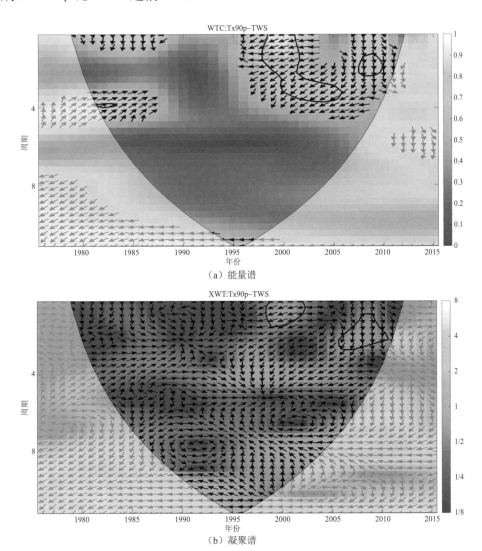

（a）能量谱

（b）凝聚谱

图 5-23　1979 年—2018 年 Tx90p 与 TWS 的交叉小波能量谱和小波凝聚谱

资料来源：https://cds. climate. copernicus. eu/cdsapp♯！/dataset/sis-extreme-indices-cmip6？tab＝overview。

（二）亚洲水塔流域水储量与极端降水量事件的关系

1. 亚洲水塔流域水储量与极端降水量事件强度指数的关系

1979 年—2018 年极端降水量指数与 TWS 年际相关性显示极端降水事件与水储量之间存在复杂的关系（表 5-9）。

表 5-9　1979 年—2018 年极端降水指数与流域群水储量的年际相关系数

TWS	强度指数						持续时间指数		频率指数	
	Rx1day	Rx5day	R95p	R99p	SDII	PRCPTOT	CDD	CWD	R10	R20
	−0.161	−0.137	0.050	−0.377*	0.066	0.071	−0.369*	0.314*	0.067	0.154

注：**为 0.01 显著性，*为 0.05 显著性。

资料来源：哥白尼气候变化服务机构：https://cds.climate.copernicus.eu/cdsapp#!/dataset/sis-extreme-indices-cmip6？tab=overview。

进一步由图 5-24 可知，R99p 与 TWS 在高能区存在一个显著的共振周期，即在 1999 年—2007 年存在 0 年—3 年的共振周期。在低能区存在四个显著负相关的共振周期，相关系数在 0.8 以上，即在 1985 年—1992 年、1991 年—1999 年，1993 年—1998 年、1999 年—2007 年分别存在 6 年—8 年、10 年—12 年、3 年—5 年和 0 年—3 年共振周期，其中 6 年—8 年的共振周期 R99p 比 TWS 超前 135°；10 年—12 年的共振周期，R99p 比 TWS 超前 180°；3 年—5 年的共振周期，R99p 比 TWS 超前 180°；0 年—3 年的共振周期，R99p 比 TWS 超前 180°。

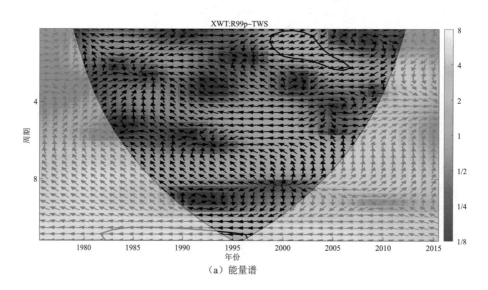

（a）能量谱

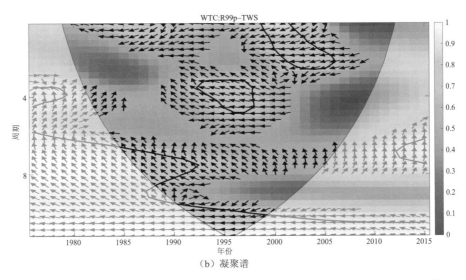

（b）凝聚谱

图 5-24 1979 年—2018 年 R99p 与 TWS 的交叉小波能量谱和小波凝聚谱

资料来源：https：//cds. climate. copernicus. eu/cdsapp♯！/dataset/sis-extreme-indices-cmip6？tab＝overview。

2. 亚洲水塔流域水储量与极端降水量事件持续时间指数的关系

由图 5-25 可知，CDD 与 TWS 高能区不存在共振周期，在低能区存在两个显著负相关的共振周期，相关系数在 0.8 以上，即在 2005 年—2007 年和 2006 年—2009 年分别存在 0 年—2 年和 5 年—6 年的共振周期，CDD 分别比 TWS 超前 180°和 90°。

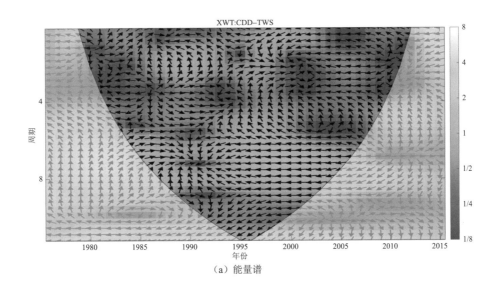

（a）能量谱

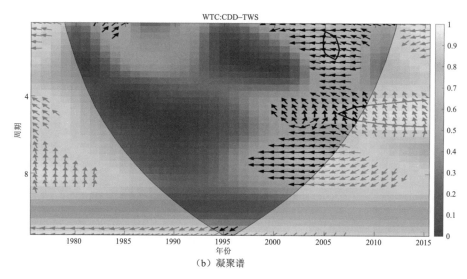

（b）凝聚谱

图 5-25　1979 年—2018 年 CDD 与 TWS 的交叉小波能量谱和小波凝聚谱

资料来源：https://cds. climate. copernicus. eu/cdsapp♯！/dataset/sis-extreme-indices-cmip6？tab＝overview。

3. 亚洲水塔流域水储量与极端降水量事件频率指数的关系

由图 5-26 可知，R20 与 TWS 高能区存在一个显著的共振周期，即在 1986 年—1988 年存在 2 年—3 年的共振周期，在低能区存在三个显著正相关的共振周期，相关系数在 0.8 以上，即在 1986 年—1992 年、1990 年—2000 年和 2008 年—2011 年存在 2 年—3 年、9 年—12 年和 2 年—3 年的共振周期。

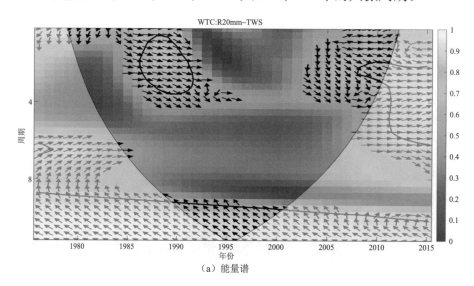

（a）能量谱

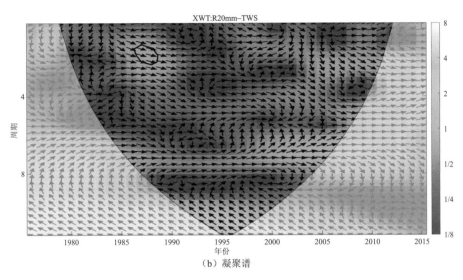

（b）凝聚谱

图 5-26　1979 年—2018 年 R20mm 与 TWS 的交叉小波能量谱和小波凝聚谱

资料来源：https：//cds. climate. copernicus. eu/cdsapp♯！/dataset/sis-extreme-indices-cmip6？tab＝overview。

参 考 文 献

［1］杜德斌、刘承良、胡志丁等：" '亚洲水塔'变化对中国周边地缘政治环境的影响"，《世界地理研究》，2020 年第 2 期。

［2］李春兰："蒙古高原多时空尺度极端气候变化特征及其影响研究"，华东师范大学博士论文，2019 年。

［3］吕叶、杨涵、黄粤等："咸海流域陆地水储量时空变化研究"，《干旱区地理》，2021 年第 44 期。

［4］穆大鹏："GRACE 监测中亚地区陆地水储量变化研究"，山东科技大学硕士论文，2014 年。

［5］王安乾、苏布达、王艳君等："全球升温 1.5℃与 2.0℃情景下中国极端低温事件变化与耕地暴露度研究"，《气象学报》，2017 年第 75 期。

［6］王艳君、景丞、曹丽格等："全球升温控制在 1.5℃和 2.0℃目标时中国分省人口格局"，《气候变化研究进展》，2017 年第 4 期。

［7］赵建婷、王艳君、苏布达等："印度河流域气温、降水、蒸发及干旱变化特征"，《干旱区地理》，2020 年第 43 期。

［8］周启鸣、李剑锋、崔爱红等："中亚干旱区陆地水资源对气候变化的响应"，《水文》，2021 年第 41 期。

［9］Chun，K.，He，Q.，Fok，H. *et al.*，2020. Gravimetry-based water storage shifting over the China-India border area controlled by regional climate variability. *The Science of the Total Environment*，Vol. 714，No.4.

［10］Gleick，P. H.，Ajami，N.，Christian-smith，J. *et al.*，2014. Freshwater Withdrawal by Country and Sector. *The World's Water*，pp. 227-235.

［11］Hempel，S.，Frieler，K.，Warszawski，L. *et al.*，2013. A trend-preserving bias correction-The

ISI-MIP approach. *Earth System Dynamics*, Vol. 4, No. 2, pp. 219-236.

[12] Humphrey, V., Gudmundsson, L., 2019. GRACE-REC: A reconstruction of climate-driven water storage changes over the last century. *Earth System Science Data*, Vol. 11, No. 3, pp. 1153-1170.

[13] Jiang, L., Yao, Z., Huang, H., 2016. Climate variability and change on the Mongolian plateau: Historical variation and future predictions. *Climate Research*, Vol. 67, No. 1, pp. 1-14.

[14] Kim, G., Cha, D., Park, C. *et al*. 2018. Future changes in extreme precipitation indices over Korea. *International Journal of Climatology*, Vol. 38, No.S1, pp. 862-874.

[15] Klees, R., Liu, X., Wittwer, T. *et al*., 2008. A comparison of global and regional GRACE models for land hydrology. *Surveys in Geophysics*, Vol. 29, No. 4-5, pp. 335-359.

[16] Melissa, M., Aaron, T., 2019. Updating the Register of International River Basins of the world. *International Journal of Water Resources Development*, Vol. 35, No. 5, pp. 732-782.

[17] Rodell, M., Velicogna, I., Famiflietti, J., 2009. Satellite-based estimates of groundwater depletion in India. *Nature*, Vol. 460. No. 7258, pp. 999-1002.

[18] Scott, C. A., Zhang, F., Mukherji, A. *et al*. 2019. *The Hindu Kush Himalaya Assessment*. Springer International Publishing.

[19] Velicogna, I., Wahr, J., 2006. Measurements of time-variable gravity show mass loss in Antarctica. *Science*, Vol, 311, No.5768, pp. 1754-1756.

[20] Wahr, J., Molenaar, M., Bryan, F., 1998. Time variability of the Earth's gravity field: Hydrological and oceanic effects and their possible detection using GRACE. *Journal of Geophysical Research: Solid Earth*, Vol, 103, No.B12, pp. 30205-30229.

[21] Wahr, J., Swenson, S., Zlotnicki, V. *et al*. 2004. Time-variable gravity from GRACE: First results. *Geophysical Research Letters*, Vol. 31, No. 11, pp. 1-4.

[22] Warszawski, L., Frieler, K., Huber, V. *et al*. 2014. The inter-sectoral impact model intercomparison project (ISI-MIP): Project framework. *Proceedings of the National Academy of Sciences*, Vol. 111, No.9, pp. 3228-3232.

第六章　亚洲水塔流域国家水需求

受人口增长、城市化及气候变化等因素综合影响，全球水资源需求不断增加。根据世界资源研究所的数据，当前人类用水量已经是 1960 年的两倍，全球出现严重的水资源危机。全球近三分之一的人口生活在"高度缺水"的国家，其中 17 个国家中的 17 亿人生活在"极度缺水"的地区（世界银行，https：//data.worldbank.org/indicator），将近 400 个地区的民众生活在"极度缺水"的环境下。水资源短缺不仅加剧了全球水资源综合管理与高效利用的压力，也增加了水冲突和政治不稳定的风险。

第一节　亚洲水塔流域国家水需求的现状与时空演化

取水量是表征水需求水平的重要指标（Merit，2005）。研究表明，亚洲水塔流域国家取水量整体增长迅速，与人口快速增加和工业化进程持续推进密切相关。受历史发展和产业经济结构影响，亚洲水塔流域国家以农业取水量居多，且区域差异显著，取水量呈东高西低格局，与国土面积和人口规模有关。

一、数据来源

考虑到数据的可得性，本章中统一采用取水量以表示水需求，所谓取水量是指从地表和地下水中抽取的水量（Vickers，2001）。根据取水的用途，可将取水量分为农业取水量、工业取水量和生活取水量。其中，农业取水量主要由灌溉取水量和养殖取水量组成；工业取水量指国家每年为工业用途开采的水量；生活取水量指主要用于人口直接使用的年取水量。需要注意的是，乳制品生成所需水量属于工业取水量。本章涉及亚洲水塔流域国家的农业、工业与生活取水量数据。由世界银行统计数据库提取整理，时间跨度为 1982 年—2017 年，并以五年为间隔（表 6-1）。

表 6-1　亚洲水塔流域国家的取水量变化（1982 年—2017 年）　　单位：亿立方米

国家	取水量	1982	1987	1992	1997	2002	2007	2012	2017
中国	农业取水量	4 032	4 151	4 101	3 914	3 706.7	3 583.6	3 851	3 811
	工业取水量	395.7	417	783.7	1 049	1 199.2	1 395.5	1 413	1 321
	生活取水量	177	318.1	284.4	436.9	615.8	706.77	723.6	785.6
	总取水量	4 605	4 886	5 169	5 400	5 521.7	5 685.9	5 988	5 918
印度	农业取水量	4 350	4 660	4 797	5 289	5 843.2	6 491.2	5 854	5 854
	工业取水量	116.5	120	140	115	114	149	144.6	144.6
	生活取水量	151.1	200.2	284	369	448	518	476.5	476.5
	总取水量	4 618	4 980	5 221	5 773	6 405.2	7 158.2	6 475	6 475
哈萨克斯坦	农业取水量	—	—	—	208.1	151.66	144.6	124.9	138.8
	工业取水量	—	—	—	50.4	48.097	58.07	64.16	64.12
	生活取水量	—	—	—	11.51	22.844	25.42	24.87	21.55
	总取水量	—	—	—	270.1	222.6	228.09	213.9	224.5
吉尔吉斯斯坦	农业取水量	—	—	—	93.34	86.89	71.63	71.4	—
	工业取水量	—	—	—	2.951	3.1527	3.262	3.38	—
	生活取水量	—	—	—	3.059	2.8493	2.175	2.254	2.254
	总取水量	—	—	—	99.35	92.892	77.067	77.03	—
塔吉克斯坦	农业取水量	—	—	—	106.6	105.13	100.89	96.98	94.6
	工业取水量	—	—	—	5.16	4.963	3.94	3.788	3.697
	生活取水量	—	—	—	4.143	4.961	6.253	6.01	5.865
	总取水量	—	—	—	115.9	115.05	111.08	106.8	104.2
乌兹别克斯坦	农业取水量	—	—	—	494.1	475.1	446.6	457.5	543.6
	工业取水量	—	—	—	14.83	18.9	14.548	18.27	21.3
	生活取水量	—	—	—	26.76	31.97	33.296	25.95	24.1
	总取水量	—	—	—	535.7	525.97	494.44	501.7	589

续表

国家	取水量	1982	1987	1992	1997	2002	2007	2012	2017
土库曼斯坦	农业取水量	—	—	—	235.9	251	262.76	—	262.8
	工业取水量	—	—	—	2.039	2.82	8.363	—	—
	生活取水量	—	—	—	4.715	6.2325	7.53	—	—
	总取水量	—	—	—	242.6	260.05	278.65	—	—
阿富汗	农业取水量	196.9	258.5	231.9	205.3	199.6	199.1	—	
	工业取水量	—	—	0.494	0.988	1.4464	1.687	1.687	
	生活取水量	—	2.611	2.2	1.789	1.7367	2.025	2.025	
	总取水量	—	—	234.6	208.1	202.78	202.81	—	
伊朗	农业取水量	—	—	—	788	844.1	856.8	856.8	856.8
	工业取水量	—	—	—	10	10.485	10.959	10.96	10.96
	生活取水量	—	—	—	54	53.44	61.767	—	
	总取水量	—	—	—	852	908.03	929.53	—	
巴基斯坦	农业取水量	1 504	1 505	1 519	1 587	1 561.3	1 711.9	1 766	1 880
	工业取水量	19.57	22.59	26.02	31.5	29.53	16.588	14.34	15.26
	生活取水量	19.57	22.59	29.32	50.9	70.34	91	98.83	105.2
	总取水量	1 543	1 550	1 575	1 669	1 661.2	1 819.5	1 879	2 000
不丹	农业取水量	—	—	—	—	—	—	3.179	
	工业取水量	—	—	—	—	—	—	0.03	
	生活取水量	—	—	—	—	—	—	0.17	
	总取水量	—	—	—	—	—	—	3.379	
尼泊尔	农业取水量	—	—	—	—	93.2			
	工业取水量	—	—	—	—	0.3604	0.295	—	—
	生活取水量	—	—	—	—	1.803	1.476		
	总取水量	—	—	—	—	95.363			
孟加拉国	农业取水量	—	—	—	—	—	—	315	—
	工业取水量	—	—	—	—	—	—	7.7	
	生活取水量	—	—	—	—	—	—	36	
	总取水量	—	—	—	—	—	—	358.7	—

国家	取水量	1982	1987	1992	1997	2002	2007	2012	2017
缅甸	农业取水量	—	278.6	285.2	291.8	295.16	294.28	—	294.3
	工业取水量	—	1.188	2.009	2.83	3.98	4.96	—	—
	生活取水量	—	2.772	14.49	26.2	31.369	33.07	—	—
	总取水量	—	282.6	301.7	320.8	330.51	332.31	—	—
老挝	农业取水量	—	—	—	—	—	40.99	63.64	70.2
	工业取水量	—	—	—	—	—	1.7		
	生活取水量	—	—	—	—	—	1.3		
	总取水量	—	—	—	—	—	43.99		
泰国	农业取水量	—	—	—	—	—	517.9		
	工业取水量	—	—	—	—	—	27.77		
	生活取水量	—	—	—	—	—	27.39		
	总取水量	—	—	—	—	—	573.06		
柬埔寨	农业取水量	—	—	—	—	—	20.53		
	工业取水量	—	—	—	—	—	0.33		
	生活取水量	—	—	—	—	—	0.98		
	总取水量	—	—	—	—	—	21.84		
越南	农业取水量	372.8	413.9	511	613.5	716	775.9		
	工业取水量	20.48	29.22	30.53	31.84	31.874	30.677	—	—
	生活取水量	14.92	16.57	14.24	11.91	11.13	12.035	12.04	12.04
	总取水量	408.2	459.7	555.8	657.3	759	818.61	—	—

资料来源：世界银行，https://data.worldbank.org。

二、亚洲水塔流域国家取水量变化

（一）总取水量呈波动式增长

随着人口数量的增加和工业化进程的推进，亚洲水塔流域大部分国家总取水量经历了从波动增长到保持相对稳定或略有下降的过程（图 6-2）。印度取水量先快速增长后略有下降；巴基斯坦、缅甸、越南等国的取水量持续而缓慢增加；哈萨克斯坦和塔吉克斯坦取水量变化微弱，呈略降趋势。

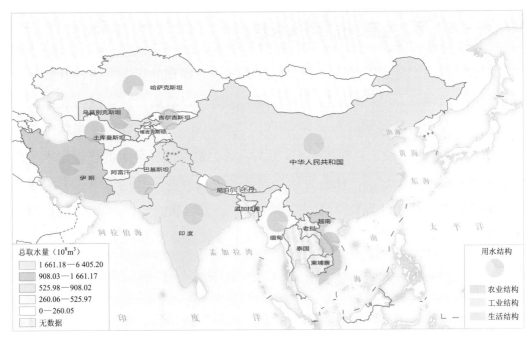

（a）2002年

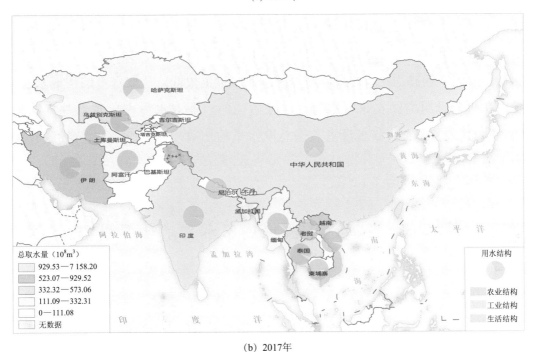

（b）2017年

图 6-1　亚洲水塔流域国家取水量的空间分布变化（2002 年—2017 年）

资料来源：世界银行：https://data.worldbank.org。

（二）农业取水量比重保持较高水平

尽管农业用水受当年气候、降水量及实际灌溉面积的影响显著，其数量表现出一定的波动性。但亚洲水塔流域各国经济结构以农业为主，使得农业取水量在总取水量中占比最高，以印度最具代表性。2020 年，印度耕地总面积约 187 万平方千米，占国土总面积的 62.91%。印度也是世界最大的热带原木生产国和木材产品消费国之一，林业为印度重要的支柱产业，林地为第二大用地类型，其总面积和占比分为 58 万平方千米和 19.50%（张红等，2022），因而决定了其农业用水量居高不下，长期维持在该国用水总量的 80% 以上。

（三）取水量空间分异显著

亚洲水塔流域国家取水量整体呈"东高西低"的格局。中国和印度的总取水量最高，其次为巴基斯坦。哈萨克斯坦、吉尔吉斯斯坦、塔吉克斯坦、阿富汗、土库曼斯坦和尼泊尔等国总取水量整体较低（图 6-2）。2002 年，缅甸和尼泊尔总取水量低，主要是因国土面积和人口规模较小所致。类似地，2017 年的缅甸、泰国、老挝、越南和柬埔寨等国总取水量也较低。从取水量的构成来看，各国在两个时期均以农业取水为主。除中国的农业取水量占比较低外（约为 66%），其余各国农业取水量占该国总取水量的比重均高达 90%，与各国农业为主的生产方式一致。

第二节　亚洲水塔流域国家水需求估算模型

全球变化分析模型（GCAM）是一种大尺度、多要素、多场景关联的演化模型（http://jgcri.github.io/gcam-doc）。将水需求作为专门的子系统，且综合考虑了社会经济、能源、土地利用等对水需求的影响，在水需求预测与模拟方面独具优势。

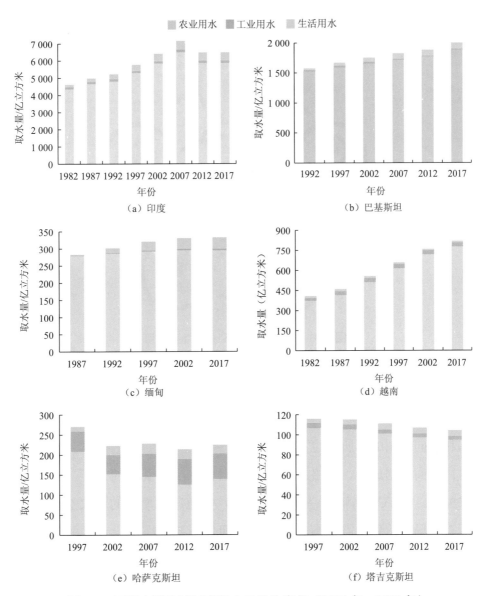

图 6-2 亚洲水塔流域国家取水量结构变化（1997 年—2017 年）

资料来源：世界银行：https://data.worldbank.org。

一、GCAM 的系统构成

GCAM 是一种全球尺度的人-地系统耦合模型，包含五个互不相同却又相互作用、共同联系的子系统，即能源、水、土地、社会经济和气候子系统（如

图 6-3 所示）。

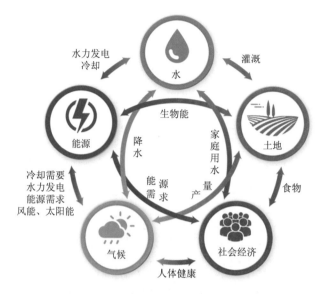

图 6-3　GCAM 各子系统的相互作用

资料来源：改绘自 Calvin *et al*.（2019）。

GCAM 的核心思想是市场均衡（Calvin *et al*.，2019）。市场既是代理商相互影响和共同作用的场所，也是商品和服务供求关系演化的载体。在每个周期内，由代理商根据成本、价格及其他相关因素来决定资源的分配。由于价格影响供求关系，GCAM 将解算一组市场价格，并通过对模型的多次迭代，求得模型中所有市场均达到供需平衡时的结果，即供需差距在用户允许的误差范围内（图 6-4）。

GCAM 能源子系统的输入数据为资源供应曲线、最终需求部门数据以及各技术的成本和效率，输出数据为所有部门的能源消费、能源转换部门生成的能源、能源价格、二氧化碳以及其他气体的排放。

土地子系统的输入数据主要有三种类型，即用于校准的历史数据、竞争相关的信息和未来驱动力数据。历史数据包括：农林产品的供给、需求、价格和可变生产成本，土地利用和土地覆盖，未管理土地的价值，碳循环参数以及非二氧化碳的排放量和排放系数；竞争信息包括指示不同土地利用类型之间竞争的逻辑斯蒂指数；未来驱动力数据包括收入和需求价格弹性、农业生产率的增长率和边际减排成本曲线（每多减排一单位的二氧化碳所要付出的成本）。

土地系统的输出则包括农林产品供应量、农林产品需求量、农林产品价格、土地利用和土地覆盖类型、农业及土地利用变化产生的温室气体及臭氧。

社会经济子系统的输入数据为历年人口数量和初始年份的 GDP 值，输出数据为按地区和周期划分后的人口数与 GDP 值。气候系统选用 Hector 模型（Hartin，2015）。该模型将其他系统得到的气体排放量作为输入，将全球平均温度，海洋热量吸收，二氧化碳、甲烷、氧化二氮和卤代烃浓度，辐射强迫，陆地和海洋的碳通量，碳循环输出（如植被净初级生产力（NPP）、土壤呼吸（RH）、海洋酸碱度（PH 值）、碳酸盐饱和度）等作为输出变量。

从时空尺度上看，GCAM 将全球划分为 32 个能源经济区、235 个全球流域和 384 个生态区。GCAM 的历史校准期为 1975 年—2005 年，并以十五年为间隔。GCAM 的输出结果为 2005 年—2100 年，并以 5 年为间隔的所有数据。将 2010 年和 2015 年的真实数据作为模型有效性验证及修正的参考依据。

GCAM 针对多种社会经济路径与气候情景进行建模。其中，社会经济路径由人口、社会经济发展趋势，以及在能源、农业和其他服务业的生产和消费中所使用的技术来共同描述。此三者也是缓解和适应未来社会经济变化挑战的关键。具体而言，人口因素极大影响到未来经济与环境资源的需求；社会经济发展趋势反映了可用于适应和缓解社会经济挑战的资源水平，可用于度量联合国新千年发展目标的实现程度；而在能源、农业和其他服务业的生产和消费中使用的技术，决定了资源使用的强度，以及生态系统所承受的压力。除多种社会经济路径外，气候情景反映了对温室气体排放的各种限制，在气候模拟、影响和脆弱性评估、减缓和适应措施的选择中作用重大。

二、GCAM 中水需求的类型及含义

以 GCAM 运算结果中的取水量衡量各国的水需求。GCAM 水需求系统依赖的输入数据包括历史水需求数据、输水和其他油田损失的损失系数、牲畜系数、各地区和不同冷却技术的资本成本、制造用水数据，以及一次能源生产的需水量；输出数据则为模拟得到的各区域、各部门和各技术的水需求。此外，

GCAM 还可计算出农作物的生物物理耗水量。

GCAM 水需求包含灌溉、牲畜、电力生产、初级能源、工业制造和市政用水六部分（Wada，2016），灌溉用水和牲畜用水可归为农业用水，而电力生产用水、初级能源生产用水和工业制造用水可归为工业用水（图 6-4）。

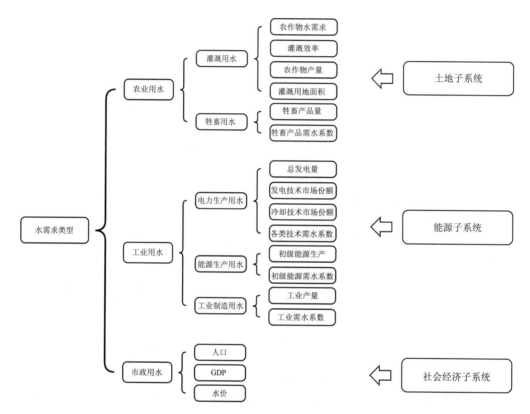

图 6-4　GCAM 的水需求构成及与其他子系统的关联

（一）灌溉用水

灌溉用水取水量可通过农作物产量、灌溉面积、农作物的需水系数以及灌溉效率运算（Chaturvedi，2015）。GCAM 详细划分了农作物类型，可计算出每种农作物的水需求。农作物的产量数据由 GCAM 土地子系统提供，农作物的需水系数由各农作物的水足迹确定（Mekonnen *et al.*，2010）。农作物产量乘以相应的需水系数即得农作物总生物耗水量。

根据生态系统中的物质循环原理，农作物总生物耗水量包括农作物在雨养地区消耗的雨水量、在灌溉地区消耗的雨水量以及灌溉用水耗水量。由于灌溉用水为农作物主要的生物耗水，GCAM 假设单位灌溉面积内消耗的雨水为定值，将灌溉地区农作物的总生物耗水量减去雨养地区消耗的雨水量，再减去在灌溉地区消耗的雨水量，即得到灌溉用水耗水量。将灌溉用水耗水量除以灌溉效率（与 GDP 密切相关），即得到灌溉用水的取水量。

（二）牲畜用水

牲畜用水主要是指种植和生产牲畜饲料、牲畜直接耗水和加工牲畜产品用水。畜牧业发达国家的牲畜用水占比很高（Steinfeld，2006）。放牧方式也影响到牲畜用水。野外放牧时，由于牲畜暴露在高温环境中，其饮水需求有所增加；而在密集型养殖系统中，用于制冷、维持养殖环境的水需求远高于牲畜的饮水需求。对于畜牧业发达的地区尤其如此，此项用水不容忽视。

因此，首先从 GCAM 土地子系统中提取得到牛肉、乳制品、家禽、猪肉、羊肉等五种牲畜商品的产量，分别乘以对应的牲畜产品需求系数（Mekonnen *et al.*，2012），其和即为牲畜取水量。

（三）电力生产用水

针对工业用水，瓦达等（Wada *et al.*，2014）人将其细分为电力部门用水、一级能源开采用水以及手工业用水。全球电力部门用水占总工业用水的比重较高。电力生产用水主要为热发电所需冷却用水，其具体计算过程为：首先，从 GCAM 能源子系统中获取总发电量及不同发电技术所占有的市场份额（Davies *et al.*，2013）。接着，考虑到同一发电技术对应多种冷却技术，从 GCAM 中获取发电技术和冷却技术的多种组合，得到各种组合对应的取水系数（Macknick *et al.*，2011）。最后，根据总发电量、发电技术市场份额、冷却技术市场份额和各技术需水系数，即可计算得到电力生产取水量。

（四）初级能源用水

初级能源用水是指煤炭、石油、天然气等能源在生产与处理过程中所需的取水量。不同生产与处理技术的取水系数依据马休（Maheu *et al.*，2009）的理论，并按指定比例减去消耗的非淡水部分。一级能源开采用水量占比虽不高，但随着页岩气等非常规资源的开采，其用水需求也在大幅增长。

（五）工业制造用水

工业制造用水指除上述电力生产及初级能源用水外，包括制造业等工业部门的用水。GCAM 未对工业部门进行细致的划分，而是通过工业产量与工业用水系数求出其他工业取水量。其中，工业用水系数参考自瓦索洛（Vassolo，2005）的文献。

（六）市政用水

市政用水包括家庭室内外用水及服务部门、小企业和地方机构用水（Bijl Price，2016）。GCAM 中的市政用水为人口和人均 GDP 的函数，同时也考虑了用水效率与水价的影响（Hejazi，2013）。市政取水量的计算公式如下：

$$WU = \alpha GDPC^{\beta_1} \cdot Price^{\beta_2} \cdot Tech \cdot Pop \qquad \text{式 6-1}$$

式中，WU 表示市政取水量，单位为立方千米；$GDPC$ 为人均收入水平，单位为美元/人；Price 为市政用水的平均水价；α、β_1 和 β_2 系数由基准年的数据定标后得到。赫加齐（Hejazi，2013）采用世界粮农组织全球水和农业信息系统（AQUASTAT）数据，以 2005 年作为基准年，对 14 个 GCAM 研究区的市政取水量数据进行了定标，计算得到在 95% 的置信水平下，参数 α、β_1 和 β_2 的置信区间分别为（0.62，5.23），（0.29，0.45）和（−0.45，−0.21）。最终确定的市政用水计算公式为：

$$WU = 2.93 GDPC^{0.37} \cdot Price^{-0.33} \cdot Tech \cdot Pop \qquad \text{式 6-2}$$

三、基于 GCAM 的国家尺度水需求估算方法

尺度是自然与社会科学研究关注的基本问题，也是地理建模与分析的关键要素（Giordano，2003）。GCAM 建模中也考虑了尺度因素，并以流域作为数据输入尺度和基本分析单元，共包含 235 个流域（Calvin，2019）。流域具有历史性、整体性、系统性等特性，作为一个独立的地理单元，流域体现了两个部分

的复杂耦合：一是依赖于水环境的生态系统、陆生生物和水生生物；另一是与水有关的人类活动（王尚义等，2015）。

GCAM 输出结果则为国家和区域混合尺度的数据。为便于国家间的比较，需要解决两方面问题，一是构建尺度关系映射模型，以解决输入数据与输出数据之间的尺度不一致问题；二是构建从区域到国家的水需求降尺度建模问题，将输出结果统一为国家尺度。对于第一个问题，GCAM 内已经包含了从流域水供给到区域水输出的映射关系模型（Calvin，2019），但忽略了水需求输出结果的尺度统一问题，本节重点解决此问题。

（一）GCAM 输出结果的跨尺度问题

除中国、印度和巴基斯坦外，亚洲水塔流域其余 15 个国家的输出结果隶属于中亚、中东、南亚和东南亚四个区域（表 6-2），因此，需要对 GCAM 模型区域尺度的输出结果进行降尺度处理，以得到各国的取水量。

表 6-2　亚洲水塔流域国家水需求输出结果的混合尺度

国家名称	GCAM 输出数据	GCAM 输出尺度
哈萨克斯坦、乌兹别克斯坦、土库曼斯坦、吉尔吉斯斯坦、塔吉克斯坦	中亚	区域
伊朗	中东	区域
尼泊尔、阿富汗、不丹、孟加拉国	南亚	区域
柬埔寨、老挝、缅甸、越南、泰国	东南亚	区域
中国	中国	国家
印度	印度	国家
巴基斯坦	巴基斯坦	国家

（二）国家尺度水需求的估算方法

中国、印度和巴基斯坦的输出数据为国家尺度，可以直接计算出对应年份的各类输水量。而对于亚洲水塔流域的其他 15 个国家，由于难以获取 GCAM 建模所需的降雨、蒸散、雨养及详细的农作物类型、技术的发展等数据，也不易确定各国各用水类型的需水系数，因此，无法直接通过 GCAM 输出国家尺度的各类型需水量数据。

对于除牲畜用水之外的其他用水类型，考虑到数据的可获得性和同一区域地缘环境的相似性，本节引入水需求区域占比指标，通过计算各国理论需水量与所属区域理论需水量的占比，再乘以 GCAM 输出的区域需水量，得到各国需水量估算值。

1. 灌溉用水的估算

GCAM 在计算灌溉用水时既考虑了种类繁多的农作物类型及其对应的需水系数，也考虑了农作物在雨养地区消耗的雨水量、在灌溉地区消耗的雨水量以及灌溉用水耗水量。这些数据在国家尺度难以获得，因此仅考虑某国农作物的理论灌溉需水量，将其与所属区域总的理论灌溉需水量的比值作为该国灌溉用水的区域占比。各国理论灌溉需水量可由下式得到：

$$F_a = \sum_{i=1}^{n} c_i P_i \qquad \text{式 6-3}$$

式中，F_a 为理论需水量，i 为农作物的类型，c_i 为第 i 种农作物的需水系数，P_i 为第 i 种农作物的产量。

本文采用联合国粮食及农业组织（FAO）公布的 2019 年各国不同类型农作物生产总量数据作为输入数据，包括谷类、纤维作物、油料作物、糖类作物、块茎作物、豆类作物、坚果、蔬菜、水果等。需水系数依据麦肯宁等（Mekonnen et al.，2011）人计算所得各类型农作物的全球平均水足迹。首先计算得到某国理论灌溉需水量，再求出该国理论灌溉需水量与其所属区域总的理论灌溉需水量的比值，即得灌溉用水区域占比。最后，用该国的区域占比值乘以 GCAM 输出的区域灌溉用水量，即得该国灌溉用水估算值。

2. 牲畜用水的估算

GCAM 中的牲畜用水包括牛肉、乳制品、家禽、猪肉、羊肉等五类商品。从 FAO 数据库中获取各类牲畜商品的数量，其中乳制品对应牛奶总产量。将某国各牲畜商品产量乘以对应的牲畜产品需水系数（Mekonnen，2012）得到该国牲畜用水量估算值。

3. 电力生产用水的估算

电力生产用水受到总发电量、发电技术、冷却技术和各类技术需水系数等综合影响。考虑到数据的可得性，以各国发电量作为电力生产用水的计算依据，从《BP 能源统计年鉴》和部分国家统计局官网上，获取亚洲水塔流域国家 2020 年的发电量数据。同理，计算各国发电量区域占比值，将其乘以所属区域 GCAM 电力生产用水估算值，即得各国电力生产用水估算值。

4. 初级能源用水的估算

GCAM 模型中的初级能源用水主要由初级能源产量及其需水系数共同决定。其中，需水系数反映了每单位初级能源生产所需的取水量。本节收集了原油、原煤、天然气这三种主要初级能源的产量数据，根据各能源的热值对产量数据进行换算。其中，原油的热值为 41.87 千焦/千克，其产量以千桶/日为单位。在将原油产量折算成原油重量时，以世界平均比重的沙特阿拉伯 34 度轻质原油为基准，每吨约合 7.33 桶。天然气产量多以立方米为单位，本节将天然气的热值统一设为 35.59 千焦/千克；原煤产量多以吨为单位，依据能源折标准煤参考系数国家标准，原煤的热值为 20.91 千焦/千克。将某国原油、天然气和原煤产量乘以各自对应的取水系数（Hejazi，2014），即得各国初级能源理论取水量，公式如下：

$$F_e = c_1 P_{oll} + c_2 P_{gas} + c_3 P_{coal} \qquad 式 6\text{-}4$$

式中，F_e 表示各国初级能源理论取水量，P_{oll}，P_{gas} 和 P_{coal} 分别表示原油、天然气和原煤产量对应的热值，单位为焦耳；c_1，c_2 和 c_3 分别为原油、天然气和原煤的需水系数。各国初级能源用水的区域占比及其估算值的计算方法同上。

5. 工业制造用水的估算

GCAM 中的工业制造用水由工业产量和需水系数表征。本节通过工业增加值指示各国工业产量的大小，将各国工业增加值占所在区域工业增加值的比重作为工业制造用水的区域占比。

6. 市政用水的估算

为保证计算结果的可比性，本节假设同一区域内各国的水价和用水效率均相同，以 2005 年作为基准年，并直接采用式 6-2 估算市政用水量。为体现技术的进步，采用赫加奇（Hejazi，2013）的方法确定研究年份的用水效率：

$$Tech = Tech_{base} (1 - \lambda)^{t-base} \qquad 式 6\text{-}5$$

式中，$Tech_{base}$ 表示基准年的用水效率；λ 为技术变化率；t 和 $base$ 分别为当前年和基准年。沃斯等（Voss *et al.*，2009）人给出了1980年—2000年λ的建议值，即在该时期内，发达国家、发展中国家和欠发达地区λ的取值分别为2％，0.5％和1％。市政用水中其他系数的取值同式6-2。同理，可计算得到各国市政用水理论值，求出区域占比，根据GCAM的输出结果，得到各国市政用水量的估计值。

（三）方法的可靠性分析

本节以联合国粮食及农业组织（FAO）提供的AQUASTAT数据集为参照，统计了2020年亚洲水塔流域国家各国农业用水、工业用水和市政用水量之和，并将此数值与按上述方法估算出的各国三种类型用水量的估算值之和进行相关分析（图6-5）。由图6-5中可知，国家尺度下模型预测的总取水量与FAO实际统计的取水量十分接近，其线性拟合系数R_2高达0.973 6，证明该方法具有较好的可靠性。

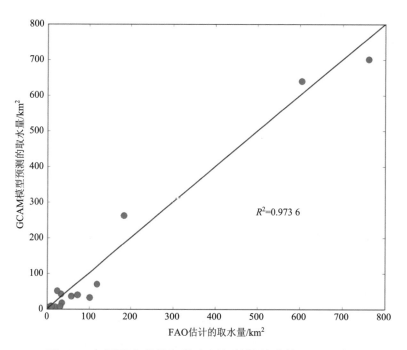

图6-5　各国取水总量与粮农组织数据的比较（2005年）

第三节　亚洲水塔流域国家水需求的空间特征

基于 GCAM，对共享社会经济路径（Shared Socioeconomic Pathways，SSPs）SSP2 中间路径场景下的水需求进行估算，发现亚洲水塔流域国家水需求结构差异显著，主要以灌溉用水为主；地区分布不均，高度集中于中国、印度和巴基斯坦三国，与社会经济发展规模密切相关。

一、SSP2 场景下水需求估算

各国水需求总量相差悬殊，水需求总量最多的国家为印度，约为 700.76 立方米，最少的为不丹，仅为 0.30 立方米（表 6-3）。其中，灌溉用水占比最高，其次为其他工业用水或市政用水，表明用水结构不均衡，各国间用水类型差异明显，与其产业结构和经济发展水平有关。

表 6-3　亚洲水塔流域国家 2020 年水需求估算值　（单位：立方千米）

国家	水需求估算值						
	灌溉用水	牲畜用水	电力生产用水	初级能源用水	其他工业用水	市政用水	总用水量
中国	281.86	40.61	101.99	5.37	232.96	84.01	639.44
印度	556.18	8.52	43.81	1.81	72.69	63.37	700.76
巴基斯坦	246.49	1.86	0.76	0.17	2.87	10.97	262.19
伊朗	60.10	1.09	1.11	0.02	1.62	6.75	69.55
哈萨克斯坦	43.03	0.25	3.55	0.17	5.76	2.54	51.59
乌兹别克斯坦	29.58	0.40	2.11	0.00	3.09	2.72	35.78
土库曼斯坦	5.24	0.10	0.86	0.02	1.37	0.76	7.47
吉尔吉斯斯坦	5.46	0.07	0.50	0.00	0.62	0.44	6.59
塔吉克斯坦	5.94	0.08	0.67	0.00	0.81	0.58	7.41
尼泊尔	7.20	0.70	0.05	0.00	0.07	0.69	8.66
阿富汗	4.33	0.55	0.01	0.03	0.12	0.81	5.81

续表

国家	水需求估算值						
	灌溉 用水	牲畜 用水	电力生 产用水	初级能 源用水	其他工 业用水	市政用水	总用 水量
不丹	0.08	0.04	0.07	0.06	0.15	0.04	0.30
孟加拉国	34.59	0.93	0.67	0.05	2.50	3.99	42.01
柬埔寨	4.40	0.06	0.08	0.00	0.37	0.76	5.59
老挝	1.96	0.05	0.40	0.02	0.63	0.37	3.00
缅甸	12.94	0.65	0.24	0.01	1.39	2.15	17.13
越南	20.39	0.99	2.33	0.26	5.68	5.29	32.36
泰国	27.50	0.33	1.75	0.33	7.07	5.43	40.33

二、不同类型水需求的空间格局

（一）灌溉用水的空间格局

灌溉用水在所有用水量中的占比最高，但高度集中于中国、印度和巴基斯坦三个农业大国。中国、印度、巴基斯坦灌溉取水量远超其他国家，甚至高于南亚次大陆、中南半岛等地区的总和。其中，印度作为农业大国，在亚洲水塔流域国家中取水量位列第一，接近第二名中国取水量的两倍，其灌溉取水量占总取水量的比例为 79.62%，明显高于中国。其纤维作物、糖类作物和豆类作物等耗水农作物总产量均为第一。而同为农业大国的中国，其谷物、蔬菜、水果、块茎作物、油料作物的总产量均位于所有国家第一。GCAM 考虑了每种作物在不同地区间取水系数的差异、灌溉用地的面积、灌溉效率等因素，虽然中国农作物产量与印度相近，但其取水量却只有印度的一半，可见中国的农业灌溉技术较印度更加完善。而印度灌溉用水效率仅有 35%—40%，消耗严重。同时，巴基斯坦作为南亚大国，其农业灌溉也比较发达，其人均灌溉面积位居世界第一，灌溉取水量仅次于中国。但由于面临水资源的调蓄、用水效率低下、人口快速增长导致的人均水资源明显下降等问题，又导致了其农业用水紧张。而且巴基斯坦水资源超过 80% 为入境水，与其上游国家印度之间存在水冲突。

对于中亚大湖区，哈萨克斯坦谷类、油料作物、豆类作物等高需水系数的农作物类别位居中亚第一，且谷类产量远超其他国家，故其取水量占中亚大湖区的比重最多。乌兹别克斯坦蔬菜、水果、坚果等产量占据中亚首位，且油料作物与块茎作物等产量接近哈萨克斯坦，同时种植高需水作物棉花，导致其同样具有较高的取水量。

对于中南半岛地区，越南和泰国包揽了各类作物产量的前二名，故该两国取水量在中南半岛地区权重较大。除印度和巴基斯坦外，其他南亚次大陆地区的国家，农业灌溉用水占所有用水比重最大。孟加拉国各类农作物产量均高于其他国家，故其取水量在南亚次大陆地区较高。巴基斯坦水资源大部分依靠入境水，作为下游国家与印度共享多条跨境河流。不丹各类农作物产量过低，其灌溉取水量位列所有国家中末游。

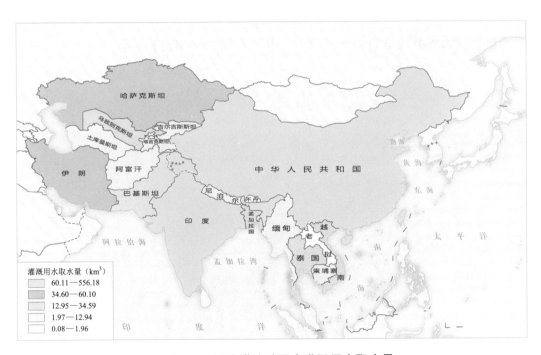

图 6-6　亚洲水塔流域国家灌溉用水取水量

资料来源：GCAM 运算结果降尺度。

（二）牲畜用水的空间格局

GCAM 将牲畜用水划分为牛肉、羊肉、猪肉、家禽、乳制品五部分。五个部分用水的空间分布分别与其对应的牲畜产品产量相关（图 6-7）。总体来看，牲畜用水取水量要远小于灌溉用水。不同于灌溉用水，中国的牲畜用水总取水量为流域首位，且牲畜取水量占比，较印度高，其牛肉、家禽、羊肉的产量均位列第一，且远高于其他国家，猪肉产量位列第二，乳制品产量位列第三。其次，印度牲畜取水量虽然与中国差距巨大，仅为中国的四分之一，但远超其他国家。虽然其猪肉产量较低，但乳制品产量位于第一，牛肉、家禽、羊肉等产量均为第二。巴基斯坦牛肉、羊肉、乳制品等产量均仅次于印度，其取水量也位于第三。孟加拉国和伊朗主要宗教为伊斯兰教，国内几乎没有猪肉产品，但其他牲畜产品产量均位于前列，故具有较高的取水量。越南取水量同样较高，虽然其乳制品、羊肉等产量较低，但猪肉产品产量位列第一，高于中国和印度。中亚大湖区各国的取水量均较低，乌兹别克斯坦由于其乳制品和牛肉产量较高，均位列整个流域第四，在中亚大湖区国家中占据较大的比重。而不丹、老挝、柬埔寨等国因各类牲畜商品产量较少，其牲畜用水取水量相应较少。

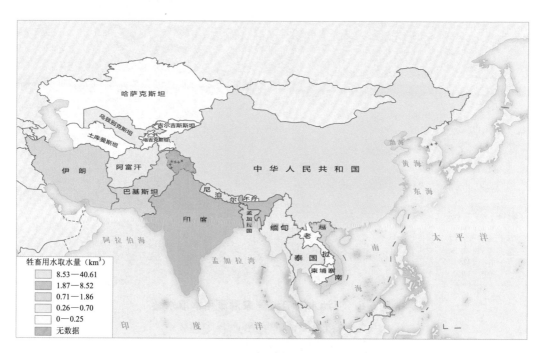

图 6-7　亚洲水塔流域国家牲畜取水量

资料来源：GCAM 运算结果降尺度。

（三）电力生产用水的空间分异

GCAM 中电力生产用水与总发电量紧密相关。总体而言，各国发电量越高，则电力生产所需水量越高。随着近年来工业化进程不断推进，城市化水平日益提高，中国的电力需求日趋增长，发电量随之快速增加，已常年位居世界第一，远超亚洲水塔流域其他国家，相应地电力生产取水量也远高于其他国家。印度的发电量接近中国发电量的五分之一，其电力生产取水量虽不及中国的二分之一，却也远超过其他国家。此外，电力生产取水量较高的国家包括哈萨克斯坦、乌兹别克斯坦、泰国及越南。由于长期战乱，阿富汗电力基础设施建设落后，发电量位居末游，电力生产用水量则极低（图 6-8）。

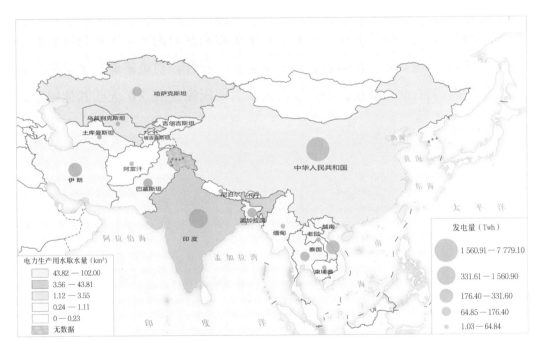

图 6-8 亚洲水塔流域国家电力生产取水量与发电量的关系

资料来源：电力生产取水量由 GCAM 模型运算结果降尺度，发电量数据来源于《BP 世界能源统计年鉴》。

此外，电力生产用水与该国所采用的发电技术与冷却技术相关，而不同技术的需水量又不尽相同。故不能完全依据发电量确定各国电力生产用水需水量。伊朗由于煤炭、石油和天然气等资源丰富，发电量虽远不及中国及印度，但要高于其他国家，并能够向邻国出口电力，但由于地处中东，受自然条件等因素影响，缺水严重，其生产用水大多来自海水淡化等途径而非获取和消耗地表淡水，故伊朗取水量反而要少于大多数地区。同样地，中国发电量为印度的五倍左右，但由于中国的发电和冷却技术更加先进，较少需水系数的技术所占市场份额更多，取水量与印度的差距并不如发电量悬殊。

（四）初级能源用水的空间格局

GCAM 中初级能源用水主要与石油、煤炭、天然气等能源的产量相关，考虑到石油产量的取水系数占绝对优势，研究主要讨论石油对初级能源取水量的影响（图 6-9）。中国和伊朗的石油产量分别位列第一和第二，但中国的初级能源取水量远高于伊朗，且伊朗的取水量不及 0.06 立方米，这主要与上述的淡水使用比例有关。伊朗处于中东地区，该地区石油经济发达，但由于该地区的淡水资源紧张，开采石油等初级能源的用水绝大多数来自海水，因而只统计淡水的初级能源取水量，这一数值要低于很多国家。此外，初级能源取水量最大的国家是印度，其石油产量也高于南亚次大陆其他国家。南亚次大陆其他国家的

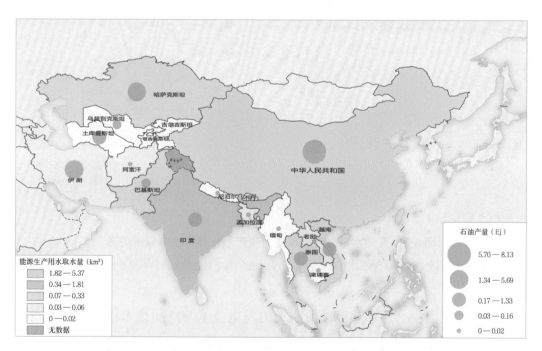

图 6-9　亚洲水塔流域国家初级能源取水量与石油产量的关系

资料来源：初级能源取水量由 GCAM 模型运算结果降尺度，石油产量来源于《BP 世界能源统计年鉴》。

初级能源取水量除巴基斯坦外均处于较低水平，对应的石油产量也相对较低。在中南半岛地区，泰国的初级能源取水量最高，柬埔寨和缅甸的初级能源取水量最低，其对应的石油产量也满足相应比例关系。在中亚大湖区，哈萨克斯坦的石油产量较为丰富，对应的初级能源取水量在中亚大湖区也处于最高水平。综上所述，初级能源取水量与取水系数最大的石油产量之间呈现良好的相关关系，在技术允许的条件下尽可能多地使用海水有助于减少初级能源取水量。

（五）其他工业用水的空间格局

GCAM 利用工业产出建模工业取水量，本章利用工业增加值对工业取水量进行降尺度处理。中国的工业取水量最高，同时其工业增加值也远高于其他国家，印度的工业增加值不及中国的二分之一，但工业取水量却远超其他国家。此外，工业取水量较高的国家有哈萨克斯坦、泰国及越南，其工业增加值也略高于周边地区。由于各国的工业结构不同，相同工业增加值下的工业取水量也不尽相同。伊朗和巴基斯坦的工业增加值均持平或略高于哈萨克斯坦，但哈萨克斯坦的工业取水量高于前两者。这主要与哈萨克斯坦的加工工业及轻工业落后，重工业较为发达有关。同时，伊朗的轻工业相对更发达，巴基斯坦的棉纺织业也较为发达，因而两者的工业取水量略低于哈萨克斯坦，而工业增加值与之持平。此外，一些内陆地区的工业取水量均呈现较低水平，如中亚大湖区的塔吉克斯坦、吉尔吉斯斯坦，南亚次大陆的尼泊尔、不丹，以及中南半岛的老挝。

（六）市政用水的空间格局

GCAM 利用人口、人均 GDP、用水效率以及水价的变化来建模工业水需求（Hejazi，2013）。本章选取人口及 GDP 进行降尺度模型处理。中国和印度的取水量最高，与两国巨大人口规模和良好经济发展水平密切相关。伊朗、巴基斯坦、泰国及越南的市政取水量紧随其后，得益于自身人口众多、城市化水平较高、工业化快速扩大。哈萨克斯坦、乌兹别克斯坦、孟加拉国及缅甸等农矿型国家的市政水量在 0.8—4.0 立方千米，受限于人口规模和工业化水平低。乌兹别克斯坦是中亚大湖区人口最多的国家，其市政取水量在中亚地区较高。总

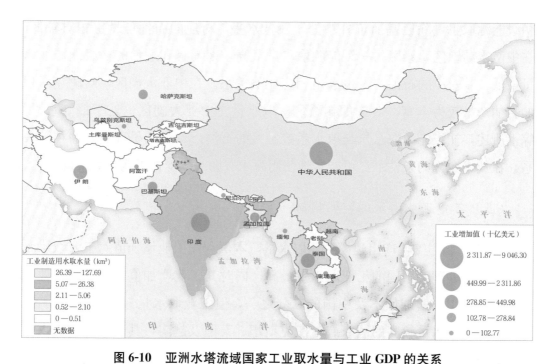

图 6-10　亚洲水塔流域国家工业取水量与工业 GDP 的关系

资料来源：工业取水量由 GCAM 模型运算结果降尺度，工业增加值数据

资料来源：世界银行，https://data.worldbank.org。

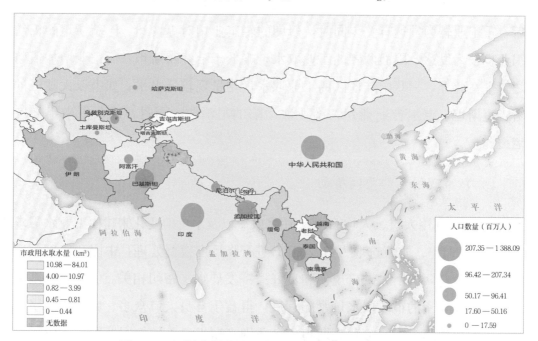

图 6-11　亚洲水塔流域国家市政取水量与人口的关系

资料来源：市政取水量由 GCAM 运算结果降尺度，人口数据源自世界银行，https://data.worldbank.org。

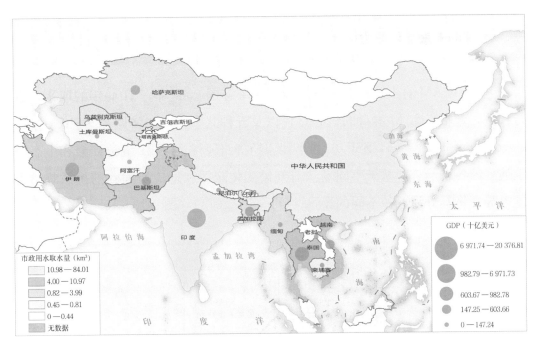

图 6-12 亚洲水塔流域国家市政取水量与 GDP 的关系

资料来源：取水量由 GCAM 运算结果降尺度，GDP 数据源自世界银行，https://data.worldbank.org。

体来看，中亚大湖区的人口及 GDP 较低，因而该地区的市政取水量均未超过 4 立方千米，这主要与中亚大湖区大陆性气候约束下人口较少、经济发展水平较低有关。中东以及南亚次大陆地区市政取水量相对较高，其人口和 GDP 也高于中亚大湖区。中南半岛市政取水量整体较高，尤其是沿海的缅甸、泰国和越南。

第四节 亚洲水塔流域国家多场景水需求预测

由不同社会经济路径与气候情景结合构成 11 种不同的发展场景，通过 GCAM 模拟得到不同场景下 2020 年—2100 年各个 GCAM 区域取水量的预测结果，并对所得结果通过降尺度处理得到各国取水量数据。同时，对不同气候政策下总取水量及三大部门（农业部门、工业部门、市政部门）取水量变化趋势进行模拟和分析。

一、水需求未来发展场景

基于 GCAM 对不同社会经济发展情境下各国 2020 年—2100 年的取水量进行预测，包括 GCAM 本身的核心路径以及五种共享社会经济路径（Shared Socioeconomic Pathways，SSP）。共享社会经济路径描述了 21 世纪社会和生态系统演变的各种趋势，基于不同场景对气候变化减缓和适应所面临的挑战难易程度差异，将其分为五种不同的场景（O'Neill，2014）（图 6-13）。

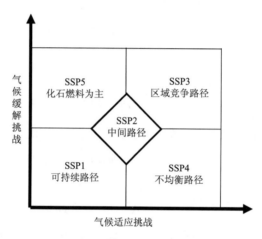

图 6-13　SSPs 在气候缓解与适应方面的经济挑战关系图

其中，SSP1 代表可持续的世界，低收入国家的快速发展，全球经济不平等现象减少，技术的快速发展；SSP2 表示人口在 2070 年达到峰值，GDP 增长平缓，不平等性稳步下降；SSP3 表示人口快速增长，但经济增速平缓，技术发展缓慢，经济不平等现象严重，各地区之间竞争激烈，使得世界很多地区陷入脆弱困境；SSP4 表示重点温室气体排放区域的技术快速发展，但其他地区发展缓慢，不平等问题依然突出；SSP5 表示运用传统能源技术实现 GDP 快速增长，虽然排放量居高不下，但增长相对公平。

同时，本节将不同社会经济路径分别结合两种气候情景，一种为无气候政策，不对温室气体排放做出限制；另一种则限制辐射强迫到 2100 年下降到 2.6 瓦/平方米（辐射强迫指地球吸收日照能量与辐射回太空能量的差值），在该情景下温室气体排放浓度低，全球平均温度上升限制在 2 摄氏度之内，但由于技术限制和土地利用排放控制不当，GCAM 无法将 SSP3 路径下的辐射强迫限制在 2.6 瓦/平方米以下（Calvin *et al.*，2017；Fujimori *et al.*，2016）。CORE 对应的核心场景总共包括 11 种场景（表 6-4）。

表 6-4　水需求预测场景列表

气候政策	社会经济路径					
	CORE	SSP1	SSP2	SSP3	SSP4	SSP5
无	CORE	SSP1	SSP2	SSP3	SSP4	SSP5
限制辐射强迫	CORE-2.6	SSP1-2.6	SSP2-2.6	—	SSP4-2.6	SSP5-2.6

二、无气候政策下的水需求预测与分析

（一）总取水量预测与分析

在 GCAM 核心场景下，大部分国家取水量不断上升达到峰值后有所下降或趋于平缓。中国率先达到取水量峰值（约为 710 平方千米左右）随后下降，其下降幅度位列流域所有国家首位。印度在 2055 年达到顶峰，其下降趋势相较中国更加平缓。巴基斯坦的取水量在 21 世纪 40 年代达到峰值，随后有所下降并迅速趋于平缓。中南半岛各国取水量不断上升，至 60 年代左右最终趋于平缓，而南亚次大陆部分小国取水量呈现不断上升的趋势。

在 SSP1 场景下，多数国家的取水量在 21 世纪中叶均能达到平缓或呈现下降趋势。中国的取水量在 2035 年前后便较早达到峰值，其峰值取水量约为 700 平方千米，随后快速下降，在所有流域国家中下降幅度最大。印度取水量位居流域国家第一位，在 2040 年开始进入平稳状态，峰值取水量约为 810 平方千米，2060 年之后虽有所下降但趋势相较于中国较为平缓。巴基斯坦取水量在 2045 年前后达到顶峰随后下降，但在 21 世纪末呈现一定的上升趋势。南亚次大陆其他国家和中南半岛各国，以及伊朗约在 2060 年左右达到顶峰，而中亚大湖区各国约在 2045 年前后达到顶峰。这些地区的国家总取水量较少，在 21 世纪末取水量虽有下降但变化平缓。

在 SSP2 场景下，各国取水量变化趋势与 GCAM 核心场景一致，取水量之

间有细微的差异。由于 SSP2 场景相比于 SSP1 场景在气候层面面临更多的挑战，各国的取水量均多于 SSP1 场景下的估算结果。在 21 世纪末，中国、印度及中亚各国取水量的下降趋势相较于 SSP1 更加缓慢。

在 SSP3 场景下，各国 21 世纪末取水量为所有场景中最大值，大多数国家取水量呈现不断上升的趋势。略不同的是，中国取水量在 2035 年达到峰值后却呈现下降的趋势，但在 21 世纪末相比其他场景趋于平缓。巴基斯坦达到峰值后也有所下降，不同于其他场景，在其他国家取水量上升时，巴基斯坦在 21 世纪末的取水量反而趋于平缓。伊朗较为特殊，其取水量与其他场景下基本一致，仍在达到峰值后保持下降的趋势。中南半岛各国及南亚次大陆各国取水量不断上升，且上升趋势不断加快。中亚大湖区各国的取水量同样不断上升但其趋势会有所下降。

在 SSP4 场景下，大部分国家都能在 2070 年前后保持平稳。印度的取水量大约在 2055 年左右达到峰值，约为 840 立方千米；中国的取水量峰值出现最早，在 2035 年左右达到 700 立方千米左右。中国与印度之间取水量的差距随时间推移逐渐增大。巴基斯坦在达到顶峰后的下降趋势相较于其他场景更加平缓，之后的上升趋势也更为迅速，最终的取水量甚至高于中国。中南半岛各国取水量与 SSP2 场景相似，但取水量更小，而南亚次大陆各国的取水量在该场景下不断上升。中亚大湖区各国下降趋势更加明显。

在 SSP5 场景下，亚洲水塔流域 18 个国家的取水量都呈现平缓或下降趋势。中国的取水量在 2040 年左右开始下降，峰值接近 800 立方千米；印度在该场景下的下降趋势依然缓于中国；巴基斯坦及伊朗的取水量变化在该场景下更加平缓；其他南亚次大陆与中南半岛各国在 2060 年前后达到峰值后下降；中亚大湖区各国于 2030 年已经达到峰值并开始下降。

（二）农业取水量预测与分析

农业取水量占据总量的大部分，农业取水量变化与总取水量的变化基本一致，大多数国家总取水量的变化趋势也反映了农业取水量的变化趋势。与总取水量变化趋势相比，农业取水量在各路径下的变化更小，且各路径之间的差距缩小。除 SSP2 与核心路径外，SSP1 与 SSP5 下农业取水量几乎一致。不同于总取水量，在 SSP5 下中国和东南亚的农业取水量在 21 世纪中叶前未超过其他路径。中国农业取水量并没有显著上升，而是在一段时间内保持稳定，然后开始逐渐下降，下降速度相对较慢。SSP3 下南亚次大陆各国农业取水量在 21 世纪末趋于平缓，没有明显的上升趋势，而中南半岛各国农业取水量在该路径下依然呈持续上升态势。

从各国农业取水量的大小来看，印度的农业取水量在各路径下均最大，除 SSP3 路径下农业取水量不断上升外，其他路径下峰值接近 650 立方千米，21 世纪末其农业取水量在不同路径下为 500 立方千米—700 立方千米。其次是中国和巴基斯坦，两者在各路径下农业取水量峰值均接近 280 立方千米，中国的峰值早于巴基斯坦，在 21 世纪末巴基斯坦农业取水量在各路径下高于中国。中亚大湖区取水量高度集中于哈萨克斯坦，其农业取水量在不同路径下为 40 立方千米—60 立方千米。乌兹别克斯坦次之，其农业取水量在不同路径下位于 30 立方千米—40 立方千米。在 21 世纪中叶前，中南半岛国家不同路径下的农业取水量变化基本相同。其中，泰国取水量最多，为 35 立方千米左右；越南次之，为 25 立方千米左右。在剩下的南亚次大陆国家中，孟加拉国的农业取水量占比较大，为 30 立方千米左右，而不丹农业取水量在所有流域国家中最小，未超过 1 立方千米。

（三）工业取水量预测与分析

在无气候政策的核心路径和 SSP3 及 SSP5 场景下，工业取水量往往呈现较高水平。面对 SSP3 和 SSP5 适应气候变化方面的挑战，一些国家表现出较强的适应性。中国及中亚大湖区主要国家，2100 年左右的工业取水量呈现出下降并逐渐持平的趋势。对于中南半岛各国，SSP3 在 2100 年均呈现上升趋势，SSP5 在 2080 年之前一直处于最高水平。不同于其他地区，中南半岛的 SSP4 与核心路径的工业取水量在 2100 年前未达到峰值，到 21 世纪末呈现较为平缓的趋势。包含印度和巴基斯坦在内的南亚次大陆国家，随着社会经济的稳步发展、城镇化和工业化的不断进步，不同发展路径对这些国家的工业取水量产生了显著影响，导致工业取水量在各个场景下出现较大差异。即在大部分时间内 SSP5 的工业取水量一直最高。在 21 世纪末期，SSP2 和核心路径的工业取水量反超

SSP5，这是南亚次大陆地区特有的变化趋势。除伊朗外，其他各国的 SSP1 和 SSP4 的取水量均较少，气候缓解方面的挑战对工业取水量的影响较小，气候适应方面的挑战对于工业取水的影响较大。伊朗在 21 世纪末 SSP3 与 SSP4 的工业取水量最大，呈现上升趋势；SSP2 与核心路径的取水量虽不是最高，但仍呈现上升趋势；SSP1 与 SSP5 路径下则呈现下降趋势。这表明气候缓解方面的挑战对伊朗工业取水量的影响要大于气候适应方面的挑战。

从各国工业取水量的大小来看，中国的工业取水量最大，其峰值接近 300 立方千米，在 21 世纪末其工业取水量位于 100 立方千米—150 立方千米之间。印度位居第二，其工业取水量峰值接近 140 立方千米，在 21 世纪末取水量在 60 立方千米—140 立方千米。中亚大湖区各国取水量几乎均呈下降趋势，哈萨克斯坦的最大值在 5 立方千米左右；乌兹别克斯坦的最大值在 3 立方千米左右；其他国家的工业取水量均在 1 立方千米左右，且各场景在 21 世纪末均有一定差异。南亚次大陆各国不同场景下的取水量峰值均呈现较大的变化，孟加拉国和巴基斯坦的工业取水量峰值接近 20 立方千米；其他国家的取水量峰值在 1 立方千米左右；尼泊尔的工业取水量最少，不及 0.3 立方千米。中南半岛各国在不同场景之间的变化差异比中亚大湖区显著，总体趋势与南亚次大陆国家类似。其中，工业取水量最大的是泰国，峰值取水量接近 18 立方千米；越南紧随其后，峰值取水量在 13 立方千米左右；缅甸取水量峰值接近 4 立方千米；其余国家的工业取水量均在 1 立方千米上下。中东地区的伊朗最大取水量不超过 2 立方千米，其不同场景的变化趋势不同于流域其他国家。

（四）市政取水量预测与分析

在无气候政策的核心路径和 SSP 下，所有国家不同场景的取水量在 2020 年几乎没有变化，大部分国家市政取水量在 2040 年左右有明显差异，不同国家之间并没有呈现出某个场景的市政取水量高于其他场景的情况。但核心路径和 SSP5 的市政取水量往往呈现较高的趋势。大部分国家市政取水量均呈现先上升后下降的趋势。不同国家、不同场景下的取水量峰值出现的年份也有所不同。中国、哈萨克斯坦的取水量峰值出现在 2040 年—2050 年，中亚大湖区及南亚次大陆部分国家的取水量峰值出现在 2050 年—2060 年，印度的取水量峰值出现在 2070 年—2080 年，相对最晚。而有些国家不同场景下的峰值出现时间相差较大，如孟加拉国和缅甸 SSP4 下的峰值出现在 2030 年—2040 年，而 SSP1 和 SSP5 的峰值出现时间则在 2050 年—2060 年。

虽然各国市政取水量在不同场景之间的差异较为明显，但同一地区的不同国家之间常呈现较为统一的趋势。中亚大湖区的哈萨克斯坦、乌兹别克斯坦与土库曼斯坦的整体变化趋势几乎一致，均呈现先上升后下降的趋势。中南半岛国家 SSP4 场景的市政取水量均处于最低水平，不同国家之间取水量峰值出现的时间差异较大。南亚次大陆地区各个国家取水量峰值出现的位置较其他地区均要晚一些。

除了中国和印度两个大国外，其他流域国家的市政取水量均低于 20 立方千米，远低于中国和印度的市政取水峰值（约为 110 立方千米）。其中，巴基斯坦取水量峰值相对较高，约为 20 立方千米，而中亚大湖区峰值最大的国家是乌兹别克斯坦（约为 4 立方千米），其他各国取水量峰值基本为 1 立方千米—3.5 立方千米。南亚地区取水量差异显著，首位印度与次位巴基斯坦相差近五倍，其他国家取水量峰值市政取水量为 0.1 立方千米—7 立方千米，差距也较明显。中南半岛地区市政取水量相对较小，泰国和越南的市政取水量最多，约为 7 立方千米—9 立方千米，其他国家均不超过 5 立方千米。

三、限制辐射强迫政策下的水需求预测与分析

（一）总取水量预测与分析

在限制辐射强迫的政策下，通过化石燃料的价格增加以鼓励低碳燃料的使用，能源使用由油气化石能源转向核能和生物能等清洁能源。同时，碳捕获和封存（Carbon Capture and Storage，CCS）技术的采用，可以减少空气中的二氧化碳浓度，但需要大量用水进行发电，导致在该气候情景下，各国各时期的取水量均多于无气候政策。另外，生物能使用则需要土地种植结构相应调整，引起农作物产量等发生变化，进而引起农业取水量相应变化。

当限制辐射强迫时，在 SSP1 的场景下，中国总取水量在接下来几年中将不断增长，至 2035 年达到峰值，峰值约为 684 立方千米。期间，中国在水需求方

面压力上升，但其取水量变化幅度不大，对于水资源的获取相比于当下差异较小，随后总取水量在本世纪中叶逐年下降且下降速度不断变缓，至 21 世纪末下降至 395 立方千米。印度依然是亚洲水塔流域国家中总取水量最大的国家，在限制辐射强迫的气候政策下，其在近几年内取水量的增长预计更加快速，并在 2035 年达到峰值（约为 684 立方千米），随后有所下降，但速度较为平缓且其取水量均高于无气候政策下的。巴基斯坦取水量将会直线上升至 2035 年达到峰值 402 立方千米，并在之后直线下降，于 21 世纪中叶之后在 310 立方千米上下保持波动。中亚大湖区总取水量变化较为平缓，其中哈萨克斯坦及乌兹别克斯坦两国总取水量占据大部分，在近几年内均略有上升，并在 2035 年后哈萨克斯坦的总取水量在 56 立方千米上下波动；乌兹别克斯坦则在 39 立方千米上下波动；吉尔吉斯斯坦、土库曼斯坦及塔吉克斯坦取水量均在 7 立方千米左右变化。该地区各国取水量与其水资源分布正好相反。哈萨克斯坦及乌兹别克斯坦位于河流下流，水需求存在严峻的考验。其余南亚次大陆国家及中南半岛国家的取水量在该场景下的变化幅度不大，与无气候政策下相比，除孟加拉国外其余国家变化均不大，其变化主要在农业用水方面。

在 SSP2 及核心场景下，各国取水量变化相似，SSP2 场景下波动性更大，且大多数国家在世纪末时取水量要少于核心场景。巴基斯坦在核心场景下的取水量峰值要明显晚于 SSP2，且峰值更低，而中亚大湖区各国峰值的到来略早于 SSP2。中南半岛国家两种场景下取水量基本一致，在 21 世纪中叶之前不断上升，而后趋于平缓。南亚次大陆国家在两种场景下取水量差距较大，在 SSP2 下将于 21 世纪中叶有所下降，在核心场景下则会不断上升，但上升速度在 21 世纪中叶存在明显转折。

在 SSP4 场景中，区域之间发展不平等问题突出，绝大多数国家在该场景下取水量要多于其他场景，位于中亚大湖区、中南半岛、南亚次大陆部分国家及伊朗由于社会经济发展缓慢，取水量增速较小；至 21 世纪中叶，中亚大湖区国家增长速度有所加快，随后中南半岛各国取水量趋于平缓，中亚大湖区国家及伊朗快速下降，而南亚次大陆各国下降相比较缓，且在 21 世纪末依然有上升趋势。中、印、巴等大国取水量则会在近几年达到峰值，随后下降。中国取水量上升最平缓，且下降幅度最大。巴基斯坦则在 21 世纪中叶会有波动上升的趋势。

在 SSP5 场景中，亚洲水塔流域 18 个国家的总取水量变化较为平缓，2020 年之后的 20 年内几乎都呈现上升趋势。中国率先达到总取水量的极大值点。随后，大部分国家的总取水量缓慢下降。在气候胁迫场景下，流域各国在 2020 年后的 10 年间，总取水量迅速上升，增长幅度较大，但达到极值点后的总取水量快速下降，此时气候政策的抑制效应不断呈现。由于不同国家的发展程度不同，达到气候政策限制的极大值点也不同。因气候政策的制约，中国在 2035 年前后总取水量在下一时间段迅速下降，而哈萨克斯坦则在 2075 年前后才出现取水高峰。

（二）农业取水量预测与分析

当限制辐射强迫时，各国在 SSP1 场景下的农业水需求均处于较低水平。该场景下气候缓解与气候适应方面的挑战最低，农业水需求基本不随时间发生较大改变。SSP1 场景下农业取水量最高的国家是印度，峰值超过 600 立方千米，且总取水量整体变化不明显。而中国与之相比则较低，且随着时间推移，中国农业取水量由 300 立方千米下降到 200 立方千米。作为农业大国，巴基斯坦农业取水量平均超过 300 立方千米，用水量超过中国，且在 2030 年—2040 年出现了一个转折峰，并在气候政策的强迫下其总取水量下降且趋于稳定。南亚次大陆其他国家在 SSP1 场景下的取水量变化并不剧烈。与之类似，中亚大湖区各国农业取水量并无剧烈波动，仅在世纪末有微弱的下降趋势。而东南亚国家的农业取水量下降趋势更为明显，但各国取水量的数值与无气候政策限制下 SSP1 场景下保持在同一数量级。

在 SSP2 场景及核心场景下，气候适应和气候缓解方面的挑战均适中，而此场景下各国取水量变化幅度较小。南亚次大陆和中南半岛各国在 SSP2 场景下的农业取水量到 21 世纪末几乎没有变化，但核心场景下的变化趋势与 SSP4 场景下的变化趋势较为一致。中亚大湖区各国及伊朗农业取水量在 2060 年—2070 年有单一的峰值，但数值变化依旧较为平缓，核心场景与其趋势相近。

在 SSP4 场景下，各国的农业生产强度较大，农业取水量变化强烈。南亚次大陆各国取水量峰值出现在 2070 年前后，取水量变化剧烈。中南半岛各国农业总取水量在 2070 年前呈现近乎直线上升的趋势，到 2070 年后基本保持持平。中亚大湖区各国的农业取水量上升达到的峰值远高于其他场景，峰值出现时间大致在 2070 年前后。伊朗在 SSP4 场景下的峰值也高于其他场景。综合来看，气候适应方面的挑战对于亚洲水塔流域各国农业取水量有更大的影响。

在 SSP5 场景下，气候缓解方面的挑战占主导，对各国农业取水量的影响并不显著。南亚次大陆各国在 SSP5 场景下的农业取水量几乎没有变化，与 SSP1 场景的变化基本保持一致。同样，中南半岛各国的总取水量与 SSP1 场景的相关度也很高，二者几乎呈现重叠的趋势。中亚大湖区各国农业取水量的数值比 SSP1 场景高，峰值出现的时间早十年左右。伊朗在 SSP5 场景下农业取水量更高，燃料驱动发展对其影响更加明显。

（三）工业取水量预测与分析

当限制辐射强迫时，在 SSP1 场景下，大多数国家工业取水量的变化都相对较为平缓。除中国外，中南半岛各国的工业取水量较早达到峰值，南亚次大陆各国虽然发展缓慢，但其工业取水量在 21 世纪末依然能够达到峰值，并有所下降，中亚大湖区各国在近几年内开始下降。

在 SSP2 和核心场景下，多数国家工业取水量变化相当接近。中国在 SSP2 场景下工业取水量变化波动更大；中亚大湖区各国在 SSP2 场景下近几年保持平稳，但在 2030 年快速下降后回归平稳。中南半岛国家在 SSP2 下的取水量要明显低于核心场景，而南亚次大陆国家核心场景下的工业取水量将会在 21 世纪末反超 SSP2。

在 SSP4 场景下，除中印两个大国，近几年其余国家工业化发展水平较低，工业取水量将缓慢提升；而在 21 世纪中叶后，各国工业化进程加快，工业取水量随之快速增长。伊朗及巴基斯坦、印度等南亚次大陆国家直至 21 世纪末，其取水量依然在上升，中亚大湖区各国则有所下降。中国的峰值仍要早于其他国家，而印度取水量相比于其他场景下不再有明显的下降趋势。

在 SSP5 场景下，各国由燃料驱动发展，工业取水量未来几年中的上升速度与取水总量均要多于其他场景，其原因在于需要更多水用于 CCS 技术处理燃料燃烧所产生的温室气体，同时在该场景下为达到限制的辐射强度，工业取水量在 21 世纪末时的下降速度也最快。

（四）市政取水量预测与分析

当限制辐射强迫时，除尼泊尔、伊朗及巴基斯坦等少数国家外，大部分国家的市政取水量呈先上升后下降的趋势。在 SSP1 场景下，中南半岛各国基本上一直处于上升趋势，直到世纪末才出现较为平缓的态势。越南和泰国两个城市化水平较高的国家已出现峰值。除不丹外，南亚次大陆其他国家到 21 世纪末市政取水量均呈现上升趋势。伊朗在 SSP1 场景下市政取水量变化很小，峰值出现在 2060 年左右。中亚大湖区各国在 SSP1 场景下均呈现明显的先上升后下降的趋势，位于上游的塔吉克斯坦市政取水量峰值出现的时间较早，位于下游的乌兹别克斯坦等国市政取水量峰值出现的时间偏晚。

在 SSP2 及核心场景下，各国的市政取水量变化趋势基本一致。中南半岛各国及南亚次大陆的孟加拉国、印度和不丹市政取水量均呈现先上升后下降的趋势。泰国、越南和缅甸的取水量峰值出现的时间较早。南亚次大陆的尼泊尔和巴基斯坦到 21 世纪末市政取水量依然呈现上升趋势。中亚大湖区各国 SSP2 和核心场景在 21 世纪前均出现了取水量峰值，其中哈萨克斯坦、土库曼斯坦的取水量峰值出现时间较早一些。伊朗取水量峰值出现在 2050 年—2060 年，阿富汗则持续呈现上升态势。总体来看，SSP2 场景和核心场景的变化趋势一致，取水量的数值有一定差异。

在 SSP4 场景下，中南半岛大部分国家均呈现先上升后下降的变化趋势，而老挝的市政取水量则一直处于上升趋势。南亚次大陆的不丹和孟加拉国的市政取水量出现了峰值，其余国家的市政取水量到 21 世纪末均呈现上升趋势。中亚大湖区各国的市政取水量呈现先上升后下降的趋势，其中塔吉克斯坦与吉尔吉斯斯坦的市政取水量变化与其他场景有较大的差异。伊朗在 2050 年后取水量迅速下降，中国在 SSP4 场景下的变化与 SSP1 场景类似，其在面对类似挑战时的适应性更强。总体来看，各国在 SSP4 场景下的市政取水量都要低于其他场景。

在 SSP5 场景下，中南半岛除老挝、柬埔寨外均先上升后下降，南亚次大陆的尼泊尔、巴基斯坦在 21 世纪末依旧有上升趋势，其余国家出现取水量峰值。中亚大湖区各国的市政取水量变化趋势与核心场景类似，但取水量的数值要高于核心场景。哈萨克斯坦、土库曼斯坦及吉尔吉斯斯坦的取水量峰值出现的时间较早。伊朗受燃料驱动发展影响较大，在此场景下的市政取水量远高于其他场景。而中国在此场景下受到的影响依旧不敏感。

参 考 文 献

［1］ S. 梅瑞特、江莉："水需求的几种解释"，《水利水电快报》，2005 年第 1 期。

［2］ 王尚义、李玉轩、马义娟："地理学发展视角下的历史流域研究"，《地理研究》，2015 年。

［3］ 张红、邓雯、王艺："2000—2020 年印度土地利用的时空演化及驱动因素分析"，《世界地理研究》，2022 年第 4 期。

［4］ Bijl, D. L., P. W. Bogaart, T. Kram, *et al.* 2016. Long-term water demand for electricity, industry and households. *Environmental Science & Policy*, Vol. 55, Part. 1, pp. 75-86.

［5］ Calvin, K., P. Patel, , L. Clarke, *et al.* 2019. GCAM v5. 1: Representing the linkages between energy, water, land, climate, and economic systems. *Geoscientific Model Development*, Vol. 12, No. 2, pp. 677-98.

［6］ Calvin, K., M. Wise, P. Kyle, *et al.* 2017. A hindcast experiment using the GCAM 3.0 agriculture and land-use module. *Climate Change Economics*, Vol. 8, No. 01, p. 1750005.

［7］ Chaturvedi, V., M. Hejazi,, J. Edmonds, *et al.* 2015. Climate mitigation policy implications for global irrigation water demand. *Mitigation and Adaptation Strategies for Global Change*, Vol. 20, No. 8, pp. 389-407.

［8］ Davies, E., P. Kyle, J. Edmonds. 2013. An integrated assessment of global and regional water demands for electricity generation to 2095. *Advances in Water Resources*, Vol. 52, pp. 296-313.

［9］ Fujimori, S., H. Dai, T. Masui, *et al.* 2016. Global energy model hindcasting. *Energy*, Vol. 114, pp. 293-301.

［10］ Giordano, M. 2003. The geography of the commons: The role of scale and space. *Annals of the Association of American Geographers*, Vol. 93, No. 2, pp. 365-375.

［11］ Hartin, C., P. Patel, A. Schwarber, *et al.* 2015. A simple object-oriented and open-source model for scientific and policy analyses of the global climate system- Hector v1.0. *Geoscientific Model Development* , Vol. 8, No. 4, pp. 939-955.

［12］ Hejazi, M., J. Edmonds, V. Chaturvedi, *et al.* Scenarios of global municipal water-use demand projections over the 21st century. *Hydrological Sciences Journal*, 2013, Vol. 58, No. 3, pp. 519-538.

［13］ Hejazi, M., J. Edmonds, L. Clarke, *et al.* 2014. Long-term global water projections using six socioeconomic scenarios in an integrated assessment modeling framework. *Technological Forecasting and Social Change*, Vol. 81, pp. 205-226.

［14］ Macknick, J., R. Newmark, G. Heath, *et al.* 2012. Operational water consumption and withdrawal factors for electricity generating technologies: A review of existing literature. *Environmental Research Letters*, Vol. 7, No. 4, p. 045802.

［15］ Maheu, A. 2009. *Energy Choices and their Impacts on Demand for Water Resources: An Assessment of Current and Projected Water Consumption in Global Energy Production*. McGill University，Montreal，Canada.

［16］Mekonnen，M.，A. Hoekstra. 2011. The green，blue and grey water footprint of crops and de-rived crop products. *Hydrology and Earth SystemSciences*，Vol. 15，pp. 1577-1600.

［17］Mekonnen，M.，A. Hoekstra. 2012. A global assessment of the water footprint of farm animal products. *Ecosystems*，Vol. 15，No. 3，pp. 401-415.

［18］O'Neill，B.，E. Kriegler，K. Riahi，*et al*. 2014. A new scenario framework for climate change research：the concept of Shared Socioeconomic Pathways. *Climate Change*，Vol. 122，pp. 387-400.

［19］Steinfeld，H.，P. Gerber，T. Wassenaar，*et al*. 2006. *Livestock's Long Shadow：Environmental Issues and Options*. Food & Agriculture Organization.

［20］Tobler. W. 1970. A computer movie simulating urban growth in the Detroit region. *Economic Ge-ography*，Vol. 46，No. 1，pp. 234-240.

［21］Vassolo，S.，P. Döll. 2005. Global-scale gridded estimates of thermoelectric power and manufac-turing water use. *Water Resources Research*，Vol. 41，No.4.

［22］Vickers，A. 2001. *Handbook of Water Use and Conservation*. WaterPlow Press，Amherst，MA，USA.

［23］Wada，Y.，M. Bierkens. 2014. Sustainability of global water use：Past reconstruction and future projections. *Environmental Research Letters*，Vol. 9，No.10.

［24］Wada，Y.，M. Flörke，N. Hanasaki，*et al*. 2016. Modeling global water use for the 21st centu-ry：the Water Futures and Solutions (WFaS) initiative and its approaches. *Geoscientific Model Development*，Vol. 9，No.1，pp. 175-222.

第七章　亚洲水塔流域跨境水冲突

全球气候变暖大背景下，亚洲水塔流域是对气候变化最敏感的地区之一，气温升高导致的冰川消融和降水时空变化，使得地区水资源的时空分配趋于失衡，因水而生的国际河流流域水冲突事件频发。水资源冲突已成为影响本地区国家间关系和区域可持续发展的重要因素之一，对亚洲水塔流域政治局势和社会稳定造成重要影响。与此同时，亚洲水塔流域水冲突也成为域外国家介入本地区地缘政治博弈的外交工具，从而加剧地区地缘政治复杂性。在亚洲水塔自然环境变化与流域国家社会经济政治因素多重叠加影响下，亚洲水塔流域跨境水冲突和水争端陡增，区域可持续发展面临更多水政治压力和挑战，水冲突也成为影响中国周边地缘安全和国家利益的潜在挑战。

第一节　亚洲水塔流域跨境水冲突的时序演化

20 世纪中期以来，围绕水资源的归属、分配、开发利用和保护等主要水资源关切问题，亚洲水塔流域跨境水冲突呈非线性和波动增长的总体趋势，阶段性突变特征显著。水冲突事件整体以低强度事件为主，且低强度事件所占比重趋于上升，外交矛盾仍是跨境水冲突的主要形式。水利设施建设、水量分配、水电开发等类型问题是亚洲水塔流域跨境水冲突的矛盾焦点，围绕水资源控制权和归属权的竞争博弈是区域水冲突的核心问题。水冲突由水量争端主导向水利设施开发和水量分配争端共同主导转变。南亚次大陆的印度河流域与恒河-布拉马普特拉河-梅格纳河流域成为亚洲水塔流域跨境水冲突演化的焦点地区。

一、亚洲水塔流域国家的水安全关切与水冲突类型

国际河流水冲突的本质是流域内各个国家之间围绕水资源的归属、分配、开发利用和保护等问题发生的冲突行为，具有一定的国家安全属性。其所涉及的水资源安全关切主要包括水质保护、水量分配、农业灌溉、水利发电、大坝建设、渔业生态、内河航运、河流划界等议题。水冲突表征强度不一，涵盖外交、经济、政治和军事多个领域。当前亚洲水塔流域跨境水冲突事件主要包括六种强度等级（表 7-1）和 13 种问题类型（表 7-2）。

表 7-1　亚洲水塔流域跨境水冲突事件强度分级

事件强度等级代码	冲突事件强度特征描述
−6	导致伤亡的战争行动
−5	小规模军事冲突
−4	政治军事敌对行为
−3	外交经济对峙行为
−2	强烈的口头言辞敌对行为
−1	温和的口头言辞矛盾

表 7-2　亚洲水塔流域跨境水冲突事件问题类型划分

事件问题类型代码	事件问题类型划分	问题类型描述
1	水质问题	与水质或与河流水资源有关的环境问题相关事件
2	水量问题	与水量分配有关的事件
3	水电开发问题	与水力发电或水力发电设施开发有关的事件
4	航运问题	与内河航运、运输、河流港口有关的事件
5	渔业问题	与河流渔业捕捞有关的事件
6	防洪救灾问题	与洪水、防洪、洪水灾害、洪水救济有关的事件
7	经济发展问题	区域经济发展问题
8	联合管理问题	涉及流域或水资源联合管理的事件
9	灌溉问题	与沿岸农业灌溉有关的事件

事件问题类型代码	事件问题类型划分	问题类型描述
10	水利设施建设问题	与水利基础设施建设或开发项目有关的活动，包括大坝、拦河坝、运河、水渠管道等
11	技术合作	与技术或经济合作或援助有关的事件，包括项目评估或河流调查等
12	边界纠纷	流域内涉及河流共享边界的划分事件
13	领土争端	与流域内领土要求有关的事件，例如河岛、河岸归属等

二、亚洲水塔流域跨境水冲突事件的时序发展演化

（一）总体演化特征

1. 整体呈波动增长趋势且阶段性突变特征显著

1948 年—2013 年，亚洲水塔流域跨境水冲突事件数量呈现出非线性、波动性增长特征，且在时序上具有明显的阶段性差异，并以 1990 年为突变点，形成小幅无趋势波动与大幅波动快速增长两个阶段（图 7-1）。

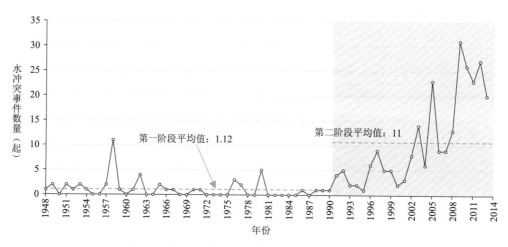

图 7-1　亚洲水塔流域跨境水冲突事件时序演化

注：以下相关图表与此图资料同源。

资料来源：基于更新后的 TFDD 数据库自绘。

基于曼-肯德尔法（Mann-Kendall）、滑动 t-检验法、累积距平法、有序聚类法、突变点检验（Pettitt's test）、贝叶斯突变检测（Buishand U test）和标准正态检验法（Standard Normal Homogeneity Test）等多种突变点检测方法的结果表明，1990 年为亚洲水塔流域跨境水冲突演化的突变点，以该突变点为分界，可划分为小幅无趋势波动（1948 年—1990 年）和大幅波动快速增长（1991 年—2013 年）两大阶段（图 7-1）。

（1）小幅无趋势波动阶段（1948 年—1990 年）

该阶段共 43 年，发生了跨境水冲突事件 48 起，占全部总量的 15.9％。年均发生水冲突事件 1.12 起，远低于第二阶段的数量和频率。该阶段冲突事件数量波动幅度较小，阶段末期事件数量没有明显的增加趋势。虽然跨境水冲突事件数量在 1957 年—1965 年和 1976 年—1980 年两个时段均出现阶段性波动增长态势，但在该阶段末期最终趋于下降，整体上呈现出小幅无趋势波动特征。

（2）大幅波动快速增长阶段（1991 年—2013 年）

该阶段共 23 年，发生了跨境水冲突事件 253 起，占全部事件总量的 84.1％。年均发生水冲突事件 11 起，是第一阶段的近 10 倍。与第一阶段相比，在水冲突事件数量上有大幅增加，增长趋势明显。尽管有些年份水冲突事件有波动下降，但整体仍具有显著的快速波动增长特征。该阶段水冲突事件数量由 1991 年的 4 起波动增长到 2013 年的 20 起，年均增长率高达 69.57％。

2. 以低强度事件为主且所占比重趋于上升

1948 年—2013 年，亚洲水塔流域跨境水冲突事件的强度构成以低强度事件为主（表 7-3），无论是事件数量还是所占比重，低强度事件的主导地位都进一步增强（图 7-2）。

表 7-3　亚洲水塔流域跨境水冲突事件的强度构成（1948 年—2013 年）

事件强度	导致伤亡的战争行动	小规模军事冲突	政治军事敌对行为	外交经济对峙行为	强烈口头言辞敌对	温和口头言辞矛盾
事件数量（起）	1	7	5	30	114	144
所占比重（%）	0.33	2.33	1.66	9.97	37.87	47.84

　　1948 年—2013 年，温和的口头言辞矛盾（－1）和强烈的口头言辞敌对行为（－2）两个等级的低强度事件所占比重达到了 85.71%（表 7-3），尤其是强度等级最低的温和口头言辞矛盾事件所占比重接近一半。而高强度等级的水冲突事件所占比重较小，事件强度上升到军事冲突（－5）或战争层面（－6）的冲突事件所占比重控制在 3% 以下。这充分说明，外交矛盾仍是亚洲水塔流域国家跨境水冲突的主要形式。这也与全球层面跨境水冲突事件的构成和发生特征相一致（王涛等，2021）。

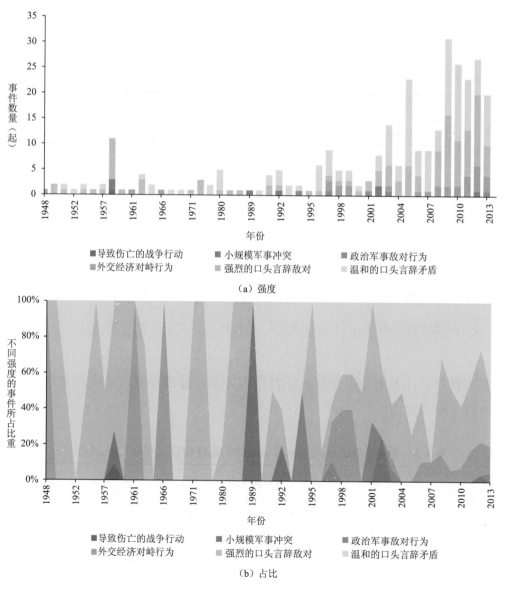

图 7-2　亚洲水塔流域跨境水冲突事件演化（1948 年—2013 年）

1948 年—2013 年，亚洲水塔流域跨境水冲突事件中的低强度事件数量和所占比重均有所增长，且低强度事件占据主导的特征进一步凸显（图 7-2）。从事件强度数量变化看（图 7-2（a）），温和的口头言辞矛盾事件数量由 1948 年的 0 起波动增长到 2013 年的 10 起，其中 2005 年达到 17 起；而强烈的口头言辞敌对冲突事件也由 1948 年的 0 起增长到 2013 年的 6 起，其中 2009 年和 2012 年分别达到 14 起；导致伤亡的战争行动级别的冲突事件只在 1958 年发生，其后再无发生。从事件强度比例变化看（图 7-2（b）），低强度事件所占的比重变化也与其数量变化趋势相一致。其中，温和的口头言辞矛盾的冲突事件所占比重波动增长到 2013 年的 50%，年均所占比重为 47.84%；强烈的口头言辞敌对的冲突事件所占比重增长到 2013 年的 30%，年均所占比重为 37.87%；外交经济对峙行为和政治军事敌对行为的冲突事件所占平均比重分别达到 9.97% 和 1.66%。

3. 水冲突问题类型由水量争端为主向水资源开发和水量分配争端共同主导转变

1948 年—2013 年，亚洲水塔流域跨境水冲突事件的问题类型构成以水利设施建设、水量分配、水电开发等问题类型的冲突事件为主（表 7-4）。但水利设施建设和水电开发两种问题类型的事件所占比重在第二阶段增长显著，而水量问题的事件所占比重显著下降（图 7-3）。

表 7-4　亚洲水塔流域跨境水冲突事件的问题类型构成（1948 年—2013 年）

事件问题类型	事件数量（起）	所占比重（%）
水质问题	3	1
水量问题	95	31.56
水电开发问题	27	8.97
防洪问题	8	2.66
联合管理问题	4	1.33
灌溉问题	3	1
水利设施建设问题	140	46.51
边界纠纷	17	5.65
领土争端	4	1.33

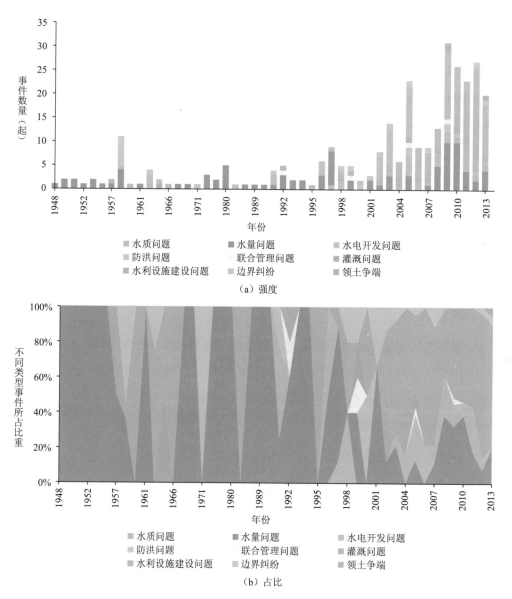

图 7-3　亚洲水塔流域跨境水冲突事件演化（1948 年—2013 年）

1948 年—2013 年，水利设施建设问题类型的冲突事件数量最多（140 起）、占比最大（46.51%），其次为水量问题事件（95 起，31.56%）。两种类型的事件所占比重接近 80%，是亚洲水塔流域跨境水冲突事件的主要问题表现（表 7-4），充分表明围绕水资源的控制权和归属权竞争是区域水冲突的主要议题，对稀缺水资源的争夺仍是区域水冲突的焦点所在。此外，因水电开发、边界纠纷等问题引发的冲突也是区域水冲突的重要原因，而水质、防洪、联合管理、灌溉、领土争端等问题造成的水冲突所占比重较小。已有研究表明，水利基础设施开发建设和水量分配这两个密切相关的问题，始终是跨界水资源管理中最具冲突性的方面，且这两大类事件有增加趋势（De Stefano et al.，2010）。

1948年—2013年，水利设施建设和水电开发两种问题类型的事件数量和所占比重均有所增长。水量问题事件数量也有所增长但比重明显下降（图7-3）。冲突问题构成特征由单一的水量问题主导向水利设施建设与水量分配问题双主导构成特征转变。水量问题、水利设施建设问题和水电开发问题三种类型的事件数量分别由第一阶段的30起、9起和0起，增长到第二阶段的65起、131起和27起（图7-3（a）），但其在两个阶段各自所占比重由第一阶段的62.5%、18.75%和0%，演化为第二阶段的25.69%、51.78%和10.67%（图7-3（b））。可以看出，三种类型的事件数量均有明显增长，但构成结构已发生实质性变化，尤其是水量问题事件所占比重大幅下降。相反水利设施建设问题事件比重大幅增长，尤其是2001年后极为显著，水电开发问题事件比重也有较大增长。亚洲水塔流域的水冲突事件构成特征，已由第一阶段的水量问题占绝对主导，转变为第二阶段的水利设施建设问题和水量问题共同主导。此外，流域联合管理问题、水质问题和灌溉问题等类型的事件，在个别年份也有明显增长，说明近年来各国对于国际流域水资源的共同管理、水生态保护等方面的重视程度有所增加。当对水的竞争加剧时，水质是决定某一特定用途有效可用水量的重要因素；而与联合管理有关的事件增多，似乎反映了围绕更加协调的流域水资源管理计划所进行的一系列竞争性行为不断加剧。

（二）各流域演化特征

1948年—2013年，亚洲水塔流域共发生301起跨境水冲突事件，涉及13个流域中的9个国际流域（表7-5），发生水冲突的流域数量占比69.23%。

表 7-5　亚洲水塔流域跨境水冲突事件统计结果（1948 年—2013 年）

冲突流域	水冲突事件数量（起）	所占比重（%）
印度河流域	133	44.19
恒河-布拉马普特拉河）-梅格纳河流域	93	30.90
咸海流域	29	9.63
澜沧江-湄公河流域	19	6.31
怒江-萨尔温江流域	12	3.99
赫尔曼德河流域	7	2.33
哈里鲁德河流域	5	1.66
伊洛瓦底江流域	2	0.66
楚河流域	1	0.33

1. 南亚次大陆两大流域成为跨境水冲突演化的主导动力

1948 年—2013 年，发生跨境水冲突的亚洲水塔流域共 9 个，南亚次大陆的印度河流域与恒河-布拉马普特拉河-梅格纳河流域水冲突事件数量最多、占比最大（表 7-5），且其演化趋势与亚洲水塔流域水冲突事件的总体演化趋势相一致（图 7-4），是驱动亚洲水塔流域水冲突演化的主导力量。

从水冲突事件规模来看，印度河流域与恒河-布拉马普特拉河-梅格纳河流域的占比超过 75%，是绝对的主导型冲突流域。其水冲突事件演化趋势与亚洲水塔流域整体演化趋势基本一致（图 7-4）。两个流域从第一阶段到第二阶段均呈现出较长时间序列的连续性，而咸海流域、澜沧江-湄公河流域、怒江-萨尔温江流域、赫尔曼德河流域、哈里鲁德河流域、伊洛瓦底江流域和楚河流域等其他流域的水冲突事件都集中发生于第二阶段，且在第一阶段基本缺失，进而呈现出明显的阶段性和不连续性特征，成为亚洲水塔流域第二阶段水冲突激增的重要推动者。

南亚次大陆的印度河流域与恒河-布拉马普特拉河-梅格纳河流域成为亚洲水塔流域水冲突的"火药桶"，主要原因归结为：（1）人口众多，水资源需求旺盛。南亚次大陆地区是全世界人口密度最大的地区之一，拥有近 18 亿人口，水资源压力巨大，水资源短缺问题较为突出，导致各国水资源的开发利用与调配

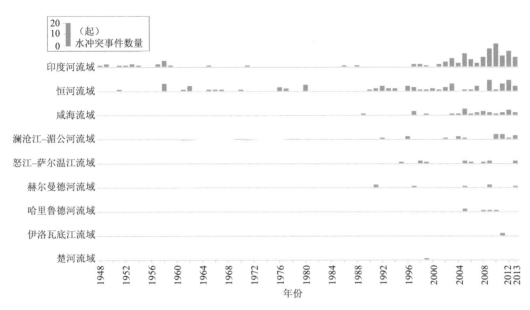

图 7-4　亚洲水塔流域水冲突事件的时序演化（1948 年—2013 年）

矛盾重重。（2）水资源成为大国外交的重要工具，作为南亚实力最强的国家，印度长期以来奉行"两面主义"的水外交政策（韩叶，2020），导致其围绕印度河、恒河、布拉马普特拉河三条主要国际河流与邻国之间不断发生水冲突，加上南亚边界争端、宗教矛盾等历史恩怨影响，从而加剧印度-巴基斯坦、印度-孟加拉国之间的水冲突。

2. 各流域均以低强度事件为主，但时序演化有所差异

与总体构成相似，各流域水冲突事件强度构成仍然以低强度事件为主，但其时序演化特征有所差异（图 7-5）。1948 年—2013 年，除了个别冲突较少流域是以中等强度的冲突事件为主外，其余冲突事件量排名前六位的流域，均以温和的口头言辞矛盾冲突事件（—1）和强烈的口头言辞敌对冲突事件（—2）类型为主。两种低强度类型事件比例均接近 80%（表 7-6），但各个流域水冲突事件强度构成的时序演化存在一些局部差异。除了恒河-布拉马普特拉河-梅格纳河流域的低强度冲突事件主要发生在第一阶段之外，其余流域的低强度事件主要发生在第二阶段。这与 20 世纪印度-孟加拉国之间恒河水分配及法拉卡水坝建设有关。

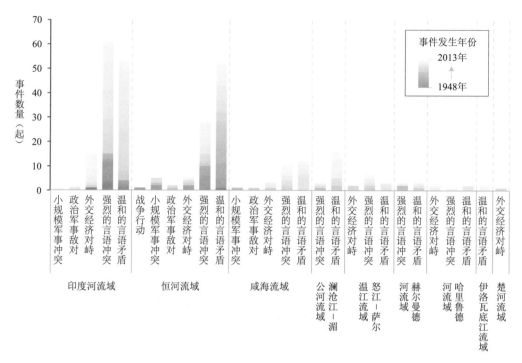

图 7-5　亚洲水塔流域水冲突事件强度演化（1948 年—2013 年）

表 7-6　亚洲水塔流域跨境水冲突事件强度构成（1948 年—2013 年）

流域	不同等级冲突事件所占比重（%）					
	导致伤亡的战争行动	小规模军事冲突	政治军事敌对行为	外交经济对峙行为	强烈的口头言辞敌对	温和的口头言辞矛盾
印度河流域	0	0.75	1.50	12.03	45.86	39.85
恒河流域	1.08	5.38	2.15	5.38	30.11	55.91
咸海流域	0	3.45	3.45	13.79	37.93	41.38
澜沧江-湄公河流域	0	0	0	0	15.79	84.21
怒江-萨尔温江流域	0	0	0	16.67	58.33	25.00
赫尔曼德河流域	0	0	0	0	42.86	57.14
哈里鲁德河流域	0	0	0	40.00	20.00	40.00
伊洛瓦底江流域	0	0	0	0	0	100
楚河流域	0	0	100	0	0	0

3. 各流域跨境水冲突的问题类型差异明显

与总体问题类型构成相似，各流域水冲突事件问题类型构成也以水量问题、水利设施建设问题和水电开发问题三大问题为主，但在主导问题类型构成上具有显著差异（表 7-7、图 7-6）。1948 年—2013 年，9 个发生水冲突的流域水冲突事件问题类型主要包括四种类型：（1）以水量问题和水利设施建设问题为主要冲突类型的流域：受气候水文与水资源压力的共同驱动，包括印度河流域、恒河-布拉马普特拉河-梅格纳河流域和哈里鲁德河流域；（2）以水电开发问题和水利设施建设问题为主要冲突类型的流域：以清洁能源开发为主要驱动，包括咸海流域（同时存在水量问题）、澜沧江-湄公河流域、怒江-萨尔温江流域、伊洛瓦底江流域；（3）以水量问题和水电开发问题为主要冲突类型的流域：主要是赫尔曼德河流域，以水资源禀赋为主要驱动力；（4）以水量问题为主要冲突类型的流域：主要为楚河流域，以水资源禀赋为主要驱动力。此外，各流域水冲突问题类型的构成演化，与整个流域的强度构成演化存在一致性（图 7-6），即除了恒河-布拉马普特拉河-梅格纳河流域水冲突事件主要发生在第一阶段之外，其余流域水冲突事件主要发生在第二阶段。

表 7-7　亚洲水塔流域跨境水冲突事件问题类型构成（1948 年—2013 年）

流域	不同问题类型冲突事件所占比重（%）								
	水质问题	水量问题	水电开发问题	防洪问题	联合管理问题	灌溉问题	水利设施建设问题	边界纠纷	领土争端
印度河流域	2.26	30.08	5.26	3.01	0.00	0.00	56.39	1.50	1.50
恒河流域	0	44.09	1.08	3.23	1.08	1.08	36.56	11.83	1.08
咸海流域	0	17.24	34.48	3.45	6.90	6.90	24.14	6.90	0
澜沧江-湄公河流域	0	0	15.79	0	5.26	0	78.95	0	0
怒江-萨尔温江流域	0	0	25.00	0	0	0	50.00	16.67	8.33
赫尔曼德河流域	0	71.43	28.57	0	0	0	0	0	0
哈里鲁德河流域	0	60.00	0	0	0	0	40.00	0	0
伊洛瓦底江流域	0	0	50.00	0	0	0	50.00	0	0
楚河流域	0	100.00	0	0	0	0	0	0	0

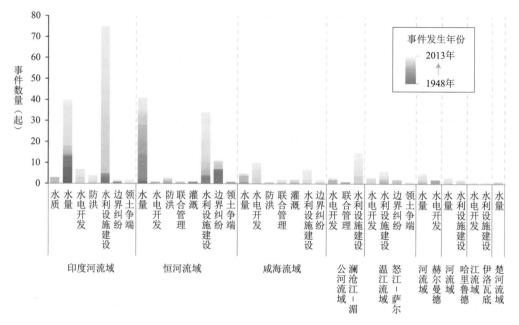

图 7-6 亚洲水塔流域水冲突事件问题类型演化（1948 年—2013 年）

三、亚洲水塔流域国家间水冲突关系的时序演化

（一）以印度为中心形成印巴和印孟两大双边冲突关系

亚洲水塔流域国家间的水冲突关系与水冲突事件的分布表现出吻合特征，高度集中在印度-巴基斯坦和印度-孟加拉国之间（图 7-7）。印度-巴基斯坦（143 次，占比为 41.2%）和印度-孟加拉国（58 次，占比为 16.7%）之间冲突关系数量和比重，远高于第三位冲突关系——老挝-泰国（14 次，占比为 4%），尤其是印度-巴基斯坦之间水冲突关系规模的首位度达到 2.47，在整个水塔流域地区居于主导地位。此外，印度与中国、尼泊尔等国家之间的水冲突强度较大，进一步强化了印度作为整个亚洲水塔流域跨境水冲突中心的地位，也间接验证了印度采取"两面主义"的水外交策略所带来的负面后果，使其自身外交形象在某种程度上陷入"地区麻烦制造者"境地。

印度-巴基斯坦和印度-孟加拉国两对冲突关系的规模演化也与整体水冲突变化表现出较高的一致性，成为驱动亚洲水塔流域跨境水冲突走势的"序参量"。印度-巴基斯坦的水冲突关系历史由来已久，河流归属与灌溉区的空间错配，以及克什米尔历史问题给两国水资源问题的解决带来极大挑战与威胁。此外，印度与孟加拉国之间的水冲突关系，也在孟加拉国建国后因印度建设拉法卡大坝接踵而来。

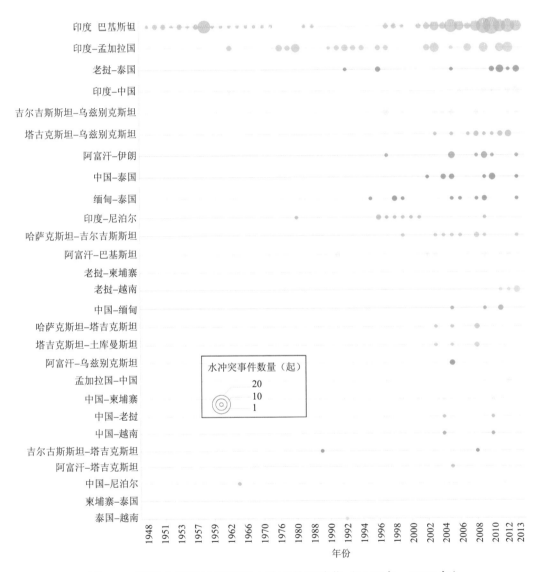

图 7-7　亚洲水塔流域国家间水冲突关系演化（1948 年—2013 年）

（二）绝大部分双边水冲突发生于 20 世纪 90 年代以后

1948 年—2013 年，除了印度-巴基斯坦和印度-孟加拉国水冲突关系外，其他亚洲水塔流域国家间的水冲突关系绝大部分发生于第二阶段，且在水冲突事件数量较少的影响下，水冲突关系在时间上表现出间断性演化特征（图 7-7）。这些国家基本是从 1995 年左右开始产生水冲突，且具有一定的偶发性特征。冲突次数大于 10 次的国家间水冲突关系包括老挝-泰国（14 次）、吉尔吉斯斯坦-乌兹别克斯坦（12 次）、塔吉克斯坦-乌兹别克斯坦（12 次）、印度-中国（12 次）、缅甸-泰国（10 次）、阿富汗-伊朗（10 次）和中国-泰国（10 次）等，其余国家间冲突次数均小于 10 次。此外，国家间水冲突关系规模越小，其时序间断性越明显。

第二节　亚洲水塔流域跨境水冲突的空间演变

在水资源供需关系、复杂水文地理、边界和领土历史争端、水资源压力及气候变化等多重因素共同作用下，南亚次大陆的印度河流域和恒河-布拉马普特拉河-梅格纳河流域两大流域成为亚洲水塔流域跨境水冲突的热点区域。亚洲水塔流域形成了以南亚次大陆为核心、中亚大湖区和中南半岛为两"翼"的水冲突格局。印度始终占据中心地位，形成了印-巴和印-孟两大双边冲突关系。65 年来，水冲突事件空间扩散趋势显著，由相对集中分布转向离散分布。高强度水冲突事件主要集中于南亚次大陆和中亚大湖区，水利设施建设与水电开发引发的冲突事件分布呈现显著的空间泛在性或遍历性特征。水量问题引发的冲突事件主要分布在水资源压力较大的南亚次大陆与中亚大湖区。

一、亚洲水塔流域跨境水冲突事件的空间格局演变

1948 年—2013 年，亚洲水塔流域共发生 301 起跨境水冲突事件。这些事件主要分布于印度河流域、恒河-布拉马普特拉河-梅格纳河流域、咸海流域、澜

沧江-湄公河流域、怒江-萨尔温江流域、赫尔曼德河流域、哈里鲁德河流域、伊洛瓦底江流域和楚河流域 9 个次流域，占 13 个亚洲水塔次流域的 69.23%。

（一）形成了以南亚为核心、中亚和中南半岛为边缘的"翼"形分布格局

1948 年—2013 年，亚洲水塔流域显著形成了以南亚次大陆的印度河流域和恒河-布拉马普特拉河-梅格纳河流域为核心，以中亚大湖区的咸海流域和中南半岛的澜沧江-湄公河流域为两"翼"的多核心空间格局（图 7-8）。从数量分布来看，跨界水冲突事件高度集中在南亚次大陆的印度河流域与恒河-布拉马普特拉河-梅格纳河流域。这两个流域的水冲突事件数量占整个总量的 75.1%，而其他流域的水冲突事件比重不超过四分之一。从密度分布来看，它与水冲突的数量分布表现出相似的特征，且空间分布更加集中。亚洲水塔流域跨境水冲突密度最高的区域位于印度河上游的印度-巴基斯坦交界地区和恒河-布拉马普特拉河下游的印度-孟加拉国交界地区，形成区域水冲突事件的两大热点区域。

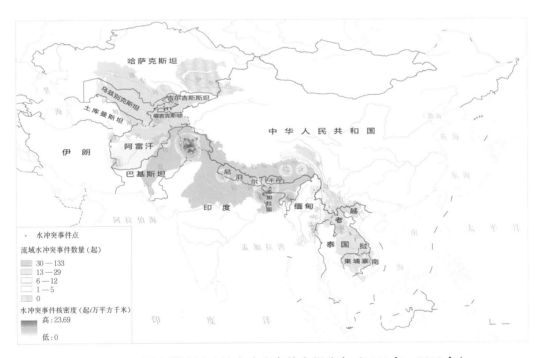

图 7-8　亚洲水塔流域跨境水冲突事件空间分布（1948 年—2013 年）

（二）由相对集中转向离散分布，呈显著空间扩散趋势

1948 年—2013 年，亚洲水塔流域跨境水冲突事件由第一阶段的相对集中（印度河与恒河-布拉马普特拉河-梅格纳河流域）向第二阶段广泛分布。发生水冲突的流域数量增多，空间范围显著扩大，空间上明显呈现扩散趋势（图 7-9）。

1948 年—1990 年，亚洲水塔流域共有 3 个次流域发生了水冲突事件，分别是恒河-布拉马普特拉河-梅格纳河流域、印度河流域和咸海流域（图 7-9（a））。除了咸海流域仅发生 1 起水冲突事件外，恒河-布拉马普特拉河-梅格纳河流域与印度河流域分别发生 27 起和 20 起水冲突事件，几乎集中了整个流域地区的水冲突事件。1991 年—2013 年，亚洲水塔流域发生跨境水冲突的次流域增加到 9 个（图 7-9（b）），除了第一阶段的 3 个次流域外，新增 6 个国际流域，水冲突事件分布区域逐渐扩散到中南半岛的澜沧江-湄公河流域、怒江-萨尔温江流域、伊洛瓦底江流域，以及中亚大湖区的赫尔曼德河流域、哈里鲁德河流域和楚河流域等。这表明随着时间的推移，亚洲水塔流域范围内的水冲突事件在空间上出现了明显的扩散趋势，发生水冲突的范围更加广阔，尤其是中南半岛地区和中亚大湖区的流域增加较多，这与本地区人口、经济快速增长密

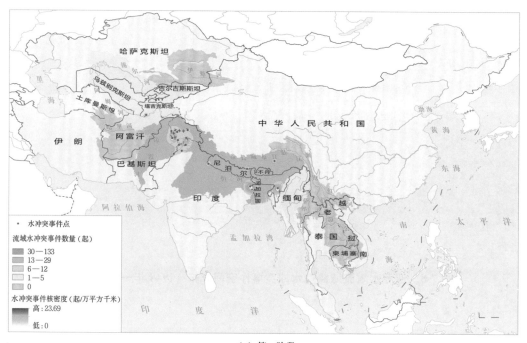

（a）第一阶段

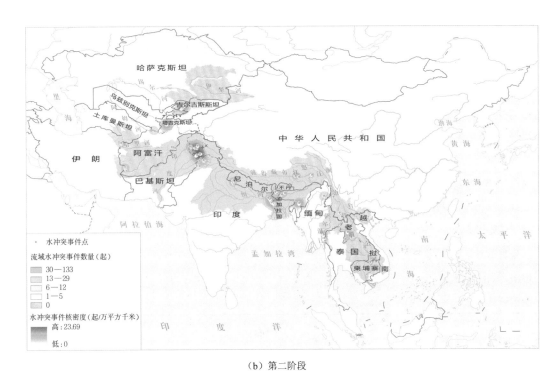

（b）第二阶段

图 7-9　亚洲水塔流域跨境水冲突事件空间格局演变（1948 年—2013 年）

切相关。

（三）南亚次大陆流域始终是跨境水冲突的核心热点区域

1948 年—2013 年，南亚次大陆的印度河流域和恒河-布拉马普特拉河-梅格纳河流域，是两个阶段发生跨境水冲突事件最多的两大流域。其中印度河流域水冲突的事件数量和分布密度均居于榜首，成为本地区的冲突极核。

1948 年—1990 年，在发生水冲突的三个国际流域中，恒河-布拉马普特拉河-梅格纳河流域（27 起，占比为 56.25％）与印度河流域（20 起，占比为 41.67％）占据绝对的主导地位，尤其是前者比重超过 50％（表 7-8）。1991 年—2013 年，印度河流域与恒河-布拉马普特拉河-梅格纳河流域的水冲突事件比重分别为 44.66％和 26.09％。二者集中了整个流域 70％以上的水冲突事件，已成为亚洲水塔流域地区水冲突的两大热点。尤其是印度河流域，在第二阶段跃居首位，成为亚洲水塔流域水冲突事件规模最大、密度最高的次流域。

表 7-8　亚洲水塔流域跨境水冲突事件所占比重演化（1948 年—2013 年）

流域	流域水冲突事件所占比重（%）	
	1948 年—1990 年	1991 年—2013 年
印度河流域	41.67	44.66
恒河-雅鲁藏布江（布拉马普特拉河）-梅格纳河流域	56.25	26.09
咸海流域	2.08	11.07
澜沧江-湄公河流域	0	7.51
怒江-萨尔温江流域	0	4.74
赫尔曼德河流域	0	2.77
哈里鲁德河流域	0	1.98
伊洛瓦底江流域	0	0.79
楚河流域	0	0.40

（四）高强度水冲突事件主要集中于南亚与中亚地区

1948 年—2013 年，亚洲水塔流域跨境高强度的水冲突事件主要分布于南亚次大陆和中亚大湖区（图 7-10），尤其是南亚次大陆的印度河流域与恒河-布拉马普特拉河-梅格纳河流域，是高强度水冲突事件的主要发生地；而中低强度水冲突事件分布较零散，具有空间泛在性。水冲突事件的强度等级分布格局表明，水资源压力较大的干旱、半干旱地区，以及水资源禀赋相对较好、人口密集、水资源压力紧张的社会经济快速发展地区，发生水冲突事件的强度往往更高。而水资源禀赋条件较好、人口压力不高的相对落后区域，水冲突事件的强度等级则较低。此外，水冲突事件的强度分布，也与地区的宗教冲突、领土争端等地缘政治因素密切相关。南亚次大陆印度河流域的印巴水冲突，除了争夺水资源控制权之外，还与克什米尔地区领土争端、军事冲突、宗教矛盾，以及印巴分治之后的历史恩怨等因素高度有关。恒河下游的印度-孟加拉国水冲突，既受早期地区宗教民族冲突的影响，也与印度较为激进的水外交政策存在关联。而中亚大湖区咸海流域的水冲突，则与苏联解体后国家间水冲突矛盾不断升级、缺乏统一协调等因素相关。

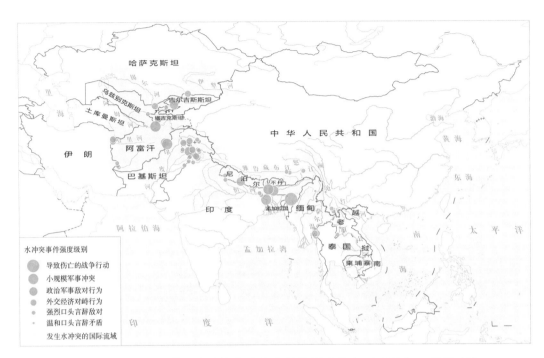

图 7-10 亚洲水塔流域跨境水冲突事件的强度分布（1948 年—2013 年）

（五）不同问题类型的水冲突分布存在显著的地域指向性

1948 年—2013 年，亚洲水塔流域水冲突事件问题类型的分布具有明显的地域指向性特征。不同问题类型的水冲突事件具有不同的空间集聚特点。围绕水利设施建设和水电开发争端的水冲突事件在分布上具有明显的空间泛在性特征，而围绕水量争端的水冲突事件则更加集聚于水资源压力较大的南亚次大陆和中亚大湖区（图 7-11）。

在各个流域的水冲突事件焦点议题上，因大坝等水利设施建设引发的水冲突相当普遍，发生频率最高。绝大部分水冲突都是由于水量分配争端、大坝与运河设施建设、水电开发等问题而引发。这些问题是地区水冲突的矛盾焦点，且随着时间变化而保持较高的稳定性，成为整个流域最常见的水冲突问题。进一步说明，国家间水冲突行为的目标仍然是获取水源和水的控制权与利用权。这涉及生存权和发展权的问题。此外，这一矛盾焦点在第二阶段有了大幅增长，侧面反映出随着社会经济的快速发展，人类对水资源和水电能源的需求压力引发的冲突快速增加。

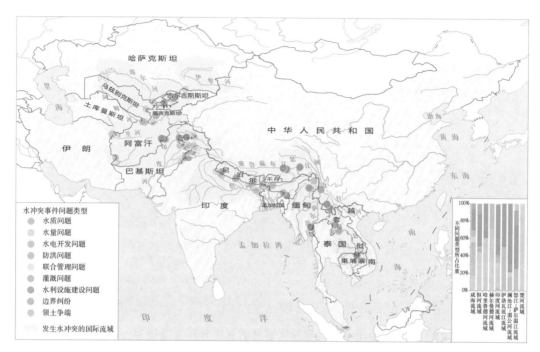

图 7-11 亚洲水塔流域跨境水冲突事件的问题类型分布（1948 年—2013 年）

从空间分布来看，围绕水利设施建设和水电开发的水冲突事件在整个流域均有广泛分布。尤其是水利设施建设问题引发的冲突事件，是除赫尔曼德河流域之外其他流域均有分布的冲突类型，而水电开发引发的冲突事件则广泛分布于除哈里鲁德河流域和楚河流域之外的其他流域。水量问题引发的冲突事件主要分布于水资源压力较大的南亚次大陆和中亚大湖区，尤其是密集分布于南亚次大陆的印度河流域和恒河-布拉马普特拉河-梅格纳河流域，以及中亚大湖区的咸海流域。

二、亚洲水塔流域国际水冲突关系的空间格局演变

（一）水冲突关系网络形成了印巴两大核心及其极化型冲突关系

1948 年—2013 年，亚洲水塔流域国家间的水资源冲突网络形成了两大冲突核心国家，即印度和巴基斯坦。这两个国家在地区水资源冲突网络中占据着绝

对的枢纽地位（图 7-12）。

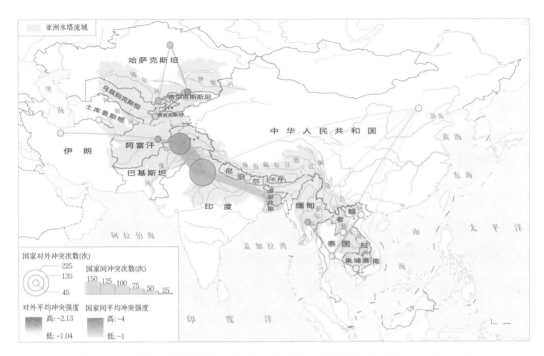

图 7-12　亚洲水塔流域国家间水冲突关系空间格局（1948 年—2013 年）

一方面，亚洲水塔流域国际水冲突网络以印度和巴基斯坦为双核心。1948年—2013 年，亚洲水塔流域共有 17 个国家发生了对外水冲突关系。从对外水冲突关系规模来看，对外冲突次数较多的国家主要集中于印度、巴基斯坦和孟加拉国等南亚次大陆（图 7-12、表 7-9）。其中，印度（222 次，占比为32.13%）和巴基斯坦（150 次，占比为 21.71%）是对外冲突次数超过 100 次的两个国家，成为整个亚洲水塔流域水冲突关系网络的两大枢纽。从对外水冲突强度值来看，由于受水冲突事件的强度等级影响，印度和巴基斯坦的冲突核心地位更加突出。平均冲突强度较高的国家主要分布于南亚次大陆印度河流域和中亚大湖区的咸海流域的相关国家，而中南半岛地区的澜沧江-湄公河流域国家平均冲突强度则普遍较低，整体上冲突规模与冲突强度表现出较高一致性特征。

表 7-9　亚洲水塔流域国家对外水冲突关系统计（1948 年—2013 年）

国家	对外冲突次数	总冲突强度值	平均冲突强度值
印度	222	−387	−1.74
巴基斯坦	150	−277	−1.85
孟加拉国	60	−99	−1.65
泰国	36	−54	−1.50
中国	35	−45	−1.29
乌兹别克斯坦	27	−46	−1.70
老挝	26	−27	−1.04
塔吉克斯坦	25	−42	−1.68
吉尔吉斯斯坦	23	−49	−2.13
阿富汗	20	−36	−1.80
缅甸	14	−25	−1.79
哈萨克斯坦	13	−22	−1.69
尼泊尔	10	−15	−1.50
伊朗	10	−16	−1.60
柬埔寨	8	−9	−1.13
越南	8	−9	−1.13
土库曼斯坦	4	−6	−1.50

表 7-10　亚洲水塔流域主要国家间水冲突关系统计（1948 年—2013 年）

国家间冲突关系	国家间冲突次数	总冲突强度值	平均冲突强度值
印度-巴基斯坦	143	−260	−1.82
印度-孟加拉国	58	−97	−1.67
老挝-泰国	14	−15	−1.07
印度-中国	12	−16	−1.33
乌兹别克斯坦-吉尔吉斯斯坦	12	−25	−2.08
乌兹别克斯坦-塔吉克斯坦	12	−17	−1.42
伊朗-阿富汗	10	−16	−1.60
泰国-中国	10	−15	−1.50
泰国-缅甸	10	−20	−2.00

注：本表仅列出冲突次数大于 10 次的国家对。

另一方面，亚洲水塔流域国际水冲突关系网络形成了印度-巴基斯坦和印度-孟加拉国两大主轴。1948年—2013年，亚洲水塔流域国家间的水冲突关系规模与强度表现出不均衡的空间特征，水冲突关系主要发生在少数国家间，其他绝大部分国家间的水冲突关系规模较小（图7-12、表7-10）。印度-巴基斯坦（143次，占比为41.57%）和印度-孟加拉国（58次，占比为16.86%）是两个最主要的双边冲突关系对，在整个流域占据绝对主导地位（二省接近总量的60%）。

（二）水冲突关系格局总体保持稳定并进一步强化和扩张

1948年—2013年，以印度和巴基斯坦为枢纽、印度-巴基斯坦为主轴的水冲突关系网络格局总体保持稳定（图7-13）。水冲突核心国家与首位国家的枢纽地位得到进一步加强。尽管第二阶段水冲突关系网络在第一阶段的基础上具有明显的扩展，但总体态势保持一致，显示出较强的路径依赖、空间粘滞和地方锁定效应。

1948年—1990年，亚洲水塔流域共有7个国家发生了对外水冲突关系（图7-13（a）），水冲突事件基本位于南亚次大陆的印度（47次，占比为47.96%）、巴基斯坦（32次，占比为32.65%）和孟加拉国（13次，占比为13.27%）。印度和巴基斯坦成为流域国家水冲突关系的绝对核心。与此同时，国家间水冲突关系共有6对，其中仅印度-巴基斯坦（32次，占比为65.31%）和印度-孟加拉国（13次，占比为26.53%）两对关系规模较大。印度-巴基斯坦成为整个水冲突关系网络的骨架。

1991年—2013年，整个流域发生对外水冲突关系的国家数量增加到17个，但对外水冲突规模较大的国家仍然锁定于印度（175次，占比为29.66%）和巴基斯坦（118次，占比为20%）两个国家。两者的主导地位仍较突出（图7-13（b）、表7-11和表7-12），其他国家的对外水冲突关系规模仍显著小于前两者。印度-巴基斯坦（111次，占比为37.63%）和印度-孟加拉国（45次，占比为15.25%）两大冲突关系占据支配地位的现象仍较为显著。尽管二者的比重有所下降，但其绝对值均出现大幅增长。整体来看，随着时间的推移，亚洲水塔流域国家间以印度和巴基斯坦为核心的水冲突关系网络格局保持稳定，显示出较强的空间组织"路径依赖"。

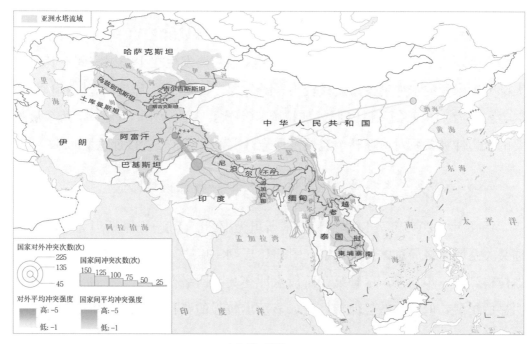

（a）第一阶段

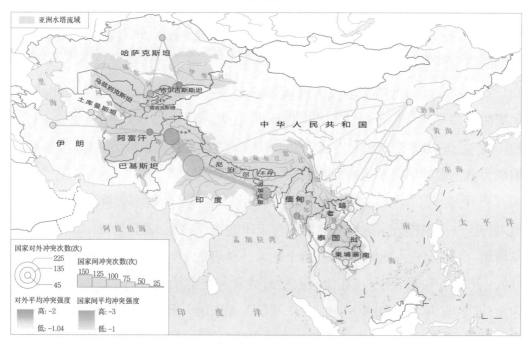

（b）第二阶段

图 7-13　亚洲水塔流域国家间水冲突关系格局演变（1948 年—2013 年）

表 7-11　亚洲水塔流域主要国家间水冲突关系统计（1991 年—2013 年）

国家间冲突关系	国家间冲突次数	所占比重（%）	平均对外冲突强度
印度-巴基斯坦	111	37.63	−1.71
印度-孟加拉国	45	15.25	−1.76
老挝-泰国	14	4.75	−1.07
乌兹别克斯坦-吉尔吉斯斯坦	12	4.07	−2.08
乌兹别克斯坦-塔吉克斯坦	12	4.07	−1.42
印度-中国	11	3.73	−1.27
伊朗-阿富汗	10	3.39	−1.60
泰国-中国	10	3.39	−1.50
泰国-缅甸	10	3.39	−2.00

注：仅列冲突次数大于 10 次的国家对。

表 7-12　亚洲水塔流域国家对外水冲突关系统计（1991 年—2013 年）

国家	对外冲突次数	所占比重（%）	平均对外冲突强度
印度	175	29.66	−1.69
巴基斯坦	118	20.00	−1.75
孟加拉国	47	7.97	−1.72
泰国	36	6.10	−1.50
中国	33	5.59	−1.27
老挝	26	4.41	−1.04
乌兹别克斯坦	26	4.41	−1.69
塔吉克斯坦	22	3.73	−1.50
吉尔吉斯斯坦	22	3.73	−2.00
阿富汗	20	3.39	−1.80
缅甸	14	2.37	−1.79
哈萨克斯坦	13	2.20	−1.69
伊朗	10	1.69	−1.60
尼泊尔	8	1.36	−1.63
柬埔寨	8	1.36	−1.13
越南	8	1.36	−1.13
土库曼斯坦	4	0.68	−1.50

第三节　亚洲水塔流域跨境水冲突的地缘政治效应

亚洲水塔流域历来是亚洲及至全球地缘政治博弈的热点区域。随着区域水资源供需矛盾的进一步加剧，跨境水冲突风险不断上升，并与传统领土边界争端、民族宗教矛盾等叠加交织，进一步放大了跨境水冲突的地缘政治复杂性和脆弱性。水冲突业已成为影响亚洲水塔流域国家政治局势和社会稳定的重要因素，也成为域外国家介入地区地缘政治的外交工具，对中国周边地缘安全和国家利益造成潜在挑战。

一、水冲突成为影响流域国家政治局势和社会稳定的关键变量

水资源短缺成为亚洲水塔流域社会经济发展的瓶颈性问题，影响整个流域国家安全和社会稳定（杜德斌等，2020），争夺有限的水资源仍是未来几十年的主要问题之一。尽管在过去水资源问题并不是引发战争的主要原因，但淡水管理和使用的紧张关系却是亚洲水塔流域沿岸国家政治关系中的主要问题之一，这可能会恶化现有的紧张局势，还会加剧地区不稳定和社会动荡（图7-14）。近年，水资源问题常常成为亚洲水塔流域地缘政治争端与社会政治运动中的"水武器"，进而恶化水政治事态。随着社交媒体的兴起和非政府组织的活跃，水资源问题越来越成为亚洲水塔流域国家国内民族主义、环保主义甚至政府反对派

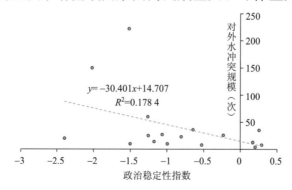

图7-14　亚洲水塔流域国家政治稳定性与水冲突关系

手中的"旗帜"，从而干扰政府决策和阻挠国际水资源合作，增强流域跨境水政治的复杂性。

二、域外国家介入流域跨境水冲突加剧了地缘政治复杂性

正因为自然环境变化不断加速和社会经济响应日渐显著，亚洲水塔跨境水资源问题早已超脱一般的国际水资源合作与治理本身，不断挑动亚洲地缘政治博弈的敏感神经，成为某些西方国家撬动地区政治最有力的杠杆之一（图 7-15）。

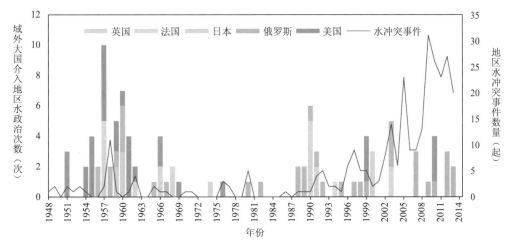

图 7-15　域外大国介入亚洲水塔流域水政治事务情况（1948 年—2013 年）

近年来，一些西方国家通过政治会议、媒体互动、民间活动等各种形式，不断鼓吹所谓的中国"水威胁"论，利用和煽动亚洲水塔流域国家对中国的"不安全感"，试图在水资源领域构建起一种制约中国的潜在联盟。为限制竞争对手、巩固自身霸权，域外大国不断介入亚洲水塔流域，在该地区复杂的政治体系中注入了更多不确定性，促使水资源议题向复合化方向发展，并与政治、经济、生态环境、安全等议题日益交织迭代（李志斐，2015），进而造成地区水政治风险倍增。某些全球性大国在全球圈定了八个需要其介入水资源安全治理的重点流域，其中三个属于亚洲水塔流域，即印度河流域、澜沧江-湄公河流域和雅鲁藏布江-布拉马普特拉河流域（赵玉明，2017；罗圣荣，2013）。近年来，某些地区性大国也试图利用中南半岛一些国家在水资源利用、领土主权等问题

上的对华争端，增加其在东南亚的影响力，以实现其重返国际政治舞台中心的目标（白如纯，2016）。一方面，它们向东南亚地区国家给予巨额援助，并加大经贸投资力度；另一方面，它们通过国际非政府组织和受其资助的国内非政府组织以及媒体等中介组织，利用水资源管理、水电开发等敏感问题进行渗透，破坏中国的民间形象（张励等，2016）。

三、水冲突成为影响中国周边地缘安全和国家利益的潜在挑战

亚洲水塔自然环境变化与流域国家社会经济政治因素相互耦合叠加，不仅影响整个流域国家的水力开发计划与基础设施安全，导致跨境流域水冲突和水争端陡增，而且加剧地缘政治博弈的复杂性及地缘战略竞争的剧烈性，使整个流域国家发展面临更大水政治压力和挑战（姚檀栋，2017）。尤其是在亚洲水塔流域进行水电开发与合作过程中涌现出的流域国家水冲突风险（图 7-16、图 7-17）。

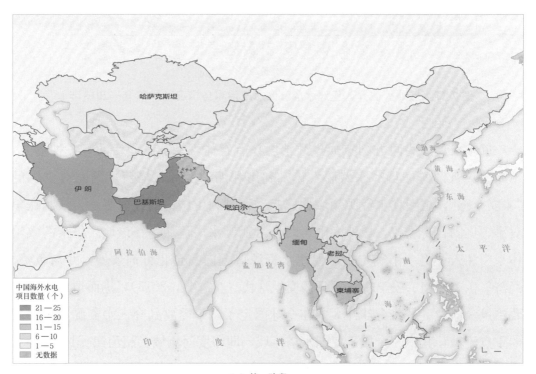

（a）第一阶段

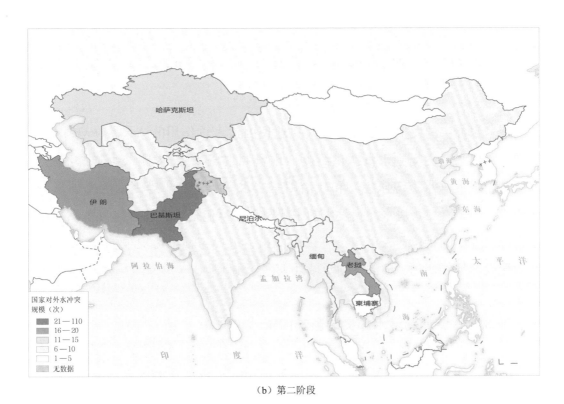

（b）第二阶段

图 7-16　亚洲水塔流域范围内中国海外水电项目与所在国水冲突的

空间匹配关系（1948 年—2013 年）

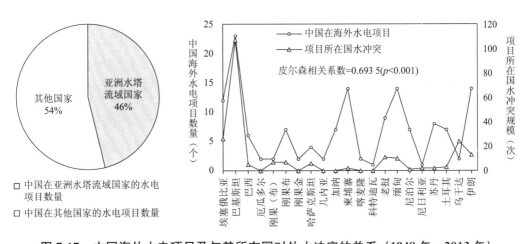

图 7-17　中国海外水电项目及与其所在国对外水冲突的关系（1948 年—2013 年）

第四节　亚洲水塔流域跨境水冲突的影响机制

跨境水冲突的发生，是自然和人文地理因素多重作用的结果。从全球层面来看，跨境水冲突受到水资源供给侧（水资源禀赋）、需求侧（水资源消耗）、开发利用强度（水资源压力）和政治因素（水资源外交）等因素的叠加影响。从流域层面来看，跨境水冲突发生的主要驱动因素包括水资源时空分布不均衡、水资源供需空间错位、人口与经济快速增长、边界与领土历史争端、水利设施开发建设、气候变化、政治变动及域外大国干预等。

一、亚洲水塔流域跨境水冲突的影响因素

跨境水冲突作为一种自然与人文地理因素叠加影响的综合性问题，其影响因素不仅涉及地区气候、降水、水资源禀赋等自然地理条件，而且涵盖人口、经济、社会发展等人文社会地理因素，大致可分为以下几种类别。

（一）气候因素

气候变化和水的可变性往往加剧国际河流流域的水安全问题。《国家安全与气候变化的威胁》报告指出，气候变化最不稳定的影响之一是减少淡水的获取。其引致的水安全影响，主要集中在淡水资源的减少、绝对短缺和冲突的主要驱动力上。美国国家情报委员会的结论表明[①]，尽管在未来 10 年内不太可能发生与水有关的战争，但从中期来看，严重的水资源短缺将破坏已经紧张的双边关系的稳定。"随着未来 10 年来水资源短缺问题变得更加严重，国际流域的水将越来越多地被用作杠杆作用，使用水作为武器或实现进一步的恐怖主义目标的可能性也将越来越大。"尽管气候驱动的水资源多变性是河流流域的一种自然现象，但气候变化可能会加剧国际河流流域水资源的政治紧张局势，尤其是在没

---

① National Intelligence Council.（2012）. Global water security, ICA 2012e08. Washington，DC，United States；Office of the Director of National Intelligence.

有流域共同管理机构的地区 (Dinar *et al.*，2015)。

由于需求增加和降雨多变性，水资源压力越来越大，淡水资源的紧张局势及其随之而来的水冲突可能会更加频繁。平均降雨量与水冲突的发生具有显著的负相关关系，干旱地区的国家面临或具有更高的水冲突风险 (Gleditsch *et al.*，2006)。由于降水模式的变化，气候变化可能会改变许多河流的径流量。与此同时，气候变化可能会增加对河水的需求，造成更频繁的干旱和更大的水需求压力。为了应对气候变化造成的降水减少，各个国家可能会增加对其他水源的依赖，包括跨界河流。由此对跨界河流造成的压力可能加剧国际紧张局势，增加军事冲突的风险。水资源变异性的增加也可能挑战现有流域管理机构的能力。随着水的可变性增加，国家间的紧张局势和冲突事件可能会增加 (Bernauer and Siegfried，2012)。此外，气候变化导致的自然水文风险包括降雨径流过程的不确定性，以及河势自然演变引起的水沙条件、状况及河势的变化。具体而言，来水量减少导致干旱风险，引起供水不足、污染程度加重；来水量特丰可能引发洪水和地质灾害，导致河流改道；来水突然增大以及冰湖和堰塞湖溃决，可能会导致洪水风险，带来经济损失和人员伤亡；区域性气候干暖导致跨界河流地区生态脆弱性风险增加，引起河流生态系统退化。这些因素都可能导致跨境水冲突的发生 (田英等，2018)。

（二）水资源稀缺性因素

水作为人类生存必不可少的商品，可用于农业灌溉、工业生产、生态环境保护、维护公共卫生和运输等各种用途。水的严重匮乏将影响人类生产生活的各个方面。在全球范围内，淡水是一种有限的自然资源，随着全球人口的急剧增长，世界人均径流量已从 1800 年的 40 000 立方米/人减少到 1995 年的 6 840 立方米/人，预计到 2025 年将进一步减少到 4 692 立方米/人。水资源时空分布的不均衡性进一步加剧了这种紧缺局面 (Beaumont，1997)。考虑到淡水的重要性，各国对水资源的保护和国际水资源的归属分配尤为敏感，甚至到了为水而战的地步也不足为奇。国际水资源之所以成为安全问题，根源在于国际水资源的稀缺性与国际性。总量有限与需求增加间的矛盾令问题产生并恶化，正是由于国际水资源供需失衡形势导致流域内各国竞争加剧，这是国际水资源安全问题频发的主要背景。

新马尔萨斯主义观点将水视为一种有限和固定的资源，并认为稀缺资源的供需不平衡是导致冲突的关键原因，稀缺性的增加可能会导致暴力冲突（Böhmelt et al.，2014）。在可能发生因稀缺资源造成的冲突中，水资源是尤为突出的一种稀缺资源，特别是在干旱半干旱地区。随着冷战结束后意识形态冲突的减少，一些学者认为，争夺"重要"资源的竞争将成为国家间冲突的关键内容，尤其是在缺水的地方，争夺有限的水源会使各国将获得水源视为国家安全问题（Toset et al.，2000）。当水的需求量高、供应量低、对冲突的克制无效时，水冲突的可能性更大。由于水冲突的分配性质，也就是争夺更大份额引起的紧张局势将随着"蛋糕"本身的扩大而减少（Zeitoun and Mirumachi et al.，2008），但水的供应通常是由自然因素决定的，最突出的是季节性的短期变化和气候模式的长期变化。供水不仅仅是降雨和温度的简单函数，水库或水坝的蓄水能力、流经流域的河流流量以及对水的总体依赖性也很重要。供水和需求的不平衡经常在国际河流流域引发水冲突（Bernauer，2012）。

但是，也有研究认为，缺水与冲突事件之间没有显著关系（Yoffe，2003），更重要的是水的治理和管理方式。水资源普遍匮乏和共享流域的国家具有长期激励措施，可以在水管理措施方面进行投资，以避免流域水冲突。关于水资源稀缺性缺乏一致的观点，也可能是由于国际流域自然条件的复杂性。缺水可能是干旱地区争夺的根源，但在湿润地区，其他原因（如水力发电、渔业、航运或水污染）也可能是水冲突的根源。

（三）地理邻近性

邻国之间的冲突之所以发生，是因为此类国家有最大的冲突机会，这是由于总体交往的频率更高，或者是利益交叉过多（Brochmann and Gleditsch，2012）。国家间的多个共同边界创造了不确定性，并可能加剧潜在的冲突，距离较近的国家由于彼此接近而更有可能产生利益冲突。

国际河流超越了国家边界。河岸国家依靠相对固定量的水，变得高度相互依存。在国际流域中，河水构成了一种公共资源。一个国家不断增加的消耗量必然使另一个国家的消耗量减少，因为水的需求相对缺乏供应弹性（Devlin and

Hendrix，2014）。此外，国际流域内的国家间水文地理关系本质上是不对称的。通常，上游国家被认为在河流关系中占据上风，因为流域上游国家可以不间断地获取淡水，上游国家采取的任何行动都可能导致下游国家的单向外部性，上游/下游结构的失衡性增加了冲突的风险。基于新的国际边界数据集的实证研究表明，共享河流边界长度和冲突之间存在一定关系（Furlong et al.，2006）。此外，部分已有研究认为（Gleditsch et al.，2006），流域的面积大小与冲突有一定关系，流域的大小比河流边界长度或跨河次数更为重要，冲突风险的增加更可能源于水资源的数量。流域规模的重要性表明水资源可能产生"资源诅咒"效应，且两个国家共享的河流越多，发生水冲突的可能性就越大（Gleditsch et al.，2006）。根据相关分析，如果一个国家三分之一的水资源来源于境外，那么这个国家与其他流域国家发生水冲突的可能性就会很大。

（四）水资源压力因素

高水资源压力已被证明与低水平的内战和武装冲突有着重要的因果关系。在国际河流管理中，高水资源压力显著增加了水冲突的风险，并促进了第三方的介入（Gunasekara et al.，2013）。从全球角度来看，不仅在武装冲突中，而且在水冲突中，高水资源压力在冲突研究中都是一个关键的因果关系证据。

（五）人口因素

水资源冲突也与人口的增加密切相关。人口的增加会直接导致年人均淡水占有量的降低，从而使得一国的缺水状况更加严重。由于水资源供应减少（如水污染或水流量减少）以及需求增加（如人口增长），国际共享的水资源便可能成为国家安全问题。水资源需求的一个主要驱动因素是人口压力，也是当今和未来水资源冲突情景的核心。人口密度越高，其他一切因素都保持不变，会增加对水的需求，也可能扩大获取这种资源的不平等性（Gizelis and Wooden，2010）。人口规模增加会导致水资源需求增加，国家试图确保在其境外获取水资源时，也会增加国家间发生资源冲突的可能性（Sojeong，2019）。

（六）经济发展水平

在经济发展水平非常高的情况下，资源稀缺的问题也较小，部分原因是政治优先事项发生了变化，生态环境受到更高的重视，富裕国家有能力投资于资源节约使用的新技术。经济水平较高的大国之间拥有更多的资源和能力来解决水资源争端，以及享有更多样化和更广泛的国际利益。当同属一个流域的国家经济发展水平相对较高时，水资源的总体压力较小，而那些经济发展水平较低的国家将可能产生更多的冲突。富裕国家和人口密度较低的国家比贫困国家和人口稠密的国家在水资源方面更倾向于合作（Yoffe *et al.*，2003）。与发达国家相比，发展中国家由于很难适应资源短缺和环境恶化带来的社会效应，因此更易出现冲突争端（杨晓萍，2012）。

（七）流域国际化

从政治制度上讲，最迅速的水冲突发生或变化可能与流域的"国际化"有关（Yoffe *et al.*，2003）。如果流域管理机构原来是在一个单一国家管辖范围内，但随着该行政范围突然分裂为两个或更多国家，那将使得原有流域内关系发生质变，国内水冲突将转变为跨境水冲突。这种流域"国际化"最明显的例子是国家的解体，特别是20世纪40年代的大英帝国和20世纪80年代末的苏联解体。世界上水政治局势最紧张的流域，如约旦河、尼罗河、底格里斯河-幼发拉底河、印度河和咸海等流域的水冲突，都是由这些政治剧变或国家分裂之后才引发的。

（八）水利水电开发因素

所有国家都依赖淡水资源来满足粮食生产、家庭生活用水、文化习俗、发电、工业生产和航运等。然而，由于降水和温度循环，水资源时间和空间变化显著，且由于气候变化的影响，这些变化变得越来越不可预测。为了应对这种变化，各国通过各种工程努力（如大坝、水电站和跨流域调水运河等）改变水资源，改变国际流域内其他国家的水资源可用性、数量或质量。这种水利水电开发措施造成的改变可能会导致水冲突。在没有国际条约的跨境流域中，大坝密度较低的流域倾向于表现出较少的冲突。在高大坝密度的流域，通过国际条约可减轻水冲突，具有条约的高大坝密度的流域比非条约流域显示出更高的合作水平（Yoffe *et al.*，2003）。

（九）用水效率与城市化

根据联合国水资源报告，全球约 70％的水资源消耗来自于农业灌溉。农业部门与城市和工业用水竞争以及较低的农业用水效率（如大水漫灌）可能会增加水资源的压力（Gizelis and Wooden，2010）。即使在没有重大人口压力的情况下，低收入和中等收入国家对淡水的需求也可能随着经济发展和城市化进程的加快而增加，包括工业化、能源生产、生活方式改变、保健和卫生发展，以及饮食习惯改变（Hoekstra and Chapagain，2006）。低用水效率和城市化的快速发展将推动地区水资源压力的升高，从而进一步刺激水冲突的产生。

（十）流域管理机构与水条约

流域管理机构能力是一个缓和水冲突的重要因素。考虑到气候变化、水的可变性和国家之间紧张关系的联系，制度在缓解国家间潜在水冲突中的作用至关重要（Salehyan，2008）。在跨境水冲突治理中，条约通常构成主要的管理机制，并已证明可以缓解冲突且促进合作（Brochmann，2012）。流域协同管理条约是管理跨界水资源的重要手段，可防止争端的发生或升级（Brochmann and Hensel，2009）。研究表明，水资源冲突升级的倾向取决于河流是否受正式水条约或协议约束。条约改变了国家行为、国际关系以及彼此之间的期望，从而建立了扩大互动与合作的框架（Chayes，1993）。反过来，水条约可以促进更广泛的合作并更广泛地增强流域安全（Dinar *et al.*，2011）。水条约稳定了国际河流内国家之间的关系，使它们具有确定性和可预测性，而这通常是其他方法所不能实现，在流域变化的条件下，这种稳定性特别重要。尽管签署条约并不能保证稳定的合作，但条约可以为国家提供一种结构化的手段来组织国际关系和解决国际争端（Dinar *et al.*，2019）。

制度设计会影响流域沿岸国家解决水冲突的能力。河流条约中的信息交流机制和执行条款是防止水资源军事化最有效的手段，也提高了水资源合作谈判的机会。条约的执行规定机制还促进了第三方争端解决的可能性（Mitchell and Zawahri，2015）。跨界流域机构对气候变化导致的水变化适应力存在显著差异，在确定为气候变化适应力的五个方面中，有些流域对气候变化具有相当高的适应力，而在其他方面面临一系列挑战。尽管水条约在跨界流域中相对普遍，但通常缺乏气候变化等特定情况下的可变性管理机制。国际机构的存在可以通过在气候变化和国际冲突之间发挥干预作用，成为适应气候变化安全后果的一个重要手段。

（十一）政治、历史与宗教等因素

虽然跨国河流的共享性将流域各国紧密地联系在一起，但是上游和下游国家的地缘位置，造成了一种不对称的相互依赖。这种不对称依赖程度决定了不同国家在同一相互依存格局中的获利能力和获利程度，主要包括三个因素：跨国河流对于每个沿岸行为者的重要性、相对（军事）权力、各行为体在流域中的位置（李昕蕾，2016）。历史上对水资源拥有权的不同主张，水资源与其他冲突的交织，以及对分配权的认知差异也是导致水资源冲突的重要原因（杨晓萍，2012）。跨国水体共有国家政治、宗教、文化等方面的差异容易产生跨国水冲突。一般来说，拥有共同跨国水体国家之间的政治、宗教、文化差异越大，发生跨国水冲突的可能性也越高。

二、亚洲水塔流域跨境水冲突的发生机制

由于亚洲水塔流域中发生冲突的国际流域和国家样本数量较小，影响机制的定量分析结果可信度严重存疑。因此，结合已有研究中关于水冲突的影响因素分析，本节从宏观的全球尺度和微观的流域尺度两个层面，定量与定性相结合地揭示水冲突发生的宏观规律及形成机制。

（一）全球尺度

水资源的利用和获取是全球可持续发展目标的重要组成部分，然而随着近

年来全球气候变化不断加剧、人口经济快速增长和城市化进程显著加快，供给端和需求端两方面同时对水资源产生巨大的双重压力。这使得亚洲水塔流域水资源早已存在的时空分配不均衡问题更加突出。水资源的战略安全性变得愈发敏感，在多国共享的国际河流流域则尤为突出。

结合上述跨境水冲突影响因素的相关研究进展，借鉴世界水资源委员会（World Water Council）等机构的分析报告，从水资源供给端、水资源需求端、水资源开发利用强度和地缘政治因素四大方面构建水冲突的影响机制指标体系（表7-13），利用空间误差模型（Spatial Error Model，SEM）、空间滞后模型（Spatial Lagged Model，SLM）和广义空间二段最小二乘法模型（Generalized Spatial Two-stage Least Square，GS2SLS）等空间计量模型，对跨境水冲突的影响因子进行定量分析。

表7-13　水冲突影响因素指标体系

影响方面	影响因素	具体指标	单位
供给端	水资源赋存	可利用水资源总量	亿 m³
	地表水资源量	可利用地表水资源量	亿 m³
	水资源供给量	多年平均降水量	mm
	极端气候因子	极端气候发生率	％
	气候干旱程度	气候干旱指数	—
需求端	经济总量	GDP 总量	千亿美元
	人口规模	人口总量	百万
	城市化发展水平	城市化率	％
	用水量	总用水量	亿 m³
	工业用水	工业用水量	亿 m³
	农业灌溉用水	农业用水量	亿 m³
水资源开发强度	水资源压力	水资源压力指数	—
政治因素	政治稳定性	政治稳定指数	—

首先，用普通最小二乘法（Ordinary Least Squares，OLS）和负二项回归检测，部分系数无法通过相关检验，拟合效果较差；其次，对被解释变量进行莫兰指数空间自相关检验，发现存在较为明显的正空间自相关特性（莫兰指数0.247），因此选用空间计量模型进行影响机制的回归分析（表7-14）。

表 7-14　水冲突影响因素回归分析结果

指标	SLM 模型	SEM 模型	GS2SLS 模型
可利用水资源总量	0.000 6（0.21）	0.000 9（0.04）	−0.001 5（−0.64）
可利用地表水资源量	−0.000 5（−0.17）	0.000 3（0.01）	0.001 6（0.68）
多年平均降水量	−0.000 2（−2.10）**	−0.000 2（−1.81）**	−0.000 3（−2.73）***
极端气候发生率	0.019 4（0.55）	0.026 3（0.72）	0.026 2（0.79）
气候干旱指数	0.042 2（1.02）	0.076（0.44）	0.056 7（0.33）
GDP 总量	0.000 6（0.135）	−0.000 6（−0.14）	0.000 6（0.02）
人口总量	0.005 1（3.17）***	0.005 4（3.39）***	0.004 9（3.64）***
城市化率	0.008 6（2.16）**	0.007 1（1.63）**	0.008 8（2.27）**
总用水量	0.022 7（0.51）	0.021 2（0.47）	−0.006 8（−0.17）
工业用水量	−0.033 2（−0.61）	−0.028 1（−0.52）	0.007 4（0.15）
农业用水量	−0.002 2（−0.05）	−0.000 4（−0.01）	0.028 4（0.66）
水资源压力指数	0.000 9（2.44）***	0.001 1（2.71）***	0.001 7（4.39）***
政治稳定指数	−0.145 4（−1.73）*	−0.147 5（−1.61）*	−0.086（−1.08）
CONSTANT	0.437（1.17）	0.674（1.55）	0.542（1.42）
空间滞后系数（lambda）	0.359（3.73）***	—	0.015（2.59）***
空间误差系数（rho）	—	0.512（4.14）***	0.193（3.36）***

注：括号内为 z 值；***、**、*分别表示在 1%、5%、10%的显著水平下通过检验。

从计算结果可知，通过检验的影响因素包括多年平均降水量、人口总量、城市化率、水资源压力指数、政治稳定指数等五个指标。其中，正相关影响因素包括人口总量、城市化率、水资源压力指数，负相关影响因素主要是多年平均降水量和政治稳定指数。

水冲突的发生，从其动力机制来讲，受到水资源供给侧（水资源禀赋）、需求侧（水资源消耗）、开发利用强度（水资源压力）和政治因素等因素的叠加影响。

（1）从水资源供给侧来看，区域降水量的多少奠定了一国水资源量的整体态势，当水资源供给无法满足水资源需求时，水资源压力不断增大。尤其是处于跨界河流下游的国家，往往易将责任归咎于上游国家的过度取水，这是形成水冲突的直接原因。

（2）从水资源需求侧来看，人口急剧增长、城市化发展水平迅速提升以及高耗水的现代化生活方式导致用水量急剧上升。对于干旱和半干旱地区的国家而言，这一情况尤为严重，加之气候变化带来的干旱等突发事件，进一步加剧了水资源争夺和水冲突事件的风险。

（3）从水资源开发利用强度来看，当地表水资源供给无法满足急迫的水需求时，区域往往会加大水资源的开发利用强度，尤其是对地下水资源的高强度开发利用，远远超过可再生水资源的更新速度，从而导致区域水资源压力不断升高。在此背景下，国家水外交的对外政策往往处于高压态势，对跨界水资源的竞争欲望更加强烈，难以达成妥协，进而导致水冲突的发生。

（4）在供需系统之外，还存在国家政治、文化、社会等其他外生变量的影响，比如稳定的国家政治环境对于处理国与国之间的水冲突具有一定的积极影响。

（二）流域尺度

亚洲水塔流域发生跨境水冲突的高频流域，包括印度河流域、恒河-布拉马普特拉河-梅格纳河流域、咸海流域、澜沧江-湄公河流域等，其水冲突发生机制既有共同之处，又存在典型流域地理背景差异。

1. 印度河流域

印度河流域流经中国、克什米尔地区、阿富汗、印度和巴基斯坦（图7-18），干流全长约 3 180 千米，多年平均径流量约 2 070 亿立方米（钟华平等，2011a）。印度河有许多支流，东侧支流的上游大多位于印度境内，少部分在中国境内，西侧的支流主要源于阿富汗。印度河流域的水冲突主要发生在印度-巴基斯坦（143 次）之间，少量冲突发生在阿富汗-巴基斯坦（7 次）之间。

（1）印度-巴基斯坦之间的水冲突

① 印度河流域水文地理与政治边界的空间错位

印度河流域印巴之间的水资源争夺由来已久。19 世纪英国统治南亚次大陆时期，英国人在印度河流域建造了世界上最大的运河灌溉系统。1947 年，根据"蒙巴顿方案"，印（度）、巴（基斯坦）分治。英国所定的印巴分界线把印度河及五条支流的上游地区划予印度及克什米尔地区，而把灌溉系统比较发达的下游部分划予巴基斯坦境内，于是用水纠纷和争端自然而生。印巴分治打乱了原

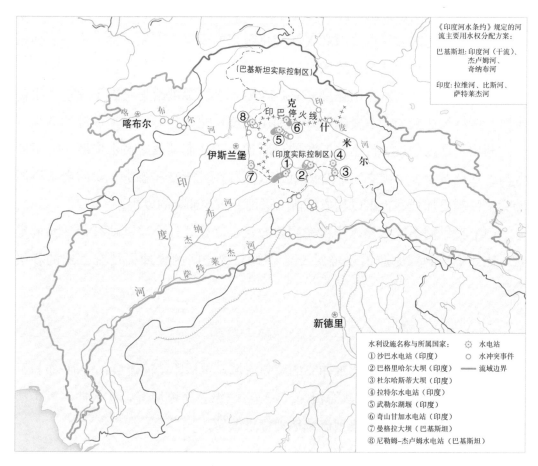

图 7-18　印度河流域水系、水利设施及跨境水冲突分布（1948 年—2013 年）

本统一的灌溉系统，大部分水源在印度，供应灌溉区的运河主体工程也在印度，而需要灌溉的土地却在巴基斯坦，印度在上游截流用水，则下游巴基斯坦就会受到断水的威胁。为此，印巴就印度河的用水权发生严重分歧，两国为河水的分配使用额问题争吵不休。1948 年，印度切断供应巴基斯坦旁遮普省运河的水源，险些为此发生战争。1952 年—1960 年，在世界银行专家的主持下，印巴双方就印度河水资源的分配问题进行了艰难的谈判，最终于 1960 年签订《印度河水条约》。该条约对印度河流域支流进行了详细的划分，确定了印巴双方对印度河水的使用范围。巴基斯坦获得西部印度河干流、奇纳布河和杰卢姆河三条支流的使用权，印度则使用东部的拉维河、比斯河、萨特莱杰河三条支流（刘思伟，2011）。水条约的签署缓解了印巴双方的水资源争端，具有显著的积极意义。

② 印巴分治留下的领土争端遗留问题叠加影响

克什米尔问题是印巴矛盾的核心所在，在过去的六十多年里，印度和巴基斯坦为克什米尔进行了多次战争。克什米尔问题牵涉着印巴两国的民众感情和核心利益，而在这些核心利益中就包括水资源安全利益。因此，印巴两国水资源安全问题往往与两国克什米尔领土争端相互交织、错综复杂。克什米尔是南亚次大陆上少有的水资源丰富地区，印度河及其主要支流杰赫勒姆河、杰纳布河都流经该地。对巴基斯坦来说，克什米尔的重要战略价值毋庸置疑。巴境内三条主要河流都途径印控克什米尔地区流入国境，一旦克什米尔问题输给印度，可能意味着失去克什米尔河水，进而导致本国农业、水利灌溉、水利发电、抗旱保收成为严重问题。克什米尔的水资源对于印度来说同样重要，印度可以在流经印控克什米尔的河流上兴建水利工程以应对国内日益增长的电力能源需求和内陆灌溉需要；此外，印度决策者也深知一旦控制了克什米尔的水源，也就等于扼住了巴基斯坦的"咽喉"（刘思伟，2010b）。

③ 巴基斯坦巨大的水资源压力与严峻的水安全形势

巴基斯坦约 92％ 的国土位于干旱和半干旱地带，是世界上最干旱的国家之一，68％ 的地区年均降雨量低于 250 毫米。据统计，1951 年，巴基斯坦年人均可用水量大约为 5 260 立方米，但到 2010 年就降至 1 040 立方米，预计到 2025 年，将降至 600 立方米以下。由于水源紧张，为满足工农业生产和居民生活所需，巴基斯坦目前正最大限度地重复利用境内可获得的地表和地下水资源，对年可再生水资源的利用率超过了 74％，大大超过国际警戒线（25％），处于极度水紧张状态。水资源紧张的状况年复一年加剧，年人均可用水量急剧减少。巴基斯坦约 70％ 以上国土位于印度河流域，全国约 80％ 人口集中在印度河平原。印度河及其支流多年平均径流量约 1 690 亿立方米，占巴基斯坦全国河流年径流总量的 90％ 以上。作为传统的农业国，巴基斯坦在农业发展、水能开发等方面都形成了对印度河干流及支流的严重依赖，印度河也被巴基斯坦人视为生命河。与巴基斯坦相比，印度河流域在印度境内只占总流域面积的 13％，多年平均径流量只占水资源总量的 4％，水能蕴藏量只占全国的 23％。印度河干流支流的上游皆位于印度或印控克什米尔区域，印度容易取得水资源分配上的主动性，这增加了巴基斯坦对水资源受控的担忧和印巴水争端的敏感性（罗怿，

2019）。

④ 印度的一系列水利设施建设是双方水冲突的直接导火索

纵观印巴双方之间的印度河水争端，更多的焦点集中于印度河上的水利设施。《印度河水条约》签署后，印度认为，条约的签署使其失去了曾经拥有的部分河流的充分控制权。印度将西部河流交由巴基斯坦，导致克什米尔区内水资源无法被利用，为日后印度北部各邦之间激烈的用水争端及其对印巴水条约的不满埋下了伏笔。此外，《条约》签订于 20 世纪 60 年代，没有考虑到未来气候及水资源的变化和水利技术的发展，这些不断出现的始料未及的新问题引发了日后印巴双方旷日持久的水资源安全争端。自 20 世纪 80 年代以来，随着印度不断在印度河上游兴建大坝和水电站等一系列水利工程，印巴两国就印度河的利用问题爆发了一系列争端，比较典型的包括印度的图布尔航运工程（Tulbul Navigation）（巴方称乌拉尔大坝（Wullar Barrage））、奇山甘加水电站（Kishenganga）、巴格里哈尔大坝（Baglihar）以及印度在印度河三条东部支流建设的蓄水工程等（图 7-18）。巴基斯坦对于印度在印度河流域东部三条支流上修建的水利工程，更多的是担心印度将之作为战时的水利武器，而反应更为强烈的是印度在西部三条支流水利工程的开发，巴基斯坦认为这将会导致印度河水系流入巴基斯坦的水流量减少。其中，巴基斯坦抗议最为激烈的是印度在西部支流奇纳布河上的巴格里哈尔大坝以及杰卢姆河上的奇山甘加水电站。从 1999 年起，印度河水资源纠纷再度成为印巴高层会晤的重要议题，并与克什米尔争端并驾齐驱，成为影响印巴关系的两大核心问题之一（吴波和刘红良，2017）。

⑤ 印度国内用水矛盾的传导及舆论压力的推动

印度河流域主要覆盖的印度旁遮普邦，是印度河五条支流拉维河（Ravi）、比斯河（Beas）、萨特莱杰河（Sutlej）、奇纳布河（Chenab）和杰卢姆河（Jhelum）的汇聚之地。旁遮普邦水资源供应相对充足，能够满足其全部用水需求，与其相邻的印度哈里亚纳邦（Haryana）和其下游的新德里（New Deli）的供水需求部分依赖于旁遮普邦的水资源输出。伴随着城市化和工业化进程的推进，印度各邦对水资源的需求日趋扩大，旁遮普邦现有的水资源输出量已不能满足邻邦的需求，各邦对水资源的争夺不断加剧。印度国内激烈的用水矛盾使北部各邦对《印度河水条约》中限制印度使用印度河水的条款强烈不满，要求修改甚至取消《条约》的声音近年来此起彼伏。印度任何试图控制印度河水的举措显然都会引起巴基斯坦的反弹，存在导致双方的争端并引发冲突的风险（吴波和刘红良，2017）。

⑥ 气候变化加剧了双方本已紧张的水政治关系

近年来，南亚次大陆地区气候变化明显，随之而来的洪水、干旱及冰川消失等灾害给南亚次大陆水资源的稳定供应产生了剧烈影响。印度和巴基斯坦的水资源安全也受到了严重挑战。降雨及冰川融水作为南亚次大陆地区传统的水资源补充渠道，已经在持续减少，特别是印度河流域的印巴两国不得不面对气候变化所带来的一系列水资源问题。喜马拉雅冰川是印度河及其支流的源头，但是随着冰川的不断缩小，印度河水量也在逐渐减少，印度河流域的地下水位随之不断降低，导致了水源不断萎缩和淡水储量减少等连锁反应，使印巴对未来可利用水资源安全的担忧逐年增加。可以预见的是，在气候变化的作用下，如果印度河水资源供应量进一步下降到能够满足印巴两国正常使用水量的临界点以下，将会打破印巴双方对印度河水资源分配的平衡和稳定状态（吴波和刘红良，2017）。在本国民众可利用的水资源缺乏的情况下，本就互相敌视的印巴两国狂热的民族主义者可能会以此裹挟印巴政府加大对印度河水的争夺，以此来满足本国的用水需求，从而使两国的水冲突可能进一步加剧。

（2）阿富汗-巴基斯坦之间的水冲突

印度河流域有少量水冲突发生在阿富汗与巴基斯坦之间，尽管冲突数量不多，但对两国的水政治关系产生了一定挑战。

① 领土争端驱动下的水资源控制权之争

阿富汗与巴基斯坦之间的水争端，主要聚焦印度河西部支流——喀布尔河（Kabul）。喀布尔河出阿富汗后流入巴基斯坦的开伯尔特区，绵延 140 千米后注入印度河（图 7-18）。两国围绕喀布尔河的水争端始于 1947 年，并与两国的领土争端问题叠加。巴基斯坦建国后，阿富汗始终不承认"杜兰线"为两国的边境线，将"杜兰线"巴方一侧的喀布尔河流域视作己方领土。因阿富汗长期战乱，两国之间在过去几十年里水争端表现并不明显，但阿富汗开启重建以后，随着阿方喀布尔河大坝等水利建设工程不断上马，两国之间因大坝建设引发的争端不断凸显（罗怿，2019）。由于双方的诉求完全不同，以及巴基斯坦对印度河水的高度依赖，双方水争端一直未能很好解决。

② 印度介入下的冲突放大效应

塔利班垮台后，印度积极介入阿富汗重建，为其提供巨额援助，并与其在喀布尔河水资源利用上开展合作，这引起巴基斯坦显著的水安全忧虑。源于特殊的地缘政治关系和历史因素，阿富汗与巴基斯坦的水争端很有可能再次引发巴基斯坦与印度的水争端，并进而导致整个印度河流域地区的安全危机。

2. 恒河-布拉马普特拉河-梅格纳河流域

恒河-布拉马普特拉河-梅格纳河流域是南亚次大陆地区规模最大的跨境河流流域，流域面积约 187.2 万平方千米，多年平均径流量约 8 600 亿立方米，涉及印度、孟加拉国、中国、尼泊尔和不丹等国家。

恒河-布拉马普特拉河-梅格纳河流域的水冲突主要聚焦于印度-孟加拉国（58 次）、印度-中国（12 次）、印度-尼泊尔（9 次）等双边关系，尤其是印度-孟加拉国水冲突占绝对主导地位。

（1）印度-孟加拉国之间的水冲突

受多种自然和人文地理因素的复合影响，印度与孟加拉国之间的跨境水冲突历史悠久，已成为影响两国关系发展的重要问题。

① 印度与孟加拉国完全不对等的水文地理位置条件

孟加拉国水资源较为丰富，河流淡水资源总量排名世界第三，但流经孟加拉国的 237 条河流中有 57 条属于跨境河流（刘思伟，2010a）。印度是孟加拉国最大的陆上邻国，也是孟加拉国境内绝大多数跨界河流（54 条）的上游。印度和孟加拉国之间的跨界河流主要有恒河、布拉马普特拉河、提斯塔河等。孟加拉国对上游流经印度的水资源依赖度高达 91.44%（曾祥裕和朱宇凡，2016）。作为传统农业国，且地处跨界河流下游，跨界河流水量分配对孟加拉国国家发展至关重要（孙现朴，2013）。因此，近年来印度在其跨境河流上游的大规模水利设施开发与河水引流工程，不断引发两国之间的水冲突。

② 旱涝交替的气候类型与不容乐观的气候变化影响

印度与孟加拉国之间的水冲突，也受到本地区气候因素的直接影响。印孟两国气候大体分为旱季和雨季，雨季河流水量充沛，但到了旱季，河流水位大幅度下降，水量锐减，特别是在 1 月—5 月，水量严重不足，造成两国用水困难（钟华平等，2011b）。印孟两国水资源的主要矛盾集中在恒河及布拉马普特拉河的水资源分配问题上。这两条河流是南亚次大陆地区最长、流域面积最广的国际河流，水量丰沛，但分布不均，上半年旱季水量锐减，造成沿岸千万亩耕地严重缺水，人畜饮水困难。虽然河流淡水资源丰富，但由于孟加拉国地处恒河三角洲，地势平坦，水资源储蓄能力不足，时常导致该国季节性水资源短缺。此外，近年来随着气候变化加剧，极端干旱、冰川衰退导致该地区河流流量时常发生异常减少，进而加重两国水资源季节性短缺。

③ 密集人口及其快速增长带来的严峻水资源压力

南亚次大陆地区是全世界人口密度最大的地区，平均 410 人/平方千米。其中孟加拉国人口密度以 1 265 人/平方千米高居榜首，是印度的近 3 倍和巴基斯坦的 5 倍。目前，孟加拉国的人口增长迅速，据估计到 2050 年，人口将达到 2.8 亿，成为全球排名第六的人口大国。缺水问题已经给孟加拉国带来巨大压力，引起较大规模的移民，破坏了孟印边境邦的民族问题平衡，导致恐怖主义和反政府武装兴起（刘思伟，2010a）。

④ 印度激进的水利开发计划对孟加拉国形成巨大威胁

从 20 世纪中期以来，印度在与孟加拉国之间的跨境河流上游不断进行水利设施的建设和引水调水工程的开发（图 7-19），引起两国之间持久旷日的水冲突。为了调节旱季供水，印度在恒河和布拉马普特拉河干、支流上修建了许多大坝和引水工程，启动了“内河联网工程”，通过“北水南调”输往印度南部和东部缺水地区（周海炜和唐晟佶，2013）。这些工程严重危及孟加拉国的工农业生产、人民生活和生态平衡，给其国民经济和生态环境造成不可估量的影响（钟华平等，2011b；曾祥裕和朱宇凡，2016），进而不断加剧两国水资源冲突（刘思伟，2010a）。

⑤ 印孟两国政治变动与不稳定的水外交政策

印度与孟加拉国在跨界水资源分配纠纷由来已久，最早可以追溯到东巴基斯坦时期印度建设法拉卡大坝。孟加拉国独立后，国内政变比较频发，印孟两国关系日益不稳定，跨界水资源纠纷也开始不断升级。此外，孟加拉国两大政党——人民联盟和孟加拉民族主义党对印政策截然不同。二者对印外交政策分歧，导致两国跨界水资源合作不畅，水政治关系处于合作-对抗的恶性循环之

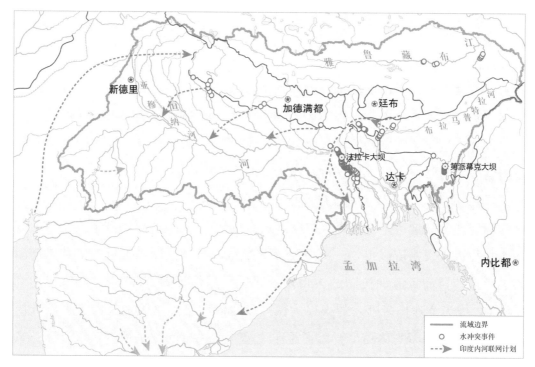

图 7-19 恒河流域水冲突分布与印度的内河联网计划及水利设施分布（1948 年—2013 年）

中。而印度在经济开放和国内政党联合执政等因素助推下，西孟加拉邦等地方邦对印度外交的影响力开始不断上升，其对孟加拉国的水资源关切成为影响印孟解决跨界水资源问题的重要因素（孙现朴，2013）。

⑥ 印度长期以来在地区事务中的强硬作风

冷战时期，印度南亚政策的主要目标是谋求区域性主导地位，经常对其南亚邻国采取粗暴手段迫使邻国遵从其战略利益。在上游筑坝并单方面分流河水，导致孟加拉国建设的水利工程处于荒废状态，并对孟加拉人民生活和农业生产造成了严重困难（孙现朴，2013）；上游印度境内有 114 座城市排向恒河的废水没有经过处理，严重污染了恒河中下游水体，进而激化两国水资源利用矛盾（刘思伟，2010a）。

（2）印度-中国之间的水冲突

除了雅鲁藏布江之外，中印之间存在约 16 条其他中小国际河流，但两国发生水争端的河流主要集中在雅鲁藏布江-布拉马普特拉河。

① 水资源因边界问题而被政治化

因中印边界问题和域外大国介入等综合影响，中印水资源利用矛盾日渐政治化和复杂化。一方面，中印边境战争和武力冲突导致中印双边信任赤字加剧，进而影响印度"水资源"战略认知，导致水资源问题与中印边界争端交织叠加。主要表现在中印东段边界争议区，中国"水威胁论"和"水武器论"不断发酵，水资源被"妖魔化"为中国企图"遏止"印度的主要证据之一。另一方面，中国主张跨界河流水资源共享，相关分歧应与中印边界问题分离。在重申西藏是中国主权不可分割的一部分同时，着力推进与印度围绕跨界河流水资源开展合作开发（杨晓萍，2012）。

② 印度对中国水电开发活动的战略曲解和国际炒作

中国境内有雅鲁藏布江、森格藏布等大河流入印实际控制区。尽管中国对境内的水利开发采取了审慎且负责任的态度，但印度仍表现出不理性的戒备心理，主要疑虑集中在所谓的"雅鲁藏布江改道"问题上（曾祥裕和朱宇凡，2016）。然而，中国至今从未从雅鲁藏布江引水，主要的小型水电开发只集中于雅鲁藏布江干流。显然，印度对中国开发利用水资源意图的理解存在显著偏差。虽然中国处于雅鲁藏布江的上游，但其下游——布拉马普特拉河全年主要流量来自被印度占领的藏南及其所辖的东北各邦，来自中国境内的产水量比例只有8％左右，其所谓中国截断水资源具有明显的国际话语炒作，以服务于其地缘政治意图（杨晓萍，2012）。

③ 印度"双重标准"的水外交政策

印度在跨境河流水外交政策上具有两面性特征，降低了其通过国际社会向中国施压的议价能力，影响并削弱了其平衡中国水优势的政治基础。印度在跨境河流中既位于一些河流的上游，又居于另一些河流的下游。在此情势下，印度依据其利益诉求，在与周边国家的水外交中表现出双重标准和"两面主义"特征。在与巴基斯坦的水外交中，作为上游国家，印度利用水文位置优势通常实施单边主义行动，不承认巴基斯坦对印度河水资源的历史权利。在与尼泊尔的水外交中，作为恒河下游国家，印度又利用流域内地区大国的身份反对尼泊尔进行灌溉与水电工程建设。在与中国的水争端中，印度不断将中印跨境河流水问题国际化，但与孟加拉国的恒河水资源争议中又反对其诉求国际社会。显然，所有关于水争议的问题上，邻国均对印度形成了地区霸权和两面主义的认知，这无疑会削弱印度借助国际舆论博得同情从而施压中国的影响力（韩叶，2020）。

（3）印度-尼泊尔之间的水冲突

印度和尼泊尔的水资源争端由来已久，主要发生在尼泊尔境内恒河上游的主要支流。

① 印度对尼泊尔境内水资源的高度依赖和控制欲

尼泊尔位于西藏高原和喜马拉雅山南麓恒河平原之间，境内河流密布，水资源十分丰富，年径流量约为 2 000 亿立方米，主要包括东部的萨普塔柯西河（SaptaKoshi River），中部的甘达基河（Gandaki River）和西部的卡尔纳利河（Karnali River）三大水系。境内丰富的水资源经数条河系注入印度境内的恒河，约占恒河全部径流量的 46%，在枯水期更是达 71%（李敏，2011）。水资源不仅是尼泊尔社会经济发展的重要资源，而且还关乎印度和孟加拉国众多人口的福祉。因此，印度对尼泊尔境内的水资源具有较高的依赖性，这也导致印度对控制尼泊尔河流水资源利用权具有强烈的政治冲动。

② 印度在处理两国关系中的"家长作风"和极端利己主义

相比印度，尼泊尔在政治、经济、军事上全面处于下风，但因处于恒河上游，在水资源问题上具有天然的地理优势。然而，尼泊尔虽享有上游优势，但与印度国力相差悬殊，在两国水利合作中并不占主导地位，甚至受制于印方。由于拥有共同管辖的水源，两国在历史上签订了多个条约，但多被许多尼泊尔人视为不平等条约。印度成为最大获益者。总之，印度长期以来在处理两国水资源争端中的利己主义倾向，导致双方围绕水资源合作的矛盾愈演愈烈，成为两国关系恶化的重要原因之一（李敏，2011）。

③ 尼泊尔国内政局动荡导致对印水外交政策的不稳定

水资源问题被高度政治化，成为尼泊尔政治派别争斗的主要议题和牺牲品。尼泊尔长期内战和动乱，政府对部分地区的失控也是造成水资源合作与开发迟缓的重要原因。从 1996 年尼共（毛）开始发动"人民战争"至 2006 年与政府达成和平协议期间，尼泊尔基本上处于内战状态，加德满都对于尼共（毛）控制的广大地区几乎缺少发言权和控制权（李敏，2011）。

④ 印度对尼泊尔与域外第三方水资源合作持提防心理

印度于 1947 年独立后，很大程度上继承了英国殖民统治者在印度次大陆的地区安全战略观，将尼泊尔视为其势力范围和防范中国的缓冲地带。受"英迪拉主义"的影响，印度从政治、经济、文化等诸多方面试图影响甚至控制尼泊尔，尽可能排斥尼泊尔与其他区外大国的关系往来。在尼泊尔水资源合作与开发中，一方面力图主导尼泊尔的水利水电资源开发；另一方面强烈反对尼泊尔与其他国家开展水利开发合作（李敏，2011）。

3. 咸海流域

咸海流域地处欧亚大陆腹地，总面积约 176 万平方千米，主要由阿姆河水系和锡尔河水系组成。作为封闭的内陆型流域，咸海流域气候干旱，降水稀少，沙漠面积超过 1/4，以季节性融雪和永久性冰川融水补给为主。

咸海流域水冲突主要因中亚大湖区五国对锡尔河与阿姆河的水资源开发利用而引发，既受本地区水资源空间分布不均衡的客观制约，也有政治历史等人为因素的推动。

（1）水资源时空分布不均衡及其供需空间错位

中亚大湖区水资源分布极不均衡，这成为中亚国家间产生水资源矛盾的客观原因。塔吉克斯坦和吉尔吉斯斯坦分别拥有了阿姆河和锡尔河的主要水流量。两国拥有的地表水资源超过整个中亚大湖区的三分之二，仅在塔吉克斯坦境内就集中了中亚大湖区 55.49% 的水流量以及 60% 以上的冰川，而处于下游的乌、哈、土三国仅占中亚大湖区地表水资源总和的三分之一（宋志芹，2017）。

从用水需求端看，占有 44% 水资源的塔吉克斯坦年用水量仅占全流域的 12%，而占有 10% 水资源的乌兹别克斯坦用水总量则约占中亚大湖区的 60%（张宁，2009）。苏联时期，对中亚水资源实行用水配额制度，吉尔吉斯斯坦、塔吉克斯坦、土库曼斯坦、乌兹别克斯坦的阿姆河用水额度依次是 0.6%、15.4%、35.8% 和 48.2%，哈萨克斯坦、吉尔吉斯斯坦、塔吉克斯坦、乌兹别克斯坦从中亚最大水库托克托库尔的年取水量分配分别是 37.6%、1.96%、9.1%、51.3%（宋志芹，2017）。拥有丰富水资源的吉和塔两个上游国家所分得的水配额十分有限，而下游缺水国家乌兹别克斯坦、哈萨克斯坦、土库曼斯坦却拥有绝大部分水资源的使用权。其主要原因是上游的塔吉克斯坦、吉尔吉斯斯坦两国多山区，水资源主要用于发电，而下游国家多平原或低地，其水资源主要用于工农业生产和大量居民生活。此外，土库曼斯坦、乌兹别克斯坦两国水资源对外依赖度分别高达 97% 和 80%，决定了流域上下游国家间水资源的高度依存性和敏感性。

（2）苏联解体造成原有的流域资源合作体系崩溃

苏联解体后，随着统一国家的消亡，中亚大湖区国家间因水资源而产生的矛盾开始出现并持续发酵。苏联时期，出于整体发展规划和经济布局的考虑，采取能源互换和补偿制度来解决中亚五国之间的水资源争端。即秋冬季节塔吉克斯坦、吉尔吉斯斯坦两国的水电站不用于发电而进行蓄水，为来年夏季农作物生长期下游国家农田灌溉做准备。作为补偿，乌兹别克斯坦、土库曼斯坦、哈萨克斯坦向吉尔吉斯斯坦和塔吉克斯坦提供电力及油气煤能源，用于两国冬季火电厂发电，而上游水电站夏季泄水附带产生的富余电能并入中亚统一电力系统，从而促使能源富足但缺水的下游共和国与水资源富足但缺乏油气的上游共和国之间实现优势互补。随着苏联解体后，中亚能源互换机制开始出现松动并最终解体。吉尔吉斯斯坦和塔吉克斯坦两国资源贫乏，独立后经济长期陷入困境，为了补偿国内电力需求缺口，秋冬季节上游国家不得不加大放水量，从而导致下游国家春夏季用于灌溉的水源不足，而冬季大量放水又使下游面临水患危险，上下游国家之间的水资源矛盾由此产生（宋志芹，2017）。

（3）水资源过度开发与不合理种植结构加剧水资源紧张局面

苏联时期，中亚大湖区农业工程迅速发展，水资源过度开发和不合理使用，导致地表水和地下水量逐渐减少，造成土地盐渍化、河水断流等严峻水文环境问题。随着"白金计划"实施，大量移民开垦荒地种植耗水作物——棉花和水稻。以种棉业为主的农业生产取水量超过可再生水资源的 40%，大大加重了水资源紧张程度，整个灌溉网络截取了阿姆河径流量的 80% 以上，导致咸海水量锐减，分裂成北咸海和南咸海（徐海燕，2016）。其极速缩小促使乌兹别克斯坦对源自吉尔吉斯斯坦的东部河段和地下水的依赖更加严重，进而增大双方水冲突风险。

（4）水资源与能源空间错位导致上下游关系错综复杂

中亚大湖区国家间的水资源分配和能源生产紧密相连。塔吉克斯坦、吉尔吉斯斯坦两国水力资源丰富，但油气和煤炭储量不大、开发不便，且经济实力较弱，无力从境外进口能源，极度依靠水力发电。而下游国家担心上游修建水库强化水控制权，从而掌控下游国家生存命脉，因此围绕大型水电站建设纷争不断（张宁，2009；宋志芹，2017）。当整个流域遭遇干旱时，其矛盾更加突出。

（5）上下游国家综合实力差异决定了水资源博弈走向

水量分配结果是综合国力的体现。咸海流域上游的塔吉克斯坦、吉尔吉斯斯坦两国不论人口数量、经济规模和综合国力，都与下游三国相差悬殊，因此在水量分配谈判中处于弱势地位。尽管土库曼斯坦、乌兹别克斯坦两国退出中亚统一电力系统和跨界河流水能互换框架，但塔吉克斯坦、吉尔吉斯斯坦两国迫于下游国家的压力，仍须执行跨界河流的水量分配方案。

（6）水利设施开发建设成为引发水冲突的导火索

咸海流域国家的水资源纷争焦点是上游国家建设大型水电站问题。其中乌兹别克斯坦、塔吉克斯坦两国围绕罗贡水电站建设而产生的冲突矛盾最为突出，对两国关系造成较大影响。塔吉克斯坦水力资源丰富，仅次于俄罗斯，位居独联体国家第二位，人均拥有量居世界第一位，但其水电资源利用率仅为3%—4%，而每年冬天电力缺口达20—30亿千瓦时。为摆脱对乌的能源依赖，满足国内能源需求，实现电力出口，塔吉克斯坦启动罗贡水电站建设。而作为典型的农业国，乌兹别克斯坦是中亚大湖区用水大户，用水总量占中亚的一半以上，大型水电站建设因蓄水量大、截流时间长、控制能力强，直接触及乌的利益（宋志芹，2017）。

（7）领土和民族问题叠加交织及域外大国干预导致水冲突复杂化

中亚大湖区因边界、领土问题而产生的民族国家利益分歧由来已久。苏联时期国家领土和边界几经变更，成为之后中亚各国矛盾尖锐化的导火索。尤其是乌兹别克斯坦与塔吉克斯坦在边界及民族问题上存在诸多矛盾。此外，俄罗斯、美国、伊朗等大国纷纷介入，将水资源视为对中亚施加影响的有力手段，使得水资源问题愈加复杂难解（宋志芹，2017）。

4. 澜沧江-湄公河流域

澜沧江-湄公河是亚洲最重要的跨国水系之一，流域沿途海拔落差巨大、水深流长、水能丰富、开发潜力巨大。澜沧江-湄公河流域的水冲突主要归因于流域内各国水电资源的开发利用，主要发生在上中游国家与下游国家之间，以人文因素占主导地位。

（1）上下游国家不同的利益诉求是水冲突发生的根源

对于气候相对湿润、水资源相对丰富、并不存在资源型缺水的澜沧江-湄公河流域而言，跨境水冲突主要是上游国和下游国对水资源的用途规划不同所导致，即上游国家希望在不影响下游国家用水的情况下，加快水电开发以满足社会经济发展的能源需求，如老挝、中国、泰国在湄公河上游的水电站建设与合作；而下游国家对灌溉、航运和渔业有更大的依赖性和产业发展"惯性"，担心上游建设大坝或水电站将打乱鱼群迁徙繁殖规律和河流下游营养物质输送，影响本国渔业发展和农业土地利用。

沿岸地区经济发展模式存在工业与农业生产安排的差异，各国对流域水资源的开发利用和利益关切各有侧重：老挝关注水电开发，并利用水力发电出口创汇发展外向型经济；泰国主要利用湄公河水资源灌溉，并积极利用老挝的水电；柬埔寨侧重于流域内渔业资源及水电开发；越南则更多注重农业灌溉；对中国而言，澜沧江-湄公河的水电输送和贸易水道对中国的价值逐渐凸显。显然地，各国有关水资源利用目的的差异化导致流域水资源合作很难形成统一立场，合作机制协调作用发挥的空间不断受到挤占（寇勇栎，2019）。

（2）中国因上游国地位地处原生困境

位于国际河流上游的国家，可能缺乏与下游国家进行合作的意愿和动力。相较而言，下游各国对于河流的依赖程度和敏感性更高，受到上游国家水资源开发活动的影响更大。同时，上游国家与下游国家开发河流的侧重点并不完全一致，前者更注重水能资源和航运资源的开发，而后者则着眼于农业灌溉、调水工程等。澜沧江-湄公河流域国家水资源安全关系基本为"低冲突-低合作"结构，此种关系结构不利于稳定周边关系的构建。气候变化背景下，水资源安全问题可能成为域外势力插手中国周边安全的借口（李志斐，2015），导致中国陷入"上游国家困境"（Upstream dilemma）。一方面，与中下游国家相比，中国开发利用河流源头的水资源有着明显的区位优势。另一方面，中国还需综合、全面地考虑上游水资源开发的各种因素，在开发本国境内的跨界水资源时顾及下游国的利益。因此，中国应充分利用国际法规则将"低冲突-低合作"的水安全关系转变为"低冲突-高合作"的关系，加强与流域下游国家的多边水合作来防范化解冲突，拓展在国际社会的认可度与支持度（黄炎，2019）。

（3）老挝独特的水文区位优势与"水电兴国"国家发展战略的驱动

随着澜沧江-湄公河流域水电开发活动的增多，跨境水冲突随之显著增加。近来老挝在湄公河的一系列水电开发建设成为地区水争端的焦点所在。由于湄公河全长的44.4％流经老挝境内，且60％以上的水力资源蕴藏于此，这对平原匮乏、山脉密布、经济落后的内陆国家老挝来讲是巨大的发展优势。因此，老挝把水电产业视为影响国家未来的关键产业，提出了"水电兴国"和打造"东南亚的蓄电池"发展方略，相继在湄公河干流开工了沙耶武里、栋沙宏等一批代表性大型水电站（高潮，2011），引发了与越南和柬埔寨等下游国家的水争端。

（4）域外大国通过煽动和支持域内水冲突施加地缘政治影响

伴随着湄公河流域地缘战略意义日趋彰显，近年来美国、日本、印度、欧盟、澳大利亚、韩国等域外力量正在竞相加大对该地区的战略投入。尤其是美、日、印等域外大国具有制衡中国影响力的显著动机和战略考量，有关流域合作机制建构和治理规则主导权的竞争成为大国间博弈的新场所（李昕蕾和华冉，2019）

（5）气候变化成为最主要不可预测变量

气候变化造成的水资源异常成为澜沧江-湄公河流域水冲突时有发生的"黑天鹅"因素，进一步加剧了流域国家的紧张关系，流域水冲突变得更为复杂多变。近年来随着气候变化的影响，中南半岛地区的极端天气状况增多，干旱或者洪涝灾害发生的频率增加，海平面上升、海水倒灌导致湄公河三角洲的农业生产和渔业生产受到影响，对流域的农业、渔业、航运等带来了严重的打击。在此背景下，上下游的水电开发活动无疑变得极为敏感，尤其是干旱年份更是成为争论的焦点。

第五节　亚洲水塔流域跨境水冲突风险研判和预警

未来亚洲水塔流域仍是受全球气候变化影响较大、人口经济增长较快、水资源供需形势较紧张的热点区域。区域水资源压力将持续增大，跨境水冲突风险逐渐陡增，尤其是南亚次大陆和中亚大湖区成为未来亚洲水塔流域水冲突风险的高危地区。

一、亚洲水塔变化条件下流域跨境水冲突风险研判

（一）亚洲水塔流域国家水资源供需失衡持续加大

基于亚洲水塔流域国家的水资源供给预测，未来亚洲水塔水资源开发利用仍将面临重大压力，特别是咸海流域和印度河流域在今后 15 年—30 年仍然是水资源供给不足的热点地区。水资源供需形势仍较为紧张，特别是 2050 年之前大部分国家仍处于用水需求爬升的扩张期，而在气候变化作用下区域水资源供给变率不断增大，尤其是中亚大湖区和南亚次大陆地区水资源供给存在下降趋势，水资源供需平衡面临较大的不确定性，甚至呈现供不应求的局面。水资源供需关系失衡将进一步加剧地区本已紧张的水政治局势，导致跨境水冲突发生风险将进一步加大。

（二）亚洲水塔流域国家间水冲突风险不断增加

河流水资源的时空变化是各地区气候条件决定的一种自然现象，但全球气候变暖带来的一系列气候变化现象，可能会导致这种变化的不稳定与变率增大。由于需求增加和降雨多变性，水资源压力越来越大，淡水资源的紧张局势及其随之而来的水冲突可能会更加频繁，从而加剧国际流域水资源的政治紧张局势，尤其是在缺乏流域协同管理机制和机构的地区。此外，水资源变异性的增加也可能挑战现有流域管理机构的协同治理能力。随着水资源的可变性增加，国家间的紧张局势和冲突事件可能会因治理能力不足而增加。从亚洲水塔流域水冲

突与全球气温变化的关系来看（图 7-20），二者存在一定的共同趋势，尤其是在全球温度异常值超过 0.5℃的区间范围内，水冲突与气温之间的相关性显著增强，且气温升高对流域水冲突的驱动作用急剧增加。

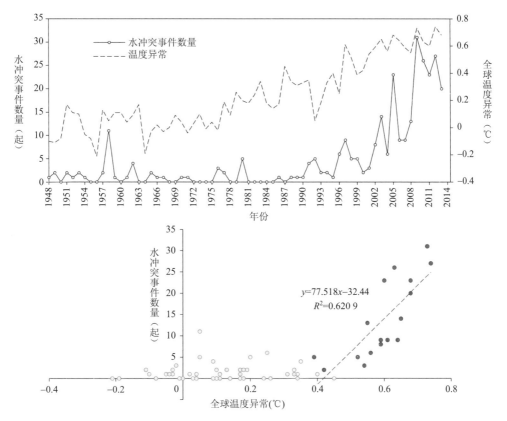

图 7-20　亚洲水塔流域跨境水冲突与全球气温变化的关系（1948 年—2013 年）

（三）南亚次大陆成为水冲突风险的热点地区

通过对亚洲水塔流域的历史水冲突数据进行趋势分析，并结合各个流域的水资源供需关系，对各个流域的水冲突风险进行评估预测，亚洲水塔流域国家间水冲突风险可分为"高、中高、中、低"四种等级。结果表明，南亚次大陆的印度河流域为"高"强度水冲突风险流域，恒河-布拉马普特拉河-梅格纳河流域为"中高"风险流域，中亚大湖区的咸海流域为"中"风险流域，其他流域为"低"风险流域（图 7-21）。因此，未来南亚次大陆的印度河流域（印巴水冲突）和恒河-布拉马普特拉河-梅格纳河流域（印孟和中印水冲突）仍是整个流域内需要关注的水冲突热点地区。

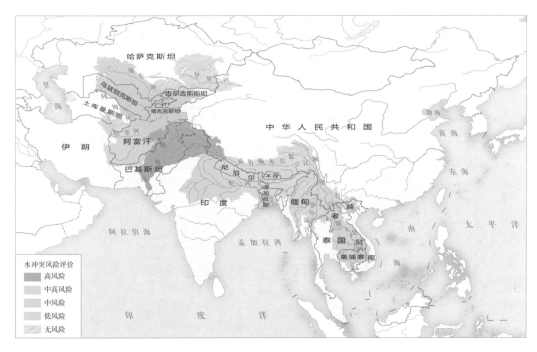

图 7-21 亚洲水塔流域跨境水冲突风险预测

二、亚洲水塔变化条件下流域跨境水冲突预警机制

（一）建立跨境水资源开发利用数据信息交换共享机制

跨境水资源开发利用数据和信息的收集、交换是跨境水合作的重要前提，是解决跨境水冲突的重要基础，有助于预防和解决国际水资源争端。《赫尔辛基规则》第二十九条第一款和《国际水道非航行使用法公约》第九条都规定了定期交换资料的要求或方法。亚洲水塔流域国家在跨境水资源实践中有必要建立流域水资源一体化信息共享平台，促进气候变化下水文过程信息交换和数据交流，尤其是加强跨境水资源水文站大数据库建设，这不但是解决跨境水冲突的基本前提，也是流域水协议不可或缺的内容（赵敏，2009）。

（二）建立事前通报-协商-协作的一体化对话机制

建立跨境水资源事前通报和协商交流以及信息共享机制，可以增强流域国家之间的政治互信，加强流域国家之间的相互了解和合作共赢，使有关各方了解彼此关切，提前对所面临的跨境水资源问题的性质和影响范围进行预判。通过集体协商和交流合作，以便寻求多方利益平衡点，从而采取科学合理的流域管理措施，合理协调和权衡配置流域各方水资源利益（张长春和樊彦芳，2020），避免跨境水资源"问题"演化为跨境水资源"冲突"。

（三）建立跨境河流水冲突监测预警与紧急应对机制

建立跨境河流及水冲突的监测预警机制，一方面可以使有关各方及时了解流域水资源现状和各自的权益及责任，另一方面可以对流域各国拟议采取的活动是否产生跨界政治影响及其影响程度形成共识。流域国家有权在其境内开发利用水资源，但也有义务对其他流域国家不造成重大不利影响，通过共同建立跨境水冲突信息监测与分析系统，合作对跨境流域内的各项水资源开发利用活动进行持续的监测，并及时做出跨界综合影响评估，可以平衡各方利益，有效预警管控跨界水争端（张长春和樊彦芳，2020）。

参 考 文 献

[1] 白如纯："'一带一路'背景下日本对大湄公河次区域的经济外交"，《东北亚学刊》，2016 年第 3 期。

[2] 杜德斌、刘承良、胡志丁等："'亚洲水塔'变化对中国周边地缘政治环境的影响"，《世界地理研究》，2020 年第 2 期。

[3] 高潮："老挝水电资源具有较大开发潜力"，《中国对外贸易》，2011 年第 2 期。

[4] 韩叶："印度对中印跨境河流水关系的认知及战略选择"，《南亚研究》，2020 年第 1 期。

[5] 黄炎："澜沧江-湄公河流域水资源国际合作的动因、基础与路径选择"，《国际法研究》，2019 年第 2 期。

[6] 寇勇桥："澜沧江-湄公河流域水资源合作的国际法视角"，《河南工程学院学报年第社会科学版期》，2019 年第 3 期。

[7] 李敏："尼泊尔-印度水资源争端的缘起及合作前景"，《南亚研究》，2011 年第 4 期。

[8] 李昕蕾、华冉："国际流域水安全复合体中的安全秩序建构——基于澜沧江-湄公河流域水冲突-合作事件的分析"，《社会科学》，2019 年第 3 期。

[9] 李昕蕾："冲突抑或合作：跨国河流水治理的路径和机制"，《外交评论年第外交学院学报期》，2016 年第 1 期。

[10] 李志斐："中国周边水资源安全关系之分析"，《国际安全研究》，2015 年第 3 期。

[11] 刘思伟："水资源与南亚地区安全"，《南亚研究》，2010 年第 2 期 a。

[12] 刘思伟："水资源安全与印巴关系"，《南亚研究季刊》，2010 年第 4 期 b。

[13] 刘思伟："对当前印巴水资源纠纷的理性思考"，《和平与发展》，2011 年第 3 期。

[14] 罗圣荣："奥巴马政府介入湄公河地区合作研究"，《东南亚研究》，2013 年第 6 期。

[15] 罗怿："阿富汗-巴基斯坦水资源争端及其对地区安全的影响"，《南亚研究季刊》，2019 年第 1 期。

[16] 宋志芹："乌兹别克斯坦与塔吉克斯坦水资源之争"，《西伯利亚研究》，2017 年第 2 期。

[17] 孙现朴："印孟跨界水资源争端及合作前景"，《国际论坛》，2013 年第 5 期。

[18] 田英、姜蓓蕾、黄火键等："跨界河流安全的风险因子识别及风险控制研究"，《水利水电技术》，2018 年第 5 期。

[19] 王涛、刘承良、杜德斌："1948—2018 年国际河流跨境水冲突的时空演化规律"，《地理学报》，2021 年第 7 期。

[20] 吴波、刘红良："印巴水资源纠纷问题探析"，《东南亚南亚研究》，2017 年第 4 期。

[21] 徐海燕："绿色丝绸之路经济带建设与中亚生态环境问题——以咸海治理和塔吉克斯坦为例"，《俄罗斯东欧中亚研究》，2016 年第 5 期。

[22] 杨晓萍："超越'稀缺-冲突'视角：中印崛起背景下跨境水资源问题"，《国际论坛》，2012 年第 4 期。

[23] 姚檀栋："泛第三极环境与'一带一路'协同发展"，《中国科学院院刊》，2017 年第 2 期。

[24] 曾祥裕、朱宇凡："印度涉水国际争端及其战略影响"，《国际研究参考》，2016 年第 11 期。

[25] 张长春、樊彦芳："跨境流域水资源利益失衡及预防措施研究"，《边界与海洋研究》，2020 年第 6 期。

[26] 张励、卢光盛、伊恩·乔治·贝尔德："中国在澜沧江-湄公河跨界水资源合作中的信任危机与互信建设"，《印度洋经济体研究》，2016 年第 2 期。

[27] 张宁："乌兹别克斯坦和塔吉克斯坦之间的水资源矛盾"，《俄罗斯中亚东欧市场》，2009 年第 11 期。

[28] 赵敏："国际法视角下中亚跨境水资源国际合作问题探析"，《新疆师范大学学报（哲学社会科学版）》，2009 年第 2 期。

[29] 赵玉明："中亚地区水资源问题：美国的认知，介入与评价"，《俄罗斯东欧中亚研究》，2017 年第 3 期。

[30] 钟华平、郦建强、王建生："印度河与印巴用水问题研究"，《世界农业》，2011 年第 2 期 a。

[31] 钟华平、郦建强、王建生："恒河水资源及印孟水冲突问题"，《人民黄河》，2011 年第 6 期 b。

[32] 周海炜、唐晟佶："印度内河联网计划及其面临的问题"，《南水北调与水利科技》，2013 年第 5 期。

[33] Beaumont, P., 1997. Water and armed conflict in the Middle East-Fantasy or reality? Conflict and the environment, Kluwer Academic, Dordrecht, Netherlands, pp. 355-374.

[34] Bernauer, T., Siegfried, T. 2012. Climate change and international water conflict in Central Asia. *Journal of Peace Research*, Vol. 49, No.1.

[35] Böhmelt, T., Bernauer, T., Buhaug, H. *et al*. 2014. Demand, supply, and restraint: Determinants of domestic water conflict and cooperation. *Global Environmental Change*, Vol. 29.

[36] Brochmann, M. 2012. Signing river treaties: Does it improve cooperation? *International Interactions*, Vol. 38, No.2.

[37] Brochmann, M., Hensel, P., 2009. Management of internationally shared rivers: Peaceful settlement attempts in international rivers. *International Negotiation*, Vol. 14, No.2.

[38] Brochmann, M., Gleditsch, N., 2012. Shared rivers and conflict—A reconsideration. *Political*

Geography, Vol. 31, No.8.

［39］Chayes, A. , 1993. On compliance. *International Organization*, Vol. 47, No.2.

［40］De, S. , Edwards, P. , De, S. *et al.*, 2010. Tracking cooperation and conflict in international basins: historic and recent trends. *Water Policy*, Vol. 12.

［41］Devlin, C. , Hendrix, C. , 2014. Trends and triggers redux: Climate change, rainfall, and interstate conflict. *Political Geography*, Vol. 43.

［42］Dinar, S. , Dinar, A. , Kurukulasuriya, P. , 2011. Scarcity and cooperation along international rivers: An empirical assessment of bilateral treaties. *International Studies Quarterly*, Vol. 55, No.3.

［43］Dinar, S. , Katz, D. , De Stefano, L. *et al.*, 2015. Climate change, conflict, and cooperation: Global analysis of the effectiveness of international river treaties in addressing water variability. *Political Geography*, Vol. 45.

［44］Dinar, S. , Katz, D. , De Stefano, L. *et al.*, 2019. Do treaties matter? Climate change, water variability, and cooperation along transboundary river basins. *Political Geography*, Vol. 69.

［45］Furlong, K. , Gleditsch, N. P. Hegre, H. , 2006. Geographic opportunity and neomalthusian willingness: Boundaries, shared rivers, and conflict. *International Interactions*, Vol. 32, No.1.

［46］Gizelis, T. I. , Wooden, A. E. 2010. Water resources, institutions, and intrastate conflict. *Political Geography*, Vol. 29.

［47］Gleditsch, N. P. , Furlong, K. , Hegre, H. *et al.*, 2006. Conflicts over shared rivers: Resource scarcity or fuzzy boundaries? *Political Geography*, Vol. 25, No.4.

［48］Gunasekara, N. K. , Kazama, S. , Yamazaki, D. *et al.*, 2013. Water Conflict Risk due to Water Resource Availability and Unequal Distribution. *Water Resources Management*, Vol. 28, No.1.

［49］Hoekstra, A. Y. , Chapagain, A. K. , 2006. Water footprints of nations: water use by people as a function of their consumption pattern. *Water Resources Management*, Vol. 21.

［50］Mitchell, S. M. , Zawahri, N. A. , 2015. The effectiveness of treaty design in addressing water disputes. *Journal of Peace Research*, Vol. 52, No.2.

［51］Petersen-Perlman, J. D. , Veilleux, J. C. and Wolf, A. T. , 2017. International water conflict and cooperation: challenges and opportunities. *Water International*, Vol. 42, No.2.

［52］Salehyan, I. , 2008. From climate change to conflict? No consensus yet. *Journal of Peace Research*, Vol. 45, No.3.

［53］Sojeong, L. , 2019. Energy resources and the risk of conflict in shared river basins. *Journal of Peace Research*, Vol. 56, No.3.

［54］Toset, H. P. W. , Gleditsch, N. P. , Hegre, H. *et al.*, 2000. Shared rivers and interstate conflict. *Political Geography*, Vol. 19, No.8.

［55］Yoffe, S. , Fiske, G. , Giordano, M. *et al.*, 2004. Geography of international water conflict and cooperation: Data sets and applications. *Water Resources Research*, Vol. 40, No.5.

［56］Yoffe, S. , Wolf, A. T. , Giordano, M. , 2003. Conflict and cooperation over international freshwater resources: Indicators of basins at risk. *Journal of the American Water Resources Association*, Vol. 39, No. 5.

［57］Zeitoun, M. , Mirumachi, N. , 2008. Transboundary water interaction I: Reconsidering conflict and cooperation. *International Environmental Agreements*, Vol. 8.

第八章　亚洲水塔流域跨境水合作

　　跨境水合作既是水冲突的必然产物，也是缓解乃至解决水冲突问题的重要方式。跨境水冲突的发生，必然催生相关国家之间围绕水冲突的根源寻求合作以解决水资源问题。同时，各方水合作不断深化，通常起到减缓和抑制水冲突再次发生的作用。跨境水资源合作管理已成为诸多国际河流流域各国的理性选择。全球已有近一半的国际河流开展了不同程度的水合作管理，主要选择和平、合作的方式共享跨境水资源（李芳等，2020）。从水机制视角来讲，水合作一方面包括跨国流域治理的一系列隐含或明示的原则、规范、规则和决策程序，即国际水条约的签署，虽然水条约不一定能阻止流域国家之间的水争执，但水条约的存在有助于将不满情绪转化为流域国家之间的谈判或协商，而不是轻易诉诸武力威慑；另一方面还包括以各种形式的流域组织来实现高层次的机制化合作。流域治理机构能够有效协调流域各国的不同利益诉求，推动建立利益相关者利益分享机制，实现国际河流开发权益公平分配。从水谈判视角来看，流域国家通过水合作寻求外交渠道协商、讨论甚至争辩，对流域治理及水利益分配取得某种程度的一致性或妥协性，进而避免水冲突的进一步恶化或增加。从水治理视角来看，水合作包括三个层面：协调，主要是信息的交流与共享；协作，涉及条约、机制、行为规则的建立；联合行动，主要是协商设立共同的常设性管理机构或组织（李昕蕾，2016）。

第一节　亚洲水塔流域跨境水合作的时序演化

与水冲突相比，亚洲水塔流域水合作也基本呈现出类似的波动性增长态势，并表现出一定的阶段性差异。合作强度以中低水平为主，高水平水合作事件比重趋于下降。国家间达成协议并签署水条约的意愿或成果逐步降低，合作主要停留在口头约束上。合作领域以水量、水利设施建设、水电开发等问题领域的合作为主，由单一的水量问题领域占主导地位，向以水利设施建设、水电开发、水量、联合管理四大问题领域相对均衡的结构方向转变。合作进程由恒河-布拉马普特拉河-梅格纳河流域、印度河流域、澜沧江-湄公河流域、咸海流域四大流域相对均衡推动，高合作强度的国家数量增多，水合作现象日趋普遍。

一、亚洲水塔流域跨境水合作事件的基本结构

在水合作方式方面，根据 TFDD 数据库中关于水合作事件等级的划分，亚洲水塔流域涉及的跨境水合作层次水平由低到高，分为微小的官方交流或政策表达，官方对目标和价值观等的口头支持，达成文化或科学协议（非战略性），达成经济、科技或产业协议，军事和经济领域的相互战略支持，签署国际水条约或结成战略联盟共六个等级（表8-1）。

表8-1　亚洲水塔流域跨境水合作方式与程度等级划分

事件等级代码	合作方式与程度特征描述
1	微小的官方交流或政策表达
2	官方对目标和价值观等的口头支持
3	达成文化或科学协议（非战略性）
4	达成经济、科技或产业协议
5	军事和经济领域的相互战略支持
6	签署国际水条约或结成战略联盟

在水合作内容方面，亚洲水塔流域跨境水合作事件类型与水冲突问题类型保持一致（表7-2）。主要是流域内各个国家针对彼此在水资源分配、开发利用等方面的分歧、争端或冲突进行沟通、协商、谈判或签署协议条约等合作行为。涉及的内容包括水质保护、水量分配、农业灌溉、水利发电、大坝建设、渔业生态、内河航运、河流划界等议题领域。

二、亚洲水塔流域跨境水合作强度的时序演化

（一）总体演化特征

1. 年际波动特征显著，且表现出一定的阶段性趋势差异

1948年—2013年，亚洲水塔流域跨境水合作事件数量呈现出显著的波动增长特征，但从时序演化来看仍具有一定的阶段性差异：以1988年为突变点，形成小幅波动下降（1948年—1988年）与大幅波动增长（1989年—2013年）两个阶段（图8-1）。

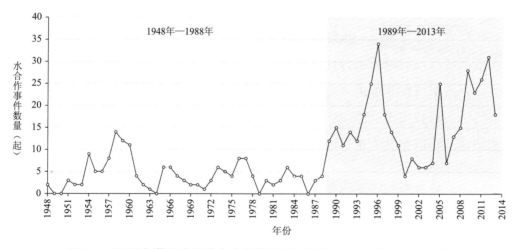

图8-1 亚洲水塔流域跨境水合作事件时序演化（1948年—2013年）

具体而言，66年间亚洲水塔流域共发生572起水合作事件，年平均事件数量超过八起，表现出波动增长的趋势和较为突出的阶段性差异。整个时段内的波动性十分明显，但基本趋于波动上升。水合作事件由1948年的2起波动增长到2013年的18起。基于Mann-Kendall法、Yamamoto法、滑动t-检验法、累

积距平法、有序聚类法、Pettitt's test、Buishand U test 和 Standard Normal Homogeneity Test 等多种突变点检测方法的结果表明，1988 年是亚洲水塔流域国际水合作演化的突变点，以此为分界可划分为小幅波动下降（1948 年—1988 年）和大幅波动快速增长（1989 年—2013 年）两大阶段（图 8-1）。

（1）小幅波动下降阶段（1948 年—1988 年）

1948 年—1988 年，水合作事件呈现小幅波动变化，并未有实质性增长。41 年中，亚洲水塔流域共发生跨境水合作事件 171 起，占全部事件数量的近 30%，年均发生水合作事件约四起，远低于第二阶段数量。该阶段合作事件数量波动幅度较小，到阶段末期事件数量缓慢下降。虽然跨境水合作事件数量在这一阶段出现四次阶段性波动增长，但在该阶段末期最终趋于下降，整体上呈现出小幅波动下降特征。

（2）大幅波动增长阶段（1989 年—2013 年）

1989 年—2013 年，水合作事件波动幅度较大，但增长趋势明显。25 年中，亚洲水塔流域共发生跨境水合作事件 401 起，占全部事件数量的 70% 以上。年均发生水合作事件 16 起，是第一阶段的近 4 倍。与第一阶段相比，在水合作事件数量上有大幅增加，增长趋势明显；尽管水合作事件波动较大，但整体趋势仍具有显著的波动增长特征，水合作事件数量由 1989 年的 12 起波动增长到 2013 年的 18 起。

2. 以中低水平的水合作事件为主，且其比重不断趋于上升

1948 年—2013 年，亚洲水塔流域跨境水合作事件的合作深度或水平构成以低水平合作事件为主（表 8-2），无论是事件数量还是其所占比重，低水平合作事件的主导地位都进一步增强（图 8-2）。

表 8-2　亚洲水塔流域跨境水合作事件的合作水平构成（1948 年—2013 年）

事件合作水平	微小的官方交流或政策表达	官方对目标和价值观等的口头支持	达成文化或科学协议（非战略性）	达成经济、科技或产业协议	军事和经济领域的相互战略支持	签署国际水条约或结成战略联盟
事件数量（起）	209	118	77	122	5	41
所占比重（%）	36.54	20.63	13.46	21.33	0.87	7.17

1948 年—2013 年，亚洲水塔流域跨境水合作事件中，合作水平较低的"微小的官方交流或政策表达""官方对目标和价值观的口头支持"等水合作方式占比最大，其次为"达成文化或科学协议"的水合作方式，而对国际河流流域水资源共同利用作用最大的"签署国际水条约或结成战略联盟"的水合作事件则仅占 7.17%（表 8-2）。整体来看，当前流域水合作方式仍然是以国家间的外交互动为主，合作水平整体偏低，未来在签署水条约等水合作方式仍需进一步加强。

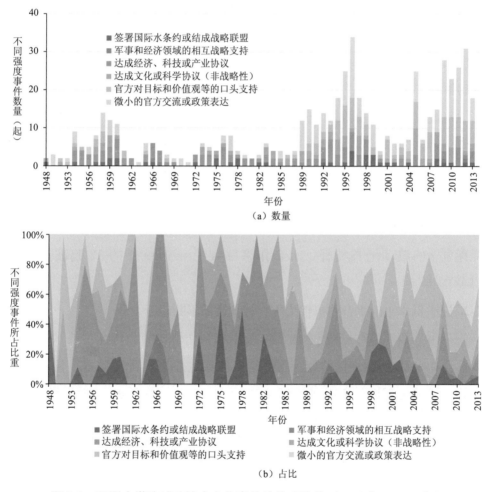

图 8-2　亚洲水塔流域跨境水合作事件的构成演化（1948 年—2013 年）

1948 年—2013 年，亚洲水塔流域跨境低水平水合作事件数量和所占比重均有所增长，低水平合作方式主导地位进一步凸显（图 8-2）。从事件强度变化来看，"微小的官方交流或政策表达"水合作数量由 1948 年的 0 起波动增长到 2013 年的 6 起，其中 2012 年达到 19 起；而"官方对目标和价值观等的口头支持"类也由 1948 年的 0 起增长到 2013 年的 6 起，其中 1995 年—1996 年达到 16 起（图 8-2（a））。从事件比重变化看，低水平合作事件所占的比重变化也与其数量变化趋势相一致（图 8-2（b））。其中，"官方对目标和价值观等的口头支持""微小的官方交流或政策表达"两种低水平合作事件的比重由 1948 年的 0 波动增长到 2013 年的 66.7%。而"签署国际水条约或结成战略联盟"比重则由 1948 年的 50% 波动下降到 2013 年的 5.56%。整体来看，亚洲水塔流域高水平水合作方式不断减少，表明国家间达成协议并签署水条约的意愿逐步降低，国际水合作的约束力不断下降。

3. 以水量、水利设施建设和水电开发等议题合作为主

1948 年—2013 年，亚洲水塔流域水合作事件所属问题类型较多，多个主要问题类型占比构成相对较为均衡。其中，水量问题、水利设施建设问题、水电开发问题和流域的联合管理问题，是水合作的主要焦点，也是流域跨境水冲突的主要领域。其中，水量问题领域的合作事件数量最多（156 起）、占比最大（27.27%），其次为水利设施建设、水电开发、联合管理问题领域。上述四种类型的水合作比重超过 3/4，是亚洲水塔流域跨境水合作事件的主要关切（表 8-3）。除了中南半岛外，南亚次大陆、中亚大湖区等地区大部分属于水资源压力较高的地区，因此水量问题始终是国家间开展水合作的优先事项，其次是围绕涉及水资源控制权的大坝和水电站等水利设施建设问题。

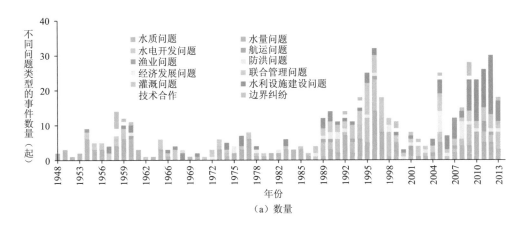

（a）数量

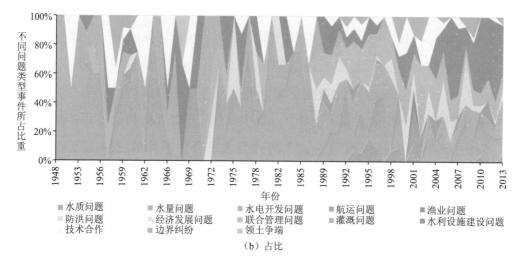

图 8-3　亚洲水塔流域水合作事件问题领域的构成演化（1948 年—2013 年）

1948 年—2013 年，亚洲水塔流域水利设施建设、水电开发、联合管理三种领域的水合作事件数量和所占比重均有所增长。水量问题事件数量基本保持稳定但比重明显下降（图 8-3）。水合作议题由单一的水量问题领域占主导地位，向水利设施建设、水电开发、水量、联合管理四大问题领域相对均衡的方向转变。具体而言，水利设施建设、水电开发、联合管理三种问题领域的水合作事件数量分别由第一阶段的 19 起、20 起和 9 起，增长到第二阶段的 91 起、69 起和 69 起（图 8-3（a）），其所占比重分别由第一阶段的 11.11%、11.7% 和 5.26%，演化为第二阶段的 22.69%、17.21% 和 17.21%；而水量问题领域的水合作事件由第一阶段的 77 起，增加到第二阶段的 79 起，但所占比重却由第一阶段的 45.03% 骤降到第二阶段的 19.7%（图 8-3（b））。可以看出，四种领域的水合作事件数量均有明显增长，但构成比重已发生实质性变化：水量领域的水合作比重大幅下降，而水利设施建设、水电开发、联合管理三大领域则大幅增长。

总之，亚洲水塔流域跨境水合作事件的问题类型构成以水量、水利设施建设、水电开发、联合管理等领域为主（表 8-3）。水量问题领域的水合作保持基本稳定，其他三种问题类型的水合作事件数量都有较为明显的增长，其水合作事件比重也在第二阶段增长显著，而水量问题的水合作比重显著下降（图 8-3）。

表 8-3　亚洲水塔流域跨境水合作事件的问题类型构成（1948 年—2013 年）

事件问题类型	事件数量（起）	所占比重（%）
水质问题	14	2.45
水量问题	156	27.27
水电开发问题	89	15.56
航运问题	14	2.45
渔业问题	1	0.17
防洪问题	23	4.02
经济发展问题	13	2.27
联合管理问题	78	13.64
灌溉问题	16	2.80
水利设施建设问题	110	19.23
技术合作	37	6.47
边界纠纷	20	3.50
领土争端	1	0.17

（二）各流域演化特征

1. 区域水合作进程由主要流域相对均衡推动

1948 年—2013 年，亚洲水塔流域共发生 572 起跨境水合作事件，涉及全部 13 个流域（表 8-4），与水冲突趋势一致。南亚次大陆、中南半岛、中亚大湖区水合作事件数量较多、占比较大（表 8-4；图 8-4），是联合驱动亚洲水塔流域水合作演化的主导力量。

亚洲水塔流域水冲突主要受南亚次大陆两大流域驱动。与之不同的是，亚洲水塔流域水合作则受到恒河-布拉马普特拉河-梅格纳河流域、澜沧江-湄公河流域、印度河流域与咸海流域等多个流域联合驱动，覆盖南亚次大陆、中南半岛、中亚大湖区等主要地区。上述流域共同决定了亚洲水塔流域水合作事件的演化走势，尤其是澜沧江-湄公河流域与咸海流域。这两个流域的水冲突数量较小，但水合作数量较多，属于低冲突-高合作的流域类型；而印度河流域作为整个亚洲水塔流域地区水冲突最多的流域，水合作数量却并不多，且主要集中在第一阶段 20 世纪 70 年代之前，此后水合作规模持续较小，属于高冲突-低合作

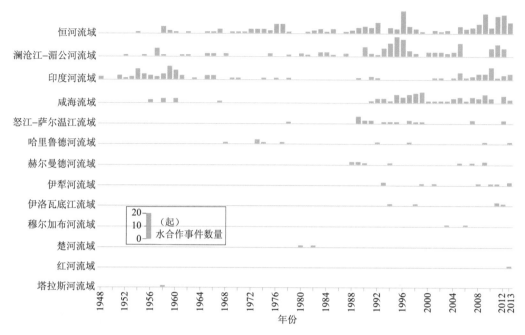

图 8-4 亚洲水塔流域水合作事件的时序演化（1948 年—2013 年）

表 8-4 亚洲水塔流域跨境水合作事件统计结果（1948 年—2013 年）

流域	水合作事件数量（起）	所占比重（%）
恒河-布拉马普特拉河-梅格纳河流域	189	33.04
澜沧江-湄公河流域	137	23.95
印度河流域	101	17.66
咸海流域	84	14.69
怒江-萨尔温江流域	21	3.67
哈里鲁德河流域	10	1.75
赫尔曼德河流域	10	1.75
伊犁河流域	9	1.57
伊洛瓦底江流域	5	0.87
穆尔加布河流域	2	0.35
楚河流域	2	0.35
红河流域	1	0.17
塔拉斯河流域	1	0.17

的流域类型。恒河-布拉马普特拉河-梅格纳河流域的水冲突与水合作事件数量均较大，属于水冲突-水合作关系较为均衡的流域。其他流域的水合作事件大部分发生在第二阶段，与水冲突走势基本一致。

在第一阶段，印度河流域的水合作强度较大，且变化趋势与整个流域表现出较高的一致性，表明第一阶段亚洲水塔流域水合作主要受印度河流域推动。但在第二阶段，印度河流域水合作数量明显下降，恒河-布拉马普特拉河-梅格纳河流域、澜沧江-湄公河流域、咸海流域三者水合作规模增长迅猛，其变化趋势与整体表现出高度的一致性，是驱动第二阶段整个流域水合作演化的三大动力源。由于其他流域水合作数量较少，且大都发生于第二阶段，因此其时序变化呈现出明显的阶段性和不连续性特征。印度河流域水合作强度显著下降，表明印度河流域内的印度-巴基斯坦之间的水政治关系趋向紧张，导致水冲突事件频发，表现出典型的高冲突-低合作特征。而其他流域大部分国家之间朝着水合作强度大于水冲突的良性趋势发展。

2. 流域水合作程度构成差异显著，且高水平合作主要发生在第一阶段

与整体水合作强度结构有所区别的是，不同流域的水合作事件程度构成呈现出较为显著的区域差异性（图 8-5）。1948 年—2013 年，各流域水合作事件的程度构成大体可以分为低水平合作主导型流域、中高水平合作主导型流域两大类。

（1）以低水平合作事件为主的流域。主要包括恒河-布拉马普特拉河-梅格纳河流域、怒江-萨尔温江流域、哈里鲁德河流域、赫尔曼德河流域、伊洛瓦底江流域等。水合作事件主要方式为合作水平较低的"微小官方交流或政策表达""官方对目标和价值观的口头支持"，而"签署国际水条约或结成战略联盟"等高水平合作事件比重较小。

（2）以中高水平合作事件为主的流域。主要包括澜沧江-湄公河流域、印度河流域、咸海流域、伊犁河流域等，水合作事件以"达成文化或科学协议（非战略性）""达成经济、科技或产业协议""签署国际水条约或结成战略联盟"等高水平合作为主，低水平合作事件占比较低。且大部分流域的高水平合作事件，主要发生在第一阶段，尤其是印度河流域；而大部分流域的低水平合作事件则发生在第二阶段。

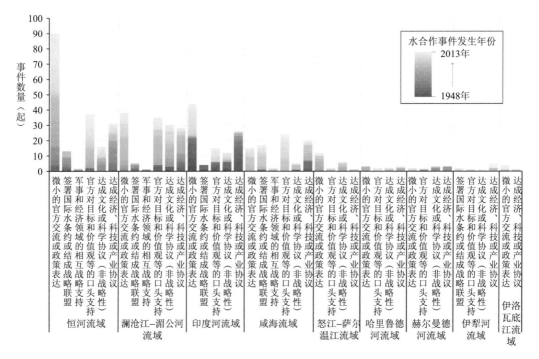

图 8-5　亚洲水塔流域水合作事件程度演化（1948 年—2013 年）

3. 流域水合作的问题类型构成差异明显

与总体问题类型构成相似，各流域水合作事件议题也以水量、水利设施建设、水电开发和联合管理等问题领域为主，但各流域之间的问题类型构成具有显著差异（图 8-6）。1948 年—2013 年，发生水合作事件的亚洲水塔流域总体上可以分为以下三种议题类型。

（1）以水量问题和水利设施建设问题为主要合作领域的流域。包括印度河流域、恒河-布拉马普特拉河-梅格纳河流域和赫尔曼德河流域。水资源压力普遍较大，对水资源的分配和控制权的争夺较为突出，合作领域集中在水量分配和大坝建设等领域。

（2）兼顾联合管理、水利设施建设、水电开发、水量等多种议题领域的流域。包括澜沧江-湄公河流域、咸海流域、伊犁河流域等。流经的国家数量较多，属于牵涉多方水资源利益的类型，因此水合作领域除了联合管理议程较多之外，其他领域的合作也较为多元化。

（3）以水电开发和水利设施建设为主要合作领域的流域。包括怒江-萨尔温

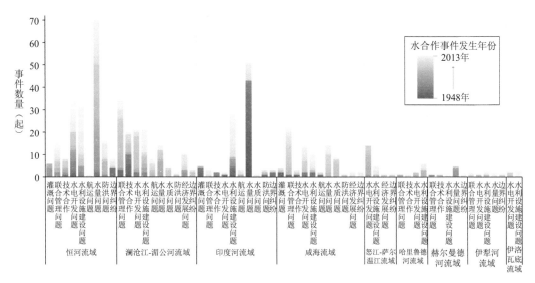

图 8-6 亚洲水塔流域水合作事件问题领域演化（1948 年—2013 年）

江流域、伊洛瓦底江流域以及哈里鲁德河流域。尤其是怒江-萨尔温江流域和伊洛瓦底江流域水资源相对丰富，基本不存在水量的争端，但受能源开发驱动，水合作主要集中在水电开发方面。

三、亚洲水塔流域跨境水合作关系的时序演化

（一）跨境水合作规模分布呈显著的“马太效应”

亚洲水塔流域跨境水合作关系与水合作事件的分布呈现出高度一致的特点。从国家间水合作的规模来看，表现出较为显著的高集聚性和无标度性分布特征（图 8-7），国家间的水合作关系高度集中在中南半岛的印度-孟加拉国、印度-巴基斯坦，中南半岛的老挝-泰国、缅甸-泰国、老挝-越南、中国-泰国、中国-老挝、老挝-柬埔寨，以及中亚大湖区的吉尔吉斯斯坦-乌兹别克斯坦、吉尔吉斯斯坦-哈萨克斯坦等国家之间。第一阶段水合作主要集中在印度-巴基斯坦（40次，占比为 13.65%）、印度-孟加拉国（23 次，占比为 7.85%）、老挝-越南（22 次，占比为 7.5%）、老挝-泰国（17 次，占比为 5.8%）等国家之间。第二阶段，随着高水合作规模的国家数量增多，整体等级规模分布相较第一阶段略均衡，但仍具有较明显的幂律分布和无标度性分布特征。

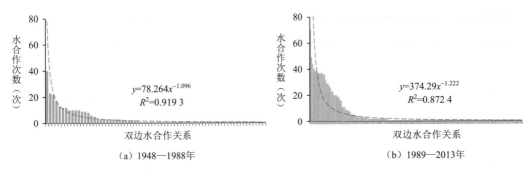

图8-7 亚洲水塔流域国家水合作关系演化（1948年—2013年）

（二）高强度合作的国家数量不断增多

从第一阶段到第二阶段，国家间水合作规模由高度集中于印度-巴基斯坦、印度-孟加拉国、老挝-越南、老挝-泰国等几个国家，向其他流域广泛扩散，普遍发生于南亚次大陆、中南半岛、中亚大湖区等地区，以印度-孟加拉国、印度-巴基斯坦、老挝-泰国、缅甸-泰国、老挝-越南、中国-泰国、中国-老挝、老挝-柬埔寨、吉尔吉斯斯坦-乌兹别克斯坦、吉尔吉斯斯坦-哈萨克斯坦等水合作关系为代表。不仅发生水合作的国家数量显著增多，且发生水合作次数的平均规模也日渐增加，合作次数超过10次的国家关系对由第一阶段的11对，增长到第二阶段的30对。流域内国家间跨境水合作趋于普遍化日渐形成共识。流域国家命运共同体建设具备较良好的双边合作基础。

第二节　亚洲水塔流域跨境水合作的空间演变

1948年—2013年，亚洲水塔流域发生的572起跨境水合作事件广泛分布于恒河-布拉马普特拉河-梅格纳河流域、澜沧江-湄公河流域、印度河流域、咸海流域、怒江-萨尔温江流域等13个流域，其密度总体上呈南亚次大陆＞中南半岛＞中亚大湖区的位序分布特征，与水冲突的分布特征总体一致。水利设施建设和水电开发领域的合作广泛分布于整个流域，而水量问题领域的水合作主要集中于水资源压力较高的南亚次大陆和中亚大湖区地区。除印度河流域外，其他流域水合作规模均显著增长，恒河-布拉马普特拉河-梅格纳河流域和澜沧江-湄公河流域成为两大水合作热点地带。域内水合作关系网络形成了以中国等国家为代表的多枢纽—网络结构，并且保持相对均衡的合作关系。此外，域外国家/国际组织间的水合作关系也是整个流域水合作网络的重要组成部分，其能级和位势逐渐上升。

一、亚洲水塔流域跨境水合作事件的空间演变

（一）跨境水合作主要分布于南亚次大陆和中南半岛的国际流域

1948 年—2013 年，亚洲水塔流域水合作主要分布于南亚次大陆的恒河-布拉马普特拉河-梅格纳河流域（189 起，占比为 33.04％）和中南半岛的澜沧江-湄公河流域（137 起，23.95％）。两个流域占比接近 57％。此外，印度河流域和咸海流域也是水合作较多的流域（图 8-8）。与流域水冲突分布特征总体一致，水合作关系也基本位于恒河-布拉马普特拉河-梅格纳河流域、澜沧江-湄公河流域、印度河流域、咸海流域等高冲突流域，表明地区水冲突与水合作呈现出较明显的空间共轭关系。但从水冲突-水合作的数量对应来看，二者存在一定的空间错配现象，主要表现为部分高冲突的流域水合作规模不高（如印度河流域），受民族宗教矛盾影响深远；而低冲突的流域水合作强度较大（如澜沧江-湄公河流域、咸海流域等），与流域水资源管理制度有关。

（二）高水平合作主要分布于南亚次大陆和中亚大湖区地区

1948 年—2013 年，亚洲水塔流域跨境水合作程度空间分布不均衡。高水平的水合作事件主要分布于南亚次大陆和中亚大湖区地区（图 8-8），尤其是恒河-布拉马普特拉河-梅格纳河和咸海流域；而中低合作水平的事件，在南亚次大陆、中南半岛、中亚大湖区等地区均有分布，具有空间的泛在性。进一步表明，在水资源压力较大的地区，由于水资源的稀缺性和有限性，流域上下游对水量分配的竞争也更为突出，而以协议或条约等高水平的合作形式来约束各方的水资源开发利用方式和强度是最为有效可行的方式。而在水资源相对丰富、水资源压力较小或者国家间关系本身较为紧张的地区，高水平合作的需求和动力则

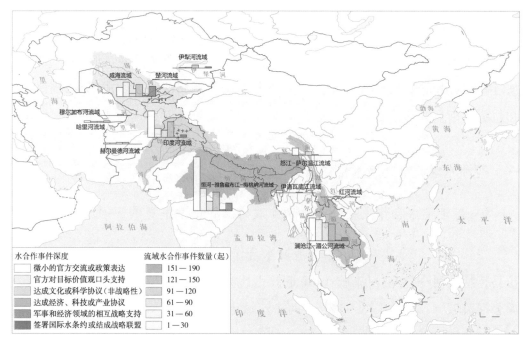

图8-8　亚洲水塔流域跨境水合作事件空间格局（1948年—2013年）

显得不足。

（三）不同问题类型的水合作分布具有显著的地域指向性

1948年—2013年，亚洲水塔流域跨境水合作事件问题类型的空间分布具有明显的地域指向性特征。不同问题类型的水合作事件具有不同的空间集聚性特点。水利设施建设和水电开发问题引发的水合作事件在空间分布上具有明显的遍在性，而水量问题引发的水合作事件则更加集聚于水资源压力较大的南亚次大陆和中亚大湖区区域（图8-9）。

具体而言，水利设施建设和水电开发引发的水合作事件在亚洲水塔流域均有广泛分布，且各个流域的水合作问题领域具有显著地域差异。其中，恒河-布拉马普特拉河-梅格纳河流域、印度河流域、赫尔曼德河流域、哈里鲁德河流域和伊犁河流域水合作议题主要集中于水量问题和水利设施建设问题，尤其是印度河流域以此议题开展的水合作事件占比接近80％。而澜沧江-湄公河流域和咸海流域的合作领域则更加多元化且均衡化，在水利设施建设、水电开发、水量

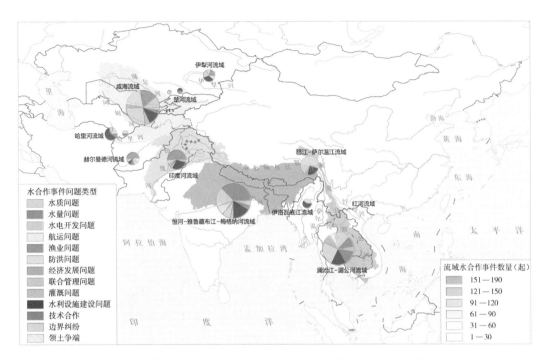

图 8-9 亚洲水塔流域跨境水合作事件的问题领域分布（1948 年—2013 年）

分配、流域联合管理等多个领域均有涉足。涉及国家数量越多的国际流域，由于上下游不同国家的利益诉求和水资源利用目的不同，其水合作的领域也更加多样化，如澜沧江-湄公河流域和咸海流域；而涉及国家数量较少的流域，水资源利用的问题类型往往更加集中和突出，因此双边合作也更加具有针对性，合作领域往往聚焦一个或两个问题领域，如印度河流域。

（四）大部分流域水合作显著增长，水合作格局不断重构

1948 年—2013 年，亚洲水塔流域水合作规模分布发生较为明显的变化（图 8-10）。不仅大部分流域的水合作数量进一步增加，而且流域间的水合作规模差异进一步凸显，其等级——规模分布格局发生转变。首位合作流域由印度河流域转变为恒河-布拉马普特拉河-梅格纳河流域。

具体而言，除了印度河流域出现水合作数量显著下降外，其他流域的水合作规模均有明显增加。作为水冲突最多的流域，印度河流域水冲突事件主要发生在第二阶段，而其水合作则集中于第一阶段，水冲突与水合作出现了明显的

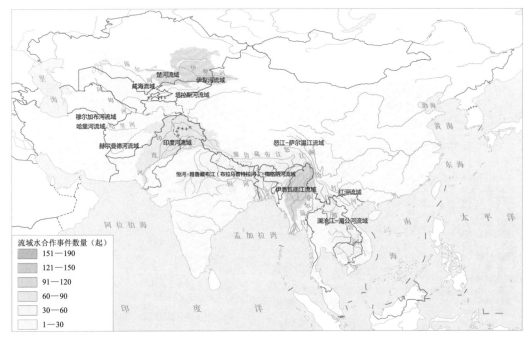

（a）第一阶段

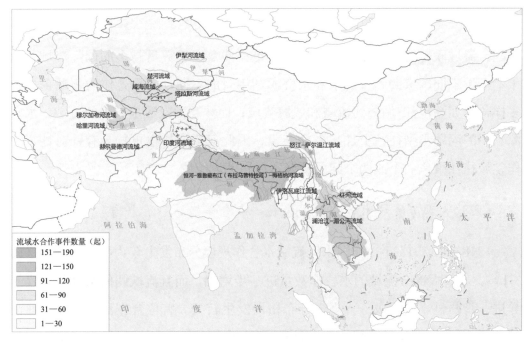

（b）第二阶段

图 8-10 亚洲水塔流域跨境水合作事件的空间分布演化（1948 年—2013 年）

时间错配现象。进一步反映出印度和巴基斯坦之间的水政治关系朝着紧张趋势发展。两个区域性大国彼此缺乏信任，水合作意愿和约束明显不足，从而形成冲突不断升级的恶性循环。而其他流域水冲突与水合作强度基本表现出较为理想的匹配关系，二者在时空演化上整体表现出较为一致的走势，甚至某些流域出现水合作规模大于水冲突的个别现象，如澜沧江-湄公河流域。

（五）水合作空间格局由集中分布向相对均衡分布转变

1948 年—2013 年，亚洲水塔流域跨境水合作事件由第一阶段的集中分布，向第二阶段相对均衡分布转变。水合作事件趋于均衡化分布于恒河-布拉马普特拉河-梅格纳河流域与澜沧江-湄公河等流域（图 8-10，表 8-5）。

表 8-5 亚洲水塔流域跨境水合作事件数量及比重演化（1948 年—2013 年）

流域	第一阶段水合作事件		第二阶段水合作事件	
	数量（起）	比重（%）	数量（起）	比重（%）
恒河-布拉马普特拉河-梅格纳河流域	57	33.33	132	32.92
澜沧江-湄公河流域	32	18.71	105	26.18
咸海流域	9	5.26	75	18.70
印度河流域	61	35.67	40	9.98
怒江-萨尔温江流域	1	0.58	20	4.99
伊犁河流域	0	0	9	2.24
哈里鲁德河流域	2	1.17	8	2.00
伊洛瓦底江流域	0	0	5	1.25
赫尔曼德河流域	6	3.51	4	1.00
楚河流域	0	0	2	0.50
塔拉斯河流域	0	0	1	0.25
穆尔加布河流域	2	1.17	0	0.00
红河流域	1	0.58	0	0.00

1948 年—1988 年，亚洲水塔流域水合作事件规模均在 70 起以下，发生水合作事件最多的印度河流域达到 61 起，占整个流域的比重达到 35.67%。其次为恒河-布拉马普特拉河-梅格纳河流域（57 起，占比为 33.33%）和澜沧江-湄公河流域（32 起，占比为 18.71%），三者占整个流域比重高达 87.72%，而其

他流域水合作事件数量均在 10 起以下。1989—2013 年，流域水合作规模普遍增加，发生水合作最多的流域由印度河流域（40 起）转变为恒河-布拉马普特拉河-梅格纳河流域（132 起），后者占比高居 32.92%，其次为澜沧江-湄公河流域（105 起）和咸海流域（75 起），前三位流域占比为 77.81%，均低于第一阶段，表明水合作的空间分布更加均衡化。

二、亚洲水塔流域跨境水合作关系的空间演变

（一）呈现多中心和相对均衡化的水合作网络格局

1948 年—2013 年，亚洲水塔流域国家间的水合作关系网络，形成了以中国、印度和诸多中南半岛国家为枢纽的多中心结构。各节点之间形成了相对均衡的水合作关系，水合作强度相对集中于中南半岛和南亚次大陆（图 8-11）。

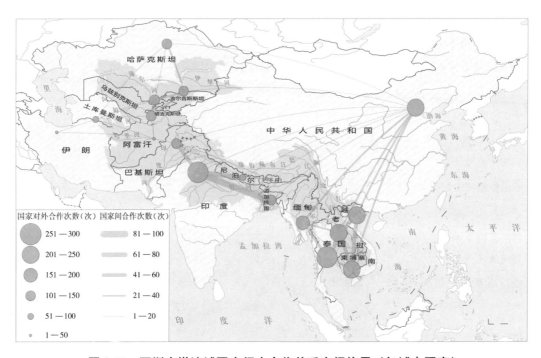

图 8-11　亚洲水塔流域国家间水合作关系空间格局（仅域内国家）

一是，国家对外合作关系规模形成了以中国、印度和中南半岛国家为核心的多中心格局。1948 年—2013 年，亚洲水塔流域内共有 18 个国家发生了对外

水合作关系。对外合作次数规模较大的国家主要有印度、泰国、老挝、中国、越南、柬埔寨等六个国家（图 8-11、表 8-6），其对外合作次数均超过 200 次，呈现出显著的多中心结构特征。由于受合作事件程度等级影响，泰国超过印度成为合作程度最高的国家，表明其对外合作事件的平均水平较高。中亚大湖区国家的水合作程度等级值普遍较高，表明中亚五国之间在水合作方面更加倾向于达成不同等级的多边和双边协议。

表 8-6 亚洲水塔流域国家对外水合作关系统计（1948 年—2013 年）

国家	对外合作次数	总合作程度等级值	平均合作程度等级值
印度	284	606	2.13
泰国	263	608	2.31
老挝	245	597	2.44
中国	218	453	2.08
越南	212	516	2.43
柬埔寨	207	502	2.43
缅甸	154	299	1.94
吉尔吉斯斯坦	143	561	3.92
孟加拉国	133	262	1.97
巴基斯坦	120	266	2.22
乌兹别克斯坦	113	407	3.60
塔吉克斯坦	110	381	3.46
哈萨克斯坦	109	320	2.94
尼泊尔	88	225	2.56
土库曼斯坦	77	279	3.62
伊朗	31	63	2.03
阿富汗	31	103	3.32
不丹	29	54	1.86

二是，国家间合作关系规模形成了多对合作规模较大的双边关系。1948 年—2013 年，亚洲水塔流域国家间的水合作关系规模与程度表现出相对均衡的空间分布特征（图 8-11、表 8-7）。合作次数超过 100 次的国家关系对有 1 个，超过 50 次的有 3 个，超过 40 次的有 7 个，整体表现出较好的层次性与均衡性特

征。相对而言，南亚次大陆地区的印度-孟加拉国、印度-巴基斯坦，中南半岛的泰国-老挝、越南-老挝、越南-柬埔寨水合作强度和程度较大。

表 8-7　亚洲水塔流域主要国家间水合作关系统计（1948 年—2013 年）

国家间合作关系	国家间合作次数	总合作程度等级值	平均合作程度等级值
印度—孟加拉国	100	206	2.06
巴基斯坦—印度	69	155	2.25
泰国—老挝	66	166	2.52
越南—老挝	60	161	2.68
越南—柬埔寨	49	123	2.51
尼泊尔—印度	48	131	2.73
老挝—柬埔寨	47	115	2.45
越南—泰国	47	116	2.47
泰国—柬埔寨	46	113	2.46
泰国—缅甸	44	90	2.05
乌兹别克斯坦—吉尔吉斯斯坦	40	171	4.28
吉尔吉斯斯坦—哈萨克斯坦	39	139	3.56
泰国—中国	37	76	2.05
塔吉克斯坦—吉尔吉斯斯坦	32	127	3.97
缅甸—中国	30	59	1.97
老挝—中国	29	63	2.17
柬埔寨—中国	26	52	2.00
乌兹别克斯坦—塔吉克斯坦	26	90	3.46
越南—中国	24	49	2.04
缅甸—老挝	23	48	2.09

注：主要国家指合作次数大于 20 的国家。

（二）国家间水合作关系规模和覆盖范围不断拓展

1948 年—2013 年，亚洲水塔流域多中心和均衡化合作关系网络格局保持稳定（图 8-12）。各个主要的水合作国家水合作规模普遍增加，多中心特征持续加强。相较第一阶段，第二阶段水合作关系网络呈现明显扩展，但总体态势保持一致，遵循典型的"路径依赖"和"地方锁定"。

从水合作规模的国际分布来看，1948年—1988年，亚洲水塔流域共有15个国家产生了对外水合作关系（图8-12（a），表8-8），包括印度（22.36%）、巴基斯坦（13.76%）、老挝（11.83%）、越南（10.97%）、柬埔寨（9.89%）、泰国（8.82%）、中国（3.44%）等国家。这一阶段，印度的中心地位相对较为突出，也是印度河流域印度-巴基斯坦水合作的主要时期。1989年—2013年，各主要国家的对外合作规模普遍增加，且排名发生变化，对外合作规模最大的国家分别是泰国（12%）、中国（10.92%）、老挝（10.27%）、印度（9.73%）、柬埔寨（8.7%）、越南（8.7%）、缅甸（8.27%）等，相较第一阶段，印度的主导地位显著下降，取而代之的是澜沧江-湄公河流域相关国家。

从水合作网络的双边关系来看，随着时间的推移，亚洲水塔流域国家间水合作关系网络在保持总体格局相对稳定的同时，出现进一步强化和扩张。第一阶段发生水合作的国家关系对是18对，而第二阶段是46对，增长了155.6%。各国之间的水合作总次数由第一阶段的179次，增加到第二阶段的953次，增长了432.4%。

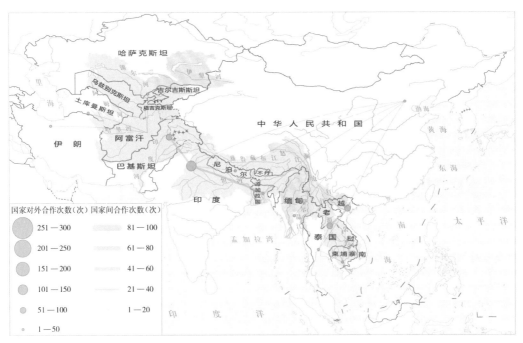

（a）第一阶段

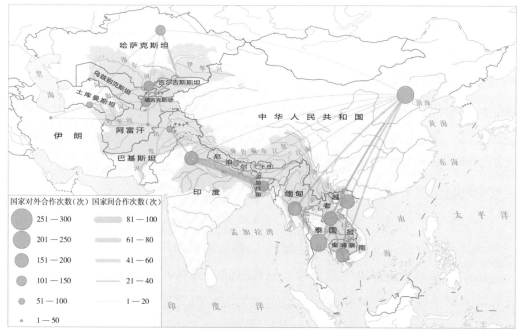

（b）第二阶段

图 8-12 亚洲水塔流域国家间水合作关系网络格局演变（仅域内国家）（1948 年—2013 年）

表 8-8 亚洲水塔流域国家对外水合作关系规模演化（1948 年—2013 年）

国家	第一阶段		第二阶段	
	对外合作次数	所占比重（%）	对外合作次数	所占比重（%）
泰国	41	8.82	222	12.00
中国	16	3.44	202	10.92
老挝	55	11.83	190	10.27
印度	104	22.37	180	9.73
柬埔寨	46	9.89	161	8.70
越南	51	10.97	161	8.70
缅甸	1	0.22	153	8.27
乌兹别克斯坦	1	0.22	112	6.05
塔吉克斯坦	1	0.22	109	5.89
孟加拉国	31	6.67	102	5.51
土库曼斯坦	1	0.22	76	4.11
尼泊尔	26	5.59	62	3.35

续表

国家	第一阶段		第二阶段	
	对外合作次数	所占比重（%）	对外合作次数	所占比重（%）
巴基斯坦	64	13.76	56	3.03
不丹	0	0.00	29	1.57
伊朗	8	1.72	23	1.24
阿富汗	19	4.09	12	0.65

（三）域外国家及国际组织不断介入流域水合作网络

1948 年—2013 年，在亚洲水塔流域跨境水合作关系网络中，域外国家和国际组织等第三方占有重要地位（图 8-13）。尤其是美国、俄罗斯、法国、德国等世界大国，以及联合国、世界银行、世界自然基金会、亚洲开发银行、欧盟、东盟等国际组织或实体，在流域水合作关系中扮演重要角色。进一步表明，受国际无政府状态影响，跨境水冲突的解决往往超出冲突当事国之间的协调和应对能力，需要域外第三方国家或组织在其中扮演调停人或者裁判者角色。

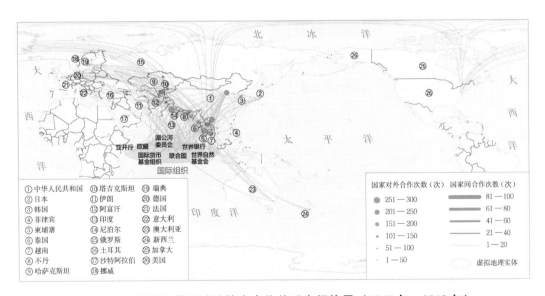

图 8-13　亚洲水塔流域跨境水合作关系空间格局（1948 年—2013 年）

1948 年—2013 年，亚洲水塔流域跨境水合作涉及的域外国家共 18 个，总合作次数达到 149 次，主要以俄罗斯、美国、日本等世界强国为主。其中，参与水合作的域外国家包括俄罗斯（36 次）、美国（32 次）、日本（12 次）、韩国（10 次）、英国（10 次）、加拿大（8 次）、澳大利亚（7 次）、法国（7 次）、德国（6 次）、土耳其（5 次）、荷兰（3 次）、新西兰（3 次）、挪威（2 次）、瑞典（2 次）、菲律宾（2 次）、意大利（2 次）、丹麦（1 次）和沙特阿拉伯（1 次）。涉及的国际组织或实体 9 个，合作次数达到 129 次，以全球性国际组织为主，地区性国际组织或实体也扮演着重要角色。分别是世界银行（30 次）、联合国（27 次）、世界自然基金会（22 次）、亚洲开发银行（12 次）、湄公河委员会（10 次）、东盟（7 次）、欧盟（5 次）、国际货币基金组织（5 次）和其他国际组织（11 次）。

（四）域外国家及国际组织在流域水合作网络中的位势不断提升

1948 年—2013 年，域外国家或国际组织参与亚洲水塔流域跨境水合作的程度不断提高，国际组织参与数量由第一阶段的世界银行和联合国 2 个增加到第二阶段的 9 个，而域外国家数量则基本保持稳定（图 8-14）。国际组织和域内国家间的合作关系由稀疏向成熟密集的关系网络演进。

具体而言，印度河流域主要涉及世界银行、英国、美国、澳大利亚等第三方。主要促成了印度和巴基斯坦双边《印度河水条约》的签署，进而对印巴水争端起到积极缓和作用。澜沧江-湄公河流域则主要由联合国、亚洲开发银行、

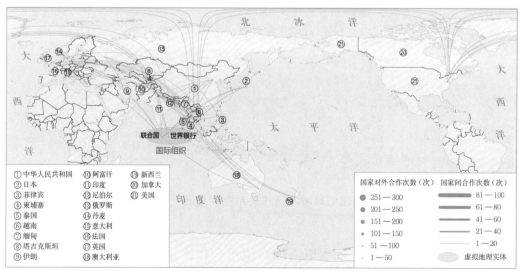

（a）1948年—1988年

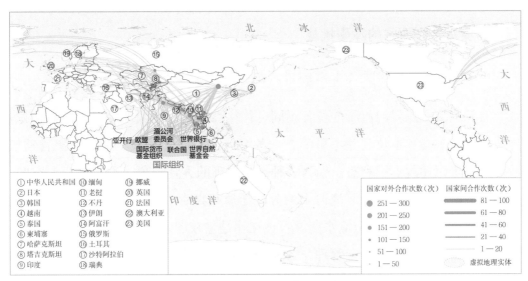

（b）1989年—2013年

图 8-14　亚洲水塔流域跨境水合作关系格局演变（含域外国家或国际组织）（1948 年—2013 年）

世界自然基金会、东盟、日本、法国、韩国、澳大利亚等国家和组织参与，涉及水电开发投资及水利设施开发的争端调解。恒河-布拉马普特拉河-梅格纳河流域的水合作，主要第三方参与者包括联合国、世界自然基金会等国际组织。咸海流域水合作则主要由俄罗斯、欧盟、国际货币基金组织、世界银行等国家和组织参与完成，其中俄罗斯扮演着重要枢纽作用。

第三节　亚洲水塔流域跨境水合作的驱动机制

与水冲突相似，跨境水合作既受自然和人文地理环境综合作用的影响，也是国际关系和地缘政治博弈的结果。国际河流的"主权"模糊性、国际无政府状态、上下游国家利益诉求差异性、流域管理机制不完善、气候变化及冰冻圈变化等因素是制约跨境水合作的关键因素。而水资源短缺、流域水文地理结构、跨境水资源重要性则是跨境水合作重要的驱动因素。

一、跨境水合作面临的障碍挑战

（一）国际无政府状态下国际河流主权认知差异性

有关国家在跨界河流所处位置不同，往往会对同一流域现象形成不同认识。国家的主权观念和本位利益不可消亡，各流域国对涉及其领土和水资源管辖权的争夺都难以超脱本国利益。作为一种水文地理的客观现象，由于水资源空间、时间的分配不均导致跨界河流河水的分配矛盾长期存在，这是引发争端的长期压力（郑晨骏，2018）。跨境水资源管理往往是主权国家在传统主权理念的指引下采取各自为政的方式进行管理，各流域国彼此间存在竞争性，没有全面考虑跨界水资源的自然属性和社会属性，没有平衡彼此关切，进而产生跨境水资源利用冲突。受流域国的政治、宗教、文化及水资源依赖程度等因素影响，流域国对跨境水资源利益也会有不同的认识，尤其是地处中亚等干旱半干旱地区的国家往往缺水严重。随着经济快速发展和人口急剧增长，加之往往缺乏跨界河流沟通与协调机制，极易产生跨界河流水资源的无序竞争利用，造成流域国家水资源利益失衡，引发跨界水冲突（张长春和樊彦芳，2020）。

（二）国家间利益诉求差异大导致水合作动力不强

亚洲水塔流域自然地理环境差异明显，国家社会经济发展水平差距较大，其跨界河流水资源开发利用目标和诉求存在显著客观差异：下游国家一般关切灌溉、防洪、航运和渔业发展，主张维持或扩大已有的水利用权益，要求共享水文信息等；而上游国家注重水力发电等（张长春和樊彦芳，2020）。在跨境河流水资源开发过程中，一旦各方利益诉求差异性考量不够，就会引起跨境流域水资源利益失衡，从而引发流域国家跨界水争端，且这种差异性导致各方水资源合作上缺乏主动性。由于流域国家多从本国利益出发开发利用跨境水资源，导致流域"整体利益"的综合考量和权衡不足，从而抑制跨界水合作动力。

（三）先占先用的博弈心理和信息不透明及不对称

亚洲水塔流域上游国家的水资源开发行为必然会引起下游国家的担忧。这种忧虑主要集中于水质退化、生态环境破坏、用水量短缺危机、水控制权丧失等。因此，在跨境河流水资源开发利用过程中容易形成先占先用的博弈心理，导致双方合作面临更大的压力（吴凤平和白雨卉，2020）。由于涉及跨界河流水资源问题的磋商具有明显的政治属性，受限于政府间的沟通，媒体无法介入报道，而国际河流争端涉及的技术性信息具有高度敏感性，导致流域国家因信息沟通不畅出现政治互信危机，引起下游国和普通民众的猜疑与误解。虽然部分流域已经建立联合委员会，但合作层次低，对国际河流的管理大都采取单方面行动，双方并未充分了解彼此的规划或用水方案。

（四）全球气候变化加重流域国家忧患意识和不信任感

全球温升和山地冰川持续退化等气候变化带来水量的不确定性，导致水资源短缺形势严峻，给亚洲水塔流域水资源可持续利用带来巨大影响。气候变化带来的水资源的不确定性，加剧了跨境水资源的脆弱性，增加了跨境水量安全的风险性。而这种风险使双方对水量安全的忧患意识增加，可能成为国际河流跨境水资源合作的阻碍（吴凤平和白雨卉，2020）。

（五）管理机构职能局限性影响水资源合作纵深推进

管理机构的职能局限性和掌控信息的不完全性，对流域管理机构提出决策方案形成了诸多制约，难以高效推进跨境水资源合作向纵深发展（吴凤平和白雨卉，2020）。目前，亚洲水塔流域大多数国际河流成立的流域管理机构仅由双方或多方各自委派的一名代表和两名副代表组成，并不能全面及时地掌握跨境水资源相关信息。此外，委员会的职能范围仅限于负责制定联合委员会工作条例和讨论层级较低的合作执行情况，对于利用和保护跨界河流有关的规范、标准、模式等缺乏非常详细的规定，这在很大程度上影响到国家间水资源合作的工作效率。

（六）跨境水资源开发利用的国际利益分配不够合理

跨界河流水资源合作开发往往比独立开发产生更多的收益，但新增的利益如何分配却面临许多问题。如何识别水合作利益的分配边界，界定水合作参与分配主体成为亚洲水塔流域跨境水合作利益分配机制的关键。通常利益相关者都有权利参与水合作利益分配，但在实际操作过程中参与分配的主要是流域国家政府。公众利益获得被忽略，且多方认识上的局限性，容易抑制国际河流流域各国参与跨境水合作的积极性（张长春和樊彦芳，2020）。

二、跨境水合作形成的驱动机制

（一）自然环境因素

1. 水资源短缺是国际河流跨境水合作的基本驱动力

水资源的匮乏往往导致流域国家之间的紧张关系，甚至导致水冲突。但水匮乏现象的出现不一定必然导致冲突。相反地，一定程度的水匮乏也会激发流域国家就国际河流的开发和管理等展开谈判与协商，促成水合作（李昕蕾，2016）。既有研究表明，水资源的短缺性是导致跨境淡水冲突的驱动因素，而且水合作与水资源短缺的关系符合倒"U"形曲线（图 8-15），即在水资源极其匮乏的一端，跨境淡水系统处于零和博弈状态，任何合作均难以达成。而在水资源极其丰富的另一端，跨境淡水系统没有必要进行任何合作行为。只有在水资源既不过度短缺也不极大丰富的中间状态，跨境淡水系统的合作才是必要且可能的（Dinar，2009）。

水资源短缺不仅仅指水量匮乏，还包含水量分配不科学、水质不达标、无法满足水电和防洪要求，以及其他环境和能源要素短缺等，属于"广义水短缺"。在广义水短缺定义下，流域会至少处于一种类型资源短缺的倒"U"形曲线的合作区间之内，如水量丰沛的跨境河流可能有谋求水电及防洪合作的需求（郭利颖等，2021）。

2. 流域水文地理结构是影响跨境水合作的重要因素

因地理位置不同，导致流域国家的经济利益诉求侧重点往往存在差异性。上下游国家的发展差异性，有利于促进上下游国家通过协商或者合作的方式来共同开发利用跨境水资源（李芳等，2020）。研究表明，流域水文地理结构对国际河流水合作模式存在显著影响：一是上下游国家若存在强不对称结构（上游或下游国家拥有明显的经济及军事优势，同时水需求很大），容易导致水霸权-

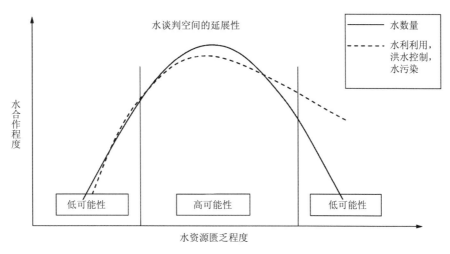

图 8-15 水资源短缺与跨境水合作的关系示意

资料来源：李昕蕾，2016。

胁迫性合作；二是上下游国家若存在对称性结构（尽管地缘上非对称，上下游国家拥有相似的水利益、军事和经济能力），则容易形成水机制-自愿性合作；三是上下游国家若存在抵补性非对称结构（上游国家有地缘优势，但在军事和经济能力上弱，而下游国家对水利用有更大的利益需求，且军事和经济上强大），容易形成水谈判-劝诱性合作（李昕蕾，2016）。

3. 水资源重要性差异是推动跨境水合作的积极因素

上下游国家往往对跨境流域水权持有不同的理论和主张，上游国强调对其境内的跨境水权享有绝对主权，而下游国往往强调上游国对其他国家应尽的义务。当流域国现状用水及未来需求用水量较大，或水资源开发利用能力较强时，则其对跨境水资源具有较大的依赖性。考虑到跨境水资源的自然流动性和整体性，增加从跨境流域中的取水量将面临诸多风险。当上游国对跨境流域的水资源依赖性增强时，为减少在跨境水资源开发利用中的阻力，维护国家安全与稳定，并掌握跨境水资源开发利用的主动权与话语权，上游国将更倾向于与下游国开展合作。当下游国对跨境水资源依赖性较大时，会很大程度地受到上游国的影响，将面临水量不足、河水污染等风险。如果上下游国家采取合作的方式共享水资源，对跨境水资源依赖性比较强的下游国，能从水合作中获得相比上游国更多的收益，从而促使下游国乐于采取"补偿"的方式促成合作，成为流域合作的积极推动者（李芳等，2020）。

（二）社会政治因素

1. 流域非对称性权力结构是实现跨境水合作的重要致因

在以谈判为主要形式的水合作中，流域非对称性权力结构的存在显得尤为重要。在水谈判中，流域水文位置也是一个重要的资源性权力。上游国家能从地缘优势中获得更多的支配性权力。当下游国家是流域强国时合作容易发生，而若上游国家是流域强国，则难以合作。此外，谈判权力同样可以决定流域国家之间的互动机制，可以运用谈判技巧将权力资源转化为谈判桌上施加影响的能力。在权力非对称环境下水谈判成功的关键是进行议题联系以及副支付战略。所谓议题联系是指国家在谈判中通过把不相关的问题附加到谈判议程中来（如领土或贸易问题），以确保其谈判优势，或设法使对议题不满意的国家在其有所期待的领域消除它们的不满。所谓副支付是指当一国能比其他国家从水合作中获得更多收益时，为了促成合作，该国可能利用自身其他方面的资源优势，对其他参与方予以"补偿"或"奖励"（李昕蕾，2016）。

2. 流域制度能力与弹性机制是跨境水合作的重要保障

跨境水冲突的发生与流域制度能力建设和机构管理水平联系密切。制度能力水平较高的流域，大量冲突事件还处于轻微水平时就已经被良好的合作推动因素消弭（郭利颖等，2021）。主要包括三个层面：协调能力，主要是信息的交流与共享；协作能力，涉及条约、机制、行为规则的建立；联合行动能力，主要是协商设立共同的常设性管理机构或组织（朴键一、李志斐，2013）。

当极端天气事件发生时，上下游流域国家的非对称结构会恶化流域国家间的紧张对立局势，而弹性治理机制可以相对缓和这种危机局势（Peter，2010）。主要包括四个方面：一是灵活性水分配机制，包括咨询及优先使用等灵活性分配条款；二是可变性管理机制，即为应对一些气候极端现象或者其他紧急情况而设立的各国紧急磋商机制；三是冲突解决机制，即基于第三方介入或仲裁的冲突解决机制；四是整体性流域组织机制，为流域国的谈判和协商提供一种弹性治理平台，并监督水条约的执行（李昕蕾，2016）。

3. 以签署水条约为目标的积极水外交政策是水合作的关键支撑

虽然水条约不一定能阻止流域国家之间的水争执，但水条约的存在有助于将不满情绪转化为流域国之间的谈判或协商，而不是轻易诉诸武力威慑。条约成功签署的条件包括：一是水合作受关注度不断提升并进入重要政治议程；二是水协议具有足够的灵活性和弹性；三是正视上下游各国的水利益，且借助第三方组织帮助。而影响流域国家水合作态度的水外交因素包括：国际形象（对于国家形象和信誉的考虑）、国际法（遵守已建立的法律规则）、议题连接（水条约签署议题同其他可能让步妥协议题的联系）、互惠（对相互承诺和义务的期望）（李昕蕾，2016）。

三、跨境水合作运营的典型案例

（一）澜沧江–湄公河流域水合作

澜沧江–湄公河纵贯中国及中南半岛五个国家。每个国家所占湄公河流域面积及流量极不均匀。中国地处流域上游，拥有水量仅占总量的16%，所占流域面积排名第三；老挝则远远超过中国，位居六国之首；泰国和柬埔寨在水流量上也超过中国，所占流域面积与中国不相上下（张励，2014）。近年来，中国与流域内下游国家之间开展了一系列跨界水资源合作，主要围绕航运开发、水电项目建设以及流域管理合作展开。

1. 航运开发合作

2000年，中缅老泰四国签署了《澜沧江–湄公河商船通航协定》，2001年澜沧江–湄公河国际航道正式通航。2011年"10·5"湄公河惨案发生后，中缅老泰四国针对湄公河流域严峻的安全形势，共同建立了《执法安全合作机制》。

2. 水电开发合作

相比航运多边合作，水电开发多在双边合作框架下展开。一是，中国与老挝围绕水电开发领域开展了密切合作。中国企业承建了老挝超过半数的新规划水电项目（郝健荣，2018）。2006年8月，中国南方电网公司和老挝签署合作备忘录，以BOT（建设-经营-转让）方式投资建设南塔河1号水电站；2010年8月，中国水利电力对外公司与老挝政府签署南耶河2号水电站项目开发协议；

2012 年 12 月，中国水利水电建设股份有限公司承建了湄公河干流栋沙宏水电站。这些水电项目相继建成投产发电，结束了老挝北部电网孤网运行的历史，为老挝经济发展提供有力支撑。

二是，中泰水电开发合作主要表现为两国在泰国联合开发电力及向泰国送电。1993 年，云南省电力局与泰国政府签署了《关于开发水电资源向泰国送电的会议记录》；1998 年中泰签署《关于泰国从中华人民共和国购电的谅解备忘录》，约定泰国从 2017 年起从中国境内电站购买 3 300 兆瓦电力。

三是，中柬两国水电开发领域的合作也成果丰硕。中国电力公司相继承建了柬埔寨境内的一大批水电建设项目和输变电工程，极大程度地缓解了柬埔寨用电不足的问题。

3. 流域管理合作

此外，中国与湄公河委员会开展了部分流域管理合作。1996 年，中国和缅甸成为湄公河委员的对话伙伴国。2002 年，中国与湄公河委员会签署了《关于中国水利部向湄委会秘书处提供澜沧江-湄公河汛期水文资料的协议》。2008 年，中国与湄公河委员会续签了该协议。2010 年，中国开始向湄公河委员会提供位于中国境内的允景洪、曼安水文站特枯情况下的旱季水文资料。2014 年 4 月，中国出席湄公河委员会第二届峰会，并提出愿在水电开发、防灾减灾、应对气候变化等领域进一步与其加强合作。2014 年 11 月，在中国-东盟领导人会议上，中国政府首次提出并倡议建立澜沧江-湄公河合作机制，得到与会国家的大力支持和响应。澜湄国家秘书处、澜湄水资源合作中心、澜湄流域安全执法合作中心、澜湄合作环保合作中心等相继成立（郝健荣，2018）。2018 年 1 月，澜湄合作第二次领导人会议在柬埔寨金边举行，发表了《澜沧江-湄公河合作五年行动计划（2018—2022）》和《金边宣言》。中国政府提出了搭建"3＋5＋X合作框架"。

（二）咸海流域水合作

咸海流域位于亚欧大陆中心，主要属于干旱、半干旱地区，覆盖中亚大湖区两大内陆河水系-阿姆河与锡尔河，涉及中亚五国，辐射阿富汗及伊朗，水资源分布显著不均衡，决定了流域上下游国家间水资源的高度依存（田向荣等，

2017）。其中，上游吉尔吉斯斯坦和塔吉克斯坦两国水资源量占总量的 80.4%。为缓解水资源矛盾，苏联时期制定了由其主导的加盟共和国间水资源和能源资源相互补偿的机制。苏联解体和中亚各国独立后，流域内阿姆河和锡尔河均成为跨界河流。由于缺乏超国家的协调机构，国家之间关于跨界水资源利用的矛盾和争端开始凸显，流域跨界水合作也经历了持续波动。

1. 流域跨界水合作现状

（1）锡尔河水合作

根据流域国之间签署的跨界水合作条约，大致可划分为三个阶段——独立后混沌期/磨合期（1991 年—1997 年）、合作蜜月期（1998 年—2003 年）和龃龉再现期（2004 年至今）（田向荣等，2017）。

①独立后混沌期/磨合期（1991 年—1997 年）。咸海流域各国均处于刚刚独立或正在争取独立期，为保证独立后各国经济社会发展用水，避免跨界水资源分配可能引发的矛盾和冲突，中亚五国经过多轮的谈判，最终通过了《中亚各共和国和哈萨克斯坦水利经济组织领导人宣言》（简称《塔什干宣言》）。其核心思想是遵循苏联时期制定的锡尔河和阿姆河水量分配定额和比例。1992 年和1993 年签署了《关于共同管理国家间水源的水资源利用和保护的合作协定》和《关于处理咸海及其周边地区危机、改善环境并保证咸海地区社会和经济发展联合行动的协定》，并根据协定成立了咸海流域危机国家间理事会（后改名"咸海问题中亚国家元首理事会"），为中亚跨界水合作奠定了完整的组织架构。经历独立阵痛期后，中亚各国开始重新审视咸海流域的水量分配方案。1996 年 5月，吉、哈、乌三国元首发表联合声明，要求制定新的水资源分配战略，用经济方法解决水资源和电力资源的利用问题。

②合作蜜月期（1998 年—2003 年）。1998 年，锡尔河沿岸国家达成了《关于利用锡尔河流域水和能源资源的协定》（以下简称《锡尔河协定》），有效期5 年，主要目标是确保商定的水利工程设施、纳伦-锡尔河梯级水库和灌溉下泄水量的运行制度，涉及内容包括泄流量核定、电力生产与输送、能源损失补偿水能互换机制等。根据《锡尔河协定》，1998 年—2003 年，吉塔乌哈四国签署了一系列的双边水能互换年度协定，进一步细化了每年灌溉期上游水库的调度过程，明确了上游国向下游国输送电力、下游国家能源补偿的数量及交付期限。

③龃龉再现期（2004年至今）。2004年《锡尔河协定》到期后，并未延长有效期，协定失效之后，取而代之的是乌、哈各自与吉、塔签署的跨界水分配双边条约。由于缺少流域性水量分配指导性文件，双边条约缺乏约束机制，加之上下游国家互信不足，导致锡尔河水量分配一直争议不断。随着2009年乌兹别克斯坦退出中亚统一电网，宣告锡尔河水能互换机制彻底崩溃。

（2）阿姆河水合作

阿姆河除流经吉尔吉斯斯坦、塔吉克斯坦、土库曼斯坦、乌兹别克斯坦四个中亚大湖区国家外，还包括上游的阿富汗和伊朗。苏联时期，与阿富汗和伊朗均开展了多次跨界水合作。1946年，苏联与阿富汗签署了《关于跨界河流水资源利用的特定协定》。根据协定，两国成立了跨界河流联合委员会，并允许阿富汗使用阿姆河一级支流喷赤河90亿立方米的水量。1958年6月，双方签署《关于在边境地区综合利用阿姆河水资源联合工作的议定书》，同意联合开发利用阿姆河界河段-喷赤河水资源。1989年，苏联与伊朗就捷詹河（每年从伊朗流入土库曼斯坦10.7亿立方米水资源）及其他12条跨界河流的合作签署了议定书，决定在捷詹河界河段共建一座水库。中亚国家独立后，1996年乌、土两国签署了《关于水资源管理问题合作的协定》，规定克尔基以下河段两国平均分配阿姆河水资源。2004年，土库曼斯坦和伊朗重启了捷詹河界河段杜斯蒂水库（即"友谊大坝"）的建设，工程于2012年完工。水库蓄水由伊、土两国平均分配。

2. 流域跨境水合作经验

尽管咸海流域国家之间矛盾和纠纷不断，但除极少数年份外，跨界水合作尤其是两河的水量分配基本得到了有效执行（田向荣等，2017）。

（1）由综合国力决定水量分配结果。咸海流域上游的吉、塔两国不论人口数量、经济规模和综合国力，都与下游三国相差甚远，因此在水量分配谈判中处于弱势地位。土、乌两国分别于2003年、2009年退出了中亚统一电力系统，不再执行苏联时期制定的跨界河流水能互换机制，但上游的吉、塔两国迫于下游国家的压力，仍须执行跨界河流的水量分配方案。

（2）完善的法律制度和管理架构为水资源合作提供保障。中亚国家独立后，为保障各国用水安全，签署了一系列的跨界水合作法律文件，为跨界河流水量分配方案的制定、水量计量和核算及利益补偿奠定了制度保障。同时，流域各国还在苏联时期建立的两个流域水利联合体的基础上成立了国家间水协调委员会及其下属机构（田向荣等，2017），明确了机构的组织架构、职责授权和经费来源，为咸海流域主要跨界河流水量分配的监督执行提供了组织保障。

（3）利益补偿机制是水量分配有效执行的动力。咸海流域水资源总量基本能够满足流域各国用水需求。两河的水资源主要矛盾在于上下游国家的用水需求时间周期的错位。下游国家希望灌溉期上游国家水库泄流；上游国家则希望多拦蓄夏季水量以满足冬季发电用水需求。当灌溉期上游水库放水所发电力超过本国消纳能力，如得不到补偿，上游国更倾向于减少泄水量，以满足本国冬季电力需求。当水能互换机制得到较好执行时，流域国家跨界水合作志势良好。

（三）恒河-布拉马普特拉河-梅格纳河流域水合作

恒河-布拉马普特拉河-梅格纳河流域涉及中国、印度、孟加拉国、尼泊尔和不丹五个国家。跨界水合作主要以中国、印度和孟加拉国为主，以中国与印度水合作最具代表性。长期以来，两国跨境水资源合作经历了从无到有、从最初的水文信息共享机制到应急事件应对机制、从关注跨境水自然灾害到重视跨境水资源开发利用。双方关注的焦点问题在于水电开发和洪水控制，在跨境水资源领域展开了一系列的互动与合作（杨珍华和李奔，2019）。

1. 水文报讯合作

该项合作最早可追溯至1954年，印度曾向中国请求提供水文信息，后因边界争端问题搁置。2001年8月，中国响应印度请求，双方开启了跨境河流水文合作第一轮对话，签署了水文信息共享和自然灾害防御协定。2002年1月，双方签署了《关于中方向印方提供雅鲁藏布江-布拉马普特拉河汛期水文资料的谅解备忘录》；同年4月，又签署了《关于中方向印方提供雅鲁藏布江-布拉马普特拉河汛期水文资料的实施方案》。2013年，双方续签了《水文报汛及执行计划的备忘录》，水文报汛时间不断增加，水文报汛的跨境河流范围不断拓展。

2. 应急水事件合作

2013年，中印双方高层领导就跨境河流、边界问题等敏感问题进行了会谈。双方共同发表了《中华人民共和国和印度共和国联合声明》，同意就现有专家级机制和水文报汛机制外，新增应急事件合作机制。

3. 跨境水专家级合作机制

2006 年 11 月，两国领导人在水资源合作方面一致同意成立专家级机制，以讨论季节洪水协调行动。2007 年 9 月，中印跨境河流专家级机制首次运行。2008 年 4 月，第二轮中印跨界河流专家机制会议在印度新德里举行，双方共同签署了"专家级工作条例"，专家级机制初步建立。2013 年，中印两国签署《关于加强跨境河流合作的谅解备忘录》，双方愿意通过专家级机制保持跨境水问题的良好沟通。该机制至今已进行了多轮对话，现已成为两国重要的跨境水事务平台。

4. 其他水合作

近年来，随着中方加大了中印跨境河流的开发利用力度，印度密切关注着中方的开发利用进展。中方重视印方在跨境河流问题上的利益关切，不断释放出善意，明确表示愿意进一步完善双方联合工作机制。2013 年，中印双方签署了《水资源高效灌溉领域加强合作的备忘录》。

（四）印度河流域水合作

印度河流域是世界上最早签订具有约束力水条约的跨界流域之一，其跨界水合作具有典型示范意义。1947 年，印巴分治分界线划定导致双方矛盾日趋激化，用水纠纷转变为国际纠纷。在世界银行的斡旋下，经过近 10 年的协商和谈判，两国最终于 1960 年 9 月签署了《印度河水条约》，就印度河分水问题达成一致意见，结束了两国印度河水资源长期纠纷（胡文俊等，2010）。

根据《印度河水条约》，双方分别任命一位专员组成了印度河常设委员会，负责研究两国政府提出需要解决的有关印度河水利用的一切问题。委员会每年至少召开一次会议，定期考察河流开发利用情况，并应一方要求进行特别的现场考察。双方每月都要交换印度河流域有关来水及用水的数据资料。每年 11 月 30 日前，印度都要向巴基斯坦提供西部河流的灌溉耕地面积。《印度河水条约》规定了分歧和争端的详细解决办法：在出现可能违反条约的事实时，先由委员会协商解决；委员会出现分歧时，请中立专家按规定的程序调查裁决；出现争端时，则通过谈判、调解或法庭仲裁来解决。

《印度河水条约》表现出较强的持久性和有效性，可谓南亚次大陆地区水条约的典范。其签署及实施中有关促进国际河流和平和公平开发利用，以及妥善解决国际纠纷的经验对开展国际河流合作及制定合作条约仍具有重要参考价值（胡文俊等，2010）。

第四节　亚洲水塔流域跨境水冲突-水合作的空间配置

亚洲水塔流域的跨境水冲突与水合作关系，整体表现出水合作强度和广度大于水冲突，呈现出大体相似的时空配置，但水冲突与水合作聚焦的问题领域并非完全一致，突出表现为水利设施建设引发的水冲突较多，但该领域合作较少、合作难度较大。除印度河流域外，其他流域基本上呈现出水合作强度大于水冲突态势。绝大部分国家间的水政治关系表现为低冲突-高合作的积极性互动，低冲突-高合作国家主要分布于澜沧江-湄公河流域。

一、跨境水冲突-水合作事件的时空耦合关系

（一）流域整体特征

1. 水合作总体大于水冲突且两者呈现出大体一致的关系走势

1948 年—2013 年，亚洲水塔流域水合作规模总体大于水冲突（图 8-16）。期间，亚洲水塔流域共发生跨境水冲突事件 301 起、水合作事件 572 起，后者是前者的 1.9 倍，表明流域内的水政治发展态势较为积极，水合作仍然主导国家间水政治关系。除了个别时段，水合作规模显著大于水冲突之外，整个流域水冲突与水合作的变化趋势大体一致，表明水冲突与水合作之间具有较好的耦合关系。一方面，水冲突的发生会驱动各国之间以合作的方式来解决争端；另一方面，水合作在某种程度上也防止了水冲突的增加和发生，二者基本上呈较强正相关关系（图 8-17）。

2. 水冲突与水合作的问题领域构成存在较为明显差异

1948 年—2013 年，亚洲水塔流域的水合作重点领域并非与水冲突完全对

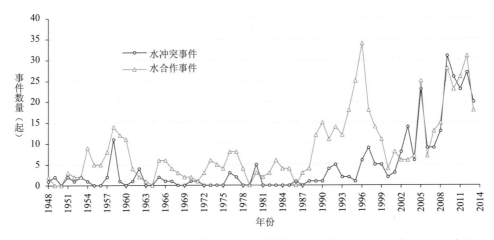

图 8-16　亚洲水塔流域跨境水冲突-合作事件耦合关系演变（1948 年—2013 年）

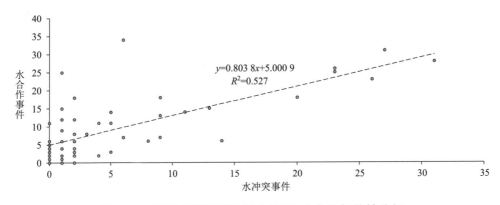

图 8-17　亚洲水塔流域跨境水冲突-水合作相关性分析

应（表 8-9）。期间，最主要的冲突事件问题类型是水利设施建设和水量问题两大类型，二者占比接近 80%。然而水合作的问题领域更加多样化，不同类型的问题领域集中度较低，主要的合作领域包括水量、水利基础设施建设、水电开发、流域共同管理、技术合作等多个方面。具体而言，因水利设施建设引发的水冲突占比达 46.51%，而该类型水合作事件仅占 19.23%，表明该类问题的水合作难度较大。此外，水量问题引发的水冲突，在合作上也存在类似特征。

表 8-9　亚洲水塔流域跨境水冲突-水合作事件问题类型构成对比（1948 年—2013 年）

事件问题类型	水冲突事件构成（％）	水合作事件构成（％）
水质问题	1	2.45
水量问题	31.56	27.27
水电开发问题	8.97	15.56
航运问题	0	2.45
渔业问题	0	0.17
防洪问题	2.66	4.02
经济发展问题	0	2.27
联合管理问题	1.33	13.64
灌溉问题	1	2.80
水利设施建设问题	46.51	19.23
技术合作	0	6.47
边界纠纷	5.65	3.50
领土争端	1.33	0.17

（二）主要流域特征

1. 印度河流域

（1）水冲突整体大于水合作，且两者的时序演进对应关系发生错位

1948 年—2013 年，印度河流域共发生 133 起水冲突事件和 101 起水合作事件，水冲突是水合作事件规模的 1.32 倍，水冲突规模略大于水合作（图 8-18）。具体而言，印度河流域水冲突事件主要发生在第二阶段，尤其是 2000 年之后。第二阶段的水冲突事件数量（113 起）是第一阶段（20 起）的 5.65 倍；而其水合作事件主要发生在第一阶段，第一阶段的水合作事件数量（61 起）是第二阶段（40 起）的 1.525 倍。不难看出，印度河流域的水冲突与水合作时序演化呈现出明显的时间错位，导致印度河流域的水政治关系呈现高冲突-低合作的消极互动特征。

（2）水冲突与水合作的问题领域分布存在显著差异

1948 年—2013 年，印度河流域水冲突事件的问题领域集中在水利设施建设和水量问题两大类型。其中水利设施建设引发的冲突占比达到 56.4％，但印度河流域水合作主要集中在水量领域，其水利设施建设领域的水合作规模并不大，

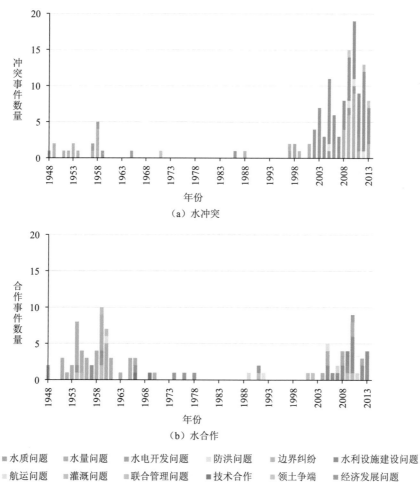

图 8-18 印度河流域水冲突-水合作事件的构成演化（1948 年—2013 年）

水合作事件占比仅为 27.7％。水冲突与水合作在问题领域分布出现显著不匹配，表明印度河流域在水利设施开发建设方面水合作动力较弱，此类冲突解决难度较大。

2. 恒河-布拉马普特拉河-梅格纳河流域

（1）水合作整体大于水冲突，且两者的时序演进对应关系基本一致

1948 年—2013 年，恒河-布拉马普特拉河-梅格纳河流域共发生 93 起水冲突事件和 188 起水合作事件。水合作事件规模是水冲突事件的 2.02 倍（图 8-19）。时序变化上，恒河-布拉马普特拉河-梅格纳河流域水冲突事件在第一和第二阶段均有发生，但主要发生在第二阶段；而其水合作事件也表现出类似特征，

且第二阶段的水合作规模大于第一阶段。整体来看，恒河-布拉马普特拉河-梅格纳河流域的水冲突与水合作时序演化趋势总体一致，水冲突与水合作均呈现出波动增长的趋势。

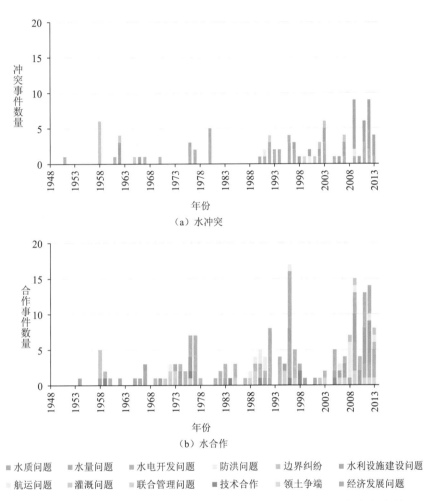

图 8-19 恒河-布拉马普特拉河-梅格纳河流域的水冲突-水合作事件
构成演化（1948 年—2013 年）

（2）水冲突与水合作的问题领域分布结构基本匹配

1948 年—2013 年，恒河-布拉马普特拉河-梅格纳河流域水冲突事件的问题领域集中在水量问题、水利设施建设问题两大类型。二者占比分别为 44.1％和 36.6％。水合作事件的问题领域分布特征也大体相似，但略微表现出多元化特征，主要的合作领域为水量、水利设施建设和水电开发等，其中水量问题领域的合作占据主导地位（37.23％），其次为水电开发（17.55％）和水利设施建设（16.49％）领域。总体来看，恒河-布拉马普特拉河-梅格纳河流域的水冲突与水合作问题类型结构基本匹配，水合作领域稍显多元化。

3. 咸海流域

（1）水合作大于水冲突，且两者的时序演进对应关系整体一致

1948 年—2013 年，咸海流域共发生 29 起水冲突事件和 83 起水合作事件；水合作事件规模是水冲突的 2.86 倍，其规模明显大于水冲突（图 8-20）。期间，咸海流域水冲突事件基本发生在第二阶段；而其水合作事件也主要发生在第二阶段，第一阶段仅少量发生。整体来看，咸海流域的水冲突与水合作时序演化呈现出总体一致特征，二者具有较好的对应关系。

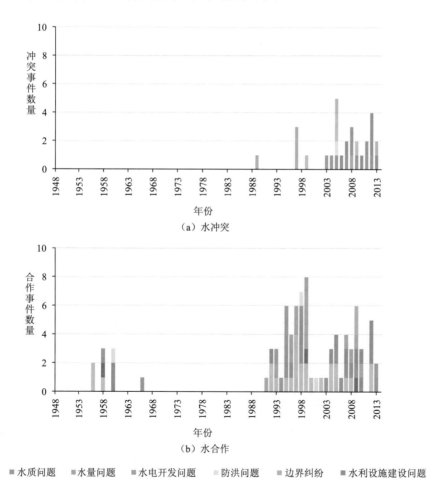

图 8-20　咸海流域水冲突-水合作事件的构成演化（1948 年—2013 年）

（2）水冲突与水合作的问题领域构成不尽匹配

1948年—2013年，咸海流域水冲突事件的问题领域主要集中在水电开发、水利设施建设和水量问题三大类型，占比分别为34.48%、24.14%和17.24%。而其水合作事件的问题领域则表现出更加多元化和均衡化特征，主要的合作领域为联合管理（26.51%）、水电开发（16.87%）、水量（16.87%）、水利设施建设（12.05%）和水质问题（10.84%）等。其中流域的联合管理并非本流域的主要冲突问题。总体来看，咸海流域的水冲突与水合作问题领域不尽匹配，水合作的问题领域范围大于水冲突，且更加趋于均衡化。

4. 澜沧江-湄公河流域

（1）总体呈现出水合作大于水冲突的"低冲突-高合作"关系特征

1948年—2013年，澜沧江-湄公河流域共发生19起水冲突事件和137起水合作事件，水合作事件规模是水冲突事件的7.21倍，显著大于水冲突（图8-21）。其中，澜沧江-湄公河流域水冲突事件和水合作事件主要发生在第二阶段。整体来看，澜沧江-湄公河流域的水冲突与水合作时序演化基本一致，但水合作发生密度完全覆盖且显著大于水冲突，属于典型的低冲突-高合作类型。

（2）水合作的问题领域构成相较于水冲突更加多元化

1948年—2013年，澜沧江-湄公河流域水冲突事件的问题领域是水利设施建设、水电开发、联合管理三个领域，占比分别为78.95%、15.79%和5.26%。而其水合作事件的问题领域（10个）则远远超出水冲突，表现出显著的多元化特征，主要合作领域为联合管理（24.82%）、水电开发（15.33%）、水利设施建设（15.33%）、技术合作（14.6%）、水量（10.22%）等。总体来看，澜沧江-湄公河流域的水冲突与水合作问题领域不尽匹配，水合作领域数量远远多于水冲突，且高度均衡化。

二、跨境水冲突-水合作交互关系和空间配置

（一）国家间水冲突-水合作交互关系分类

根据水合作程度和水冲突强度大小，可设定水冲突-水合作的四种"逻辑组合"。借鉴马克·采图恩和纳昂·米卢马奇分类，得出四种"水互动"的基本类

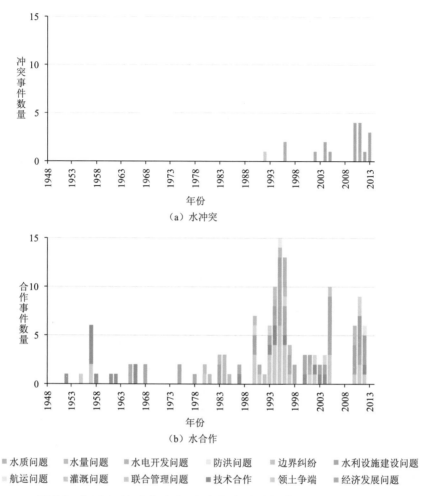

图 8-21　澜沧江-湄公河流域水冲突-水合作事件的构成演化（1948 年—2013 年）

型（表 8-10）：积极互动（低冲突-高合作）、中性互动Ⅰ（低冲突-中等合作）、中性互动Ⅱ（低冲突-低合作）以及消极互动（中/高冲突-低合作）。其中，积极互动并不意味着没有水冲突，而是通过水谈判和水协商将互动过程中的矛盾降到最低。而消极性互动也并不意味着没有水合作，往往存在强制性和支配性的水合作（李昕蕾和华冉，2019）。

　　根据水冲突-水合作关系时序变化规律，跨境河流流域水政治互动可分为四个阶段：流域水安全聚合体、工具性去安全化、认知性去安全化和流域水安全共同体。不同阶段的水冲突-水合作互动模式、地缘空间认知、水利益诉求特点和水机制建构均不同：第一阶段为高度安全化的水安全聚合体状态，强调基于国家绝对性权力的水流域地缘边界分割性。该阶段水冲突-水合作为消极性互动（中/高冲突-低合作），体现为安全化的冲突，即使存在合作也多为强制性或支配性合作。第二阶段为工具性去安全化，强调基于技术和战术去安全化。此时地缘空间变为边界弱化（威胁弱化）的跨国流域，从强调绝对主权到尊重流域国家的基本需求，开始依赖各层次流域部门之间的专业性和工具性协作。该阶段水互动为工具性中性互动（低/中冲突-低/中合作），体现为偶然的、战术功能性合作和不稳定性的机制化合作。第三阶段为认知性去安全化，强调基于利益认知的去安全化。水资源从视为"目的"转为实现其他目标的"工具"，形成超越单纯水资源分配的"一揽子收益"规划，通过构建共识来促进流域整体性的经济社会发展，地缘空间转变为威胁程度低的"互利的水流域"（李昕蕾和华冉，2019）。该阶段水互动的特点为认知性中性互动（低/中冲突-中/高合作），体现为基于利益共识的选择性合作以及象征性合作。第四阶段为流域水安全共同体，

表 8-10　国外水政治关系类型划分

水政治关系类型	互动类型	表现形式	潜在动力因素
低冲突-高合作	积极互动：在平等条款上的合作；合作覆盖多议题领域；通过协商缓解紧张局势	落实和履行相关原则（如平等使用、非伤害原则）；创立跨界水合作机制；基于国际水法进行条约谈判；签署有效的水条约	利益共享/把蛋糕做大；减少环境不确定性因素
低冲突-中等合作	中性互动Ⅰ：合作范围较少（在部分议题上选择性合作）；象征性合作；温和型言语冲突	联合型水污染管理；共建水基础设施；基于条约的利益共享；建立水流域组织	经济/发展目标；议题联系
低冲突-低合作	中性互动Ⅱ：很少或缺乏互动；偶然的合作；利己主义的合作；战术功能性合作；不稳定的合作	很少有信息交流；成立技术委员会或召开治理专题会议	相互不信任，提升国际声誉，资源共享
中/高冲突-低合作	消极互动：被安全化的冲突；强制性合作；支配性合作；暴力冲突	被动性控制冲突；在国际水法的基础上进行水条约谈判；强调资源获取和控制；单边环境主义	改变权力不对称性；控制资源

资料来源：李昕蕾和华冉（2019）。

强调高度制度化，超越水流域地缘边界的整体性利益认知。通过可持续的和有治理弹性的流域机构的塑造，从流域整体性利益角度保证"一揽子收益"方案能够惠泽各方。水政治互动为积极性互动（低冲突-高合作），合作覆盖很多议题领域，协商过程缓解水政治紧张局势（李昕蕾和华冉，2019）。

在参考已有研究分类的基础上，亚洲水塔流域水政治关系可分为高冲突-高合作、高冲突-低合作、低冲突-高合作、低冲突-低合作四种基本类型，以及积极互动、中性互动、消极互动三种程度的水政治关系。

（二）国家间水冲突-水合作空间配置与演化

1. 绝大部分国家间水政治关系表现为低冲突-高合作的积极互动特征

1948年—2013年，亚洲水塔流域国家间的水政治互动关系总体呈现出低冲突-高合作的关系特征。大部分国家间的水合作大于水冲突（图8-22），个别国家为水冲突大于水合作或者水冲突与水合作保持基本平衡。

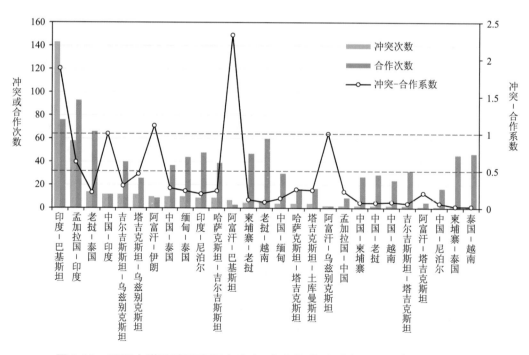

图8-22　亚洲水塔流域国家间水冲突-水合作关系对比（1948年—2013年）

如果以水冲突数量与水合作数量的比值作为水冲突-水合作系数，按照 1.0 和 0.5 作为两个区间分界值，则 0.5 以下可以划分为积极互动，0.5—1.0 为中性互动，大于 1.0 则为消极互动。1948 年—2013 年，印度-巴基斯坦、阿富汗-巴基斯坦和阿富汗-伊朗三对水政治关系类型为水冲突大于水合作的消极互动，印度-中国和阿富汗-乌兹别克斯坦为水冲突数量等于水合作的中性互动，其他国家间的水政治关系均为水合作大于水冲突的积极互动（图 8-22）。积极互动的水政治关系数量最多，占比达到 77.8%，表明大部分国家间的水政治关系仍较为和缓。印度-巴基斯坦、阿富汗-巴基斯坦和阿富汗-伊朗的消极水互动政治关系形成主要归因于国家常年战乱、国家间领土争端或军事冲突所致。

解析水冲突关系规模排名前 10 位国家的水政治互动关系变化可知，印度-巴基斯坦和阿富汗-伊朗的水冲突大于水合作时期主要发生在第二阶段（图 8-23），与第二阶段水冲突大量增长有关，而其他国家的水政治关系为积极互动，且时序上其水合作基本处于大于水冲突的稳定状态。

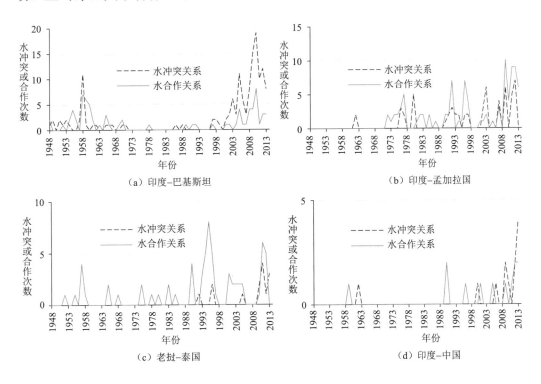

（a）印度-巴基斯坦

（b）印度-孟加拉国

（c）老挝-泰国

（d）印度-中国

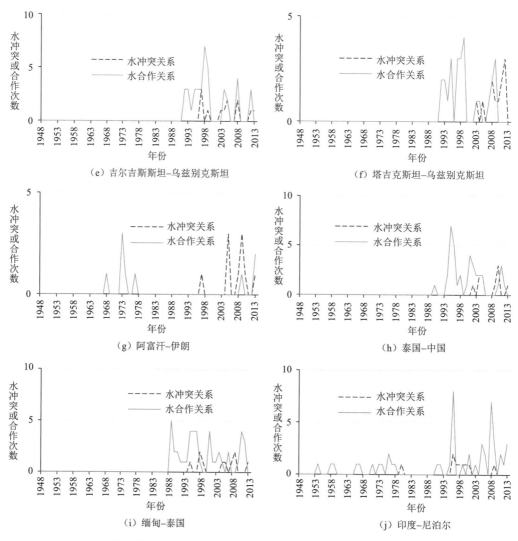

图 8-23　亚洲水塔流域主要国家间前 10 位水冲突-水合作关系演化（1948 年—2013 年）

2. 国家间水冲突-水合作关系的规模分布格局整体耦合一致

1948 年—2013 年，亚洲水塔流域水冲突-水合作关系网络表现出整体耦合一致性，两者的空间分布基本对应（图 8-24），但其水冲突-水合作的数量规模呈现出一定的空间异配性，即低冲突的国家或关系与高合作的国家或关系对应。具体来看，中国、中南半岛五国和中亚大湖区四国是较为明显的低冲突-高合作类型国家，且这些国家间的水政治关系也表现为低冲突-中等/高合作特征。而南亚次大陆国家差异较明显，印度则是高冲突-高合作的典型；巴基斯坦为高冲

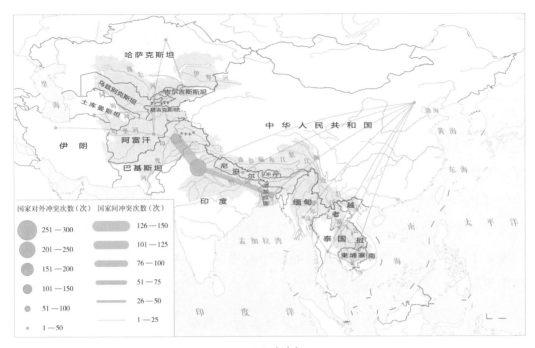

（a）水冲突

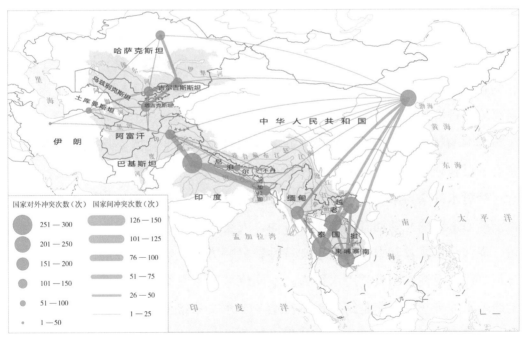

（b）水合作

图 8-24 亚洲水塔流域国家间水冲突–水合作关系的空间配置（1948 年—2013 年）

突-中等合作类型；孟加拉国则为中等冲突-中等合作类型；印度-巴基斯坦之间的水政治关系为高冲突-中等合作关系；印度-孟加拉国的水政治关系为高冲突-高合作类型。

3. 国家间水合作关系形成多中心均衡化格局，而水冲突呈现极化型格局

1948 年—2013 年，亚洲水塔流域的水合作关系规模（901 次）远大于水冲突关系（344 次），显示出流域内水合作仍是各国处理水政治问题时的主要选择，尤其是在澜沧江-湄公河流域和咸海流域。在水冲突网络方面，形成了"一主"（印度）、"两副"（巴基斯坦、孟加拉国）的三大冲突核心，水冲突关系高度集中于南亚次大陆，具有典型的极化格局特征；而水合作网络则形成了泰国、印度、中国、老挝、柬埔寨、越南等多中心格局，呈均衡化格局，相对集中于中南半岛。

（三）国家间水冲突-水合作交互关系演化机制

跨境淡水资源的开发会对各个流域国家造成不同形式的影响，而上下游国家之间的影响本质上是双向的：上游对跨境河流的开发会直接影响下游的径流，从而影响下游国家对水资源的控制权甚至影响下游国家水安全；同时，上游山区的自然条件往往劣于下游的冲积平原，经济社会发展水平较落后，下游国家对跨境水资源的开发，会挤压上游国家未来发展空间。在上下游国家施加影响与被影响的频繁互动中，跨境淡水冲突与水合作动态变化既是区域安全与稳定状态的反映，同时也反过来影响区域安全与稳定。

跨境水冲突与水合作系统是出流域自然地理与社会经济地理因素长期非线性演嬗而形成的复杂动态系统。一方面，人类社会通过水利工程建设等影响水量、泥沙、水质及其季节性等水文特性；另一方面，水文特性的改变影响生态环境，进而反馈影响人类用水行为。不同流域国家复杂的人水互动过程中产生的跨境水冲突与水合作是跨境流域社会——水文系统的重要状态变量。跨境水冲突与水合作系统不是静止的，其强度随水冲突的生命周期动态变化，且生命周期具有重现性。跨境水冲突与水合作不是一成不变的，而是相辅相成和相互转化的（郭利颖等，2021）。

参 考 文 献

[1] 郭利颖、田富强、魏靖等："跨境淡水冲突与合作研究综述"，《清华大学学报》（自然科学版），2022 年第 3 期。

[2] 郝健荣："中国与湄公河流域国家跨国界水资源合作研究"，华中师范大学博士学位论文，2018 年。

[3] 胡文俊、杨建基、黄河清："印度河流域水资源开发利用国际合作与纠纷处理的经验及启示"，《资源科学》，2010 年第 10 期。

[4] 李芳、吴凤平、陈柳鑫等："非对称性视角下跨境水资源冲突与合作的鹰鸽博弈模型"，《中国人口·资源与环境》，2020 年第 5 期。

[5] 李昕蕾："冲突抑或合作：跨国河流水治理的路径和机制"，《外交评论（外交学院学报）》，2016 年第 1 期。

[6] 李昕蕾、华冉："国际流域水安全复合体中的安全秩序建构——基于澜沧江-湄公河流域水冲突-合作事件的分析"，《社会科学》，2019 年第 3 期。

[7] 朴键一、李志斐："水合作管理：澜沧江-湄公河区域关系构建新议题"，《东南亚研究》，2013 年第 5 期。

[8] 任世芳、牛俊杰：《国际河流水资源分配与国际水法》，《世界地理研究》，2006 年第 2 期。

[9] 田向荣、王国义、樊彦芳："咸海流域跨界水合作历史、形势及思考"，《边界与海洋研究》，2017 年第 6 期。

[10] 吴凤平、白雨卉："'一带一路'跨境水资源合作——以中哈为例"，《经济与管理评论》，2020 年第 5 期。

[11] 杨珍华、李奔："中印跨境水资源合作障碍与前景"，《资源开发与市场》，2019 年第 2 期。

[12] 张长春、樊彦芳："跨境流域水资源利益失衡及预防措施研究"，《边界与海洋研究》，2020 年第 6 期。

[13] 张励："水外交：中国与湄公河国家跨界水合作及战略布局"，《国际关系研究》，2014 年第 4 期。

[14] 郑晨骏："'一带一路'倡议下中哈跨界水资源合作问题"，《太平洋学报》，2018 年第 5 期。

[15] Dinar, S. 2009. Scarcity and cooperation along international rivers. *Global Environmental Politics*, Vol. 9, No.1.

[16] Peter G. 2010. *Water, Climate Change, and International Security*. Circle of Blue Water News.